普通高等教育"十三五"规划教材

机械制造技术基础课程设计

主　编　王红军　钟建琳

副主编　杜改梅　刘国庆

参　编　付　遥　刘凌云　尚鲜军　王　楠

机械工业出版社

本书是为了指导高等学校机械类专业学生完成"机械制造技术基础课程设计"编写的，与《机械制造技术基础》配套使用。本书从机械制造技术基础课程设计的实用性出发，介绍了课程设计的目的、要求、主要内容、设计方法和步骤，包括课程设计任务书、设计说明书、工艺过程卡和设计图样等内容。

　　本书可作为本科学校机械类各专业"机械制造技术基础课程设计"的指导书，也可供从事工艺设计、夹具设计和数控编程的工程技术人员参考。

图书在版编目（CIP）数据

机械制造技术基础课程设计/王红军，钟建琳主编. —北京：机械工业出版社，2016.11（2024.5 重印）

普通高等教育"十三五"规划教材

ISBN 978-7-111-54745-7

Ⅰ.①机…　Ⅱ.①王…　②钟…　Ⅲ.①机械制造工艺-课程设计-高等学校-教学参考资料　Ⅳ.①TH16

中国版本图书馆 CIP 数据核字（2017）第 029193 号

机械工业出版社（北京市百万庄大街22号　邮政编码100037）
策划编辑：丁昕祯　责任编辑：丁昕祯　杨　璇　责任校对：张　征
封面设计：张　静　责任印制：郜　敏
北京富资园科技发展有限公司印刷
2024 年 5 月第 1 版第 6 次印刷
184mm×260mm · 15.75 印张 · 385 千字
标准书号：ISBN 978-7-111-54745-7
定价：34.00 元

前　言

机械制造技术基础课程设计是高等学校机械类专业理论联系实际的重要实践环节。完成课程设计需综合运用金属切削原理和刀具、机械加工方法及设备、互换性与测量技术、机械制造工艺学、机床夹具设计、数控技术与数控编程等机械制造技术基础课程的理论知识，还需要熟练掌握机械制图、机械设计和机械原理等课程的知识。

课程设计是学生作为准工程师在教师的指导下完成中等复杂程度零件加工的工艺设计与数控编程、夹具等工装设计任务的实践课程。为了培养创新型、应用型人才，满足学生能解决工业一线工程实际的需求，课程设计需要结合生产实际。为了指导学生做好"机械制造工艺课程设计"和"机械制造技术基础课程设计"，使其贴近数控装备制造行业和企业生产流程的实际需求，力争使学生能够通过课程设计实现与企业生产实际的无缝对接，从事机械类专业的师生非常需要一本具有理论与实际紧密结合，贴近工厂工作实际的课程设计指导书。

目前，为了提高高等教育质量，工程教育在国内得到重视。工程教育认证特别针对复杂工程问题在毕业要求的1、2、3、4、5、6、7和10条中有详细要求，具体为：第1条：工程知识。能够将数学、自然科学、工程基础和专业知识用于解决复杂工程问题。第2条：问题分析。能够应用数学、自然科学基本原理，并通过文献研究，识别、表达、分析复杂工程问题，以获得有效结论。第3条：设计、开发解决方案。能够设计针对复杂工程问题的解决方案，设计满足特定需求的系统、单元（部件）或工艺流程，并能够在设计环节中体现创新意识，考虑法律、健康、安全、文化、社会以及环境等因素。第4条：研究。能够基于科学原理并采用科学方法对复杂工程问题进行研究，包括设计试验、分析与解释数据、通过信息综合得到合理有效的结论。第5条：使用现代工具。能够针对复杂工程问题，开发、选择与使用恰当的技术、资源、现代工程工具和信息技术工具。第6条：工程与社会。能够基于工程相关背景知识进行合理分析，评价专业工程实践和复杂工程问题解决方案对社会、健康、安全、法律以及文化的影响，并理解应承担的责任。第7条：环境和可持续发展。能够理解和评价针对复杂工程问题的工程实践对环境、社会可持续发展的影响。第10条：沟通。能够就复杂工程问题与业界同行及社会公众进行有效沟通和交流，包括撰写报告和设计文稿或回应指令，并具备一定的国际视野，能够在跨文化背景下进行沟通和交流。

复杂工程问题具有如下特点：必须运用工程原理，经过分析才可能得到解决；涉及多方面的技术、工程和其他因素，并可能相互有一定的冲突；需要通过建立合适的抽象模型才能解决，在建模过程中需要体现出创造性，不是仅靠常用方法就可以完全解决的；问题中涉及的因素可能没有完全包含在专业工程实践的标准和规范中；问题相关各方利益不完全一致；具有较高的综合性，包含多个相互关联的子问题。

结合机械制造技术基础课程设计的要求和教学实际需求，基于工程教育认证标准，以解决复杂工程问题为切入点，本书在编写上注重以下原则：

①以企业实际环境为背景：以企业的实际工作环境、实际的工艺图片以及与企业工作流

程为背景，工程实例来自于企业。②实用性：面向一般本科生，理论上够用，强化工程应用。③针对性强：本书既是学生的指导书，也是指导教师的教科书。

本书还收集了符合机械制造技术基础课程设计要求的零件图，供教师在给学生确定题目时选用和参考。

本书由王红军负责全书筹划、统稿。王红军、钟建琳任主编，杜改梅、刘国庆任副主编。王红军编写第 1、3 章，付遥编写第 2 章，钟建琳编写第 4、5、8、9、10、11 章，刘国庆编写第 6 章，杜改梅、刘凌云、尚鲜军编写第 7 章，王楠编写第 12 章并完成相关标准的搜集和整理。

本书的出版得到北京市教师队伍建设－教师教学促进－教学名师（市级）（PXM2014_014224_ 000080）项目、北京市人才培养模式创新试验项目（市级）（PXM2014_ 014224_000087）的资助，在此表示衷心感谢！

本书在编写过程中采用了北京信息科技大学的教学管理规范及西安航空动力控制科技有限公司和北京第二机床有限公司的素材，在此对这些单位和素材的原创者表示感谢。本书在编写中还参考或引用了一些学者的资料和文献，并尽可能在参考文献中列出，再次向这些学者表示感谢。

由于作者水平和学识有限，时间仓促，书中难免存在不足和错误之处，敬请各位读者朋友批评指正！

编 者

目　　录

第1章　机械制造技术基础课程设计概述

机械制造技术基础是机械类专业的一门主干专业基础课。它是为了适应扩宽机械类专业人才培养模式的需要，将《机械制造工艺学》《金属切削原理与刀具》《金属切削机床》和《机床夹具设计》四门课程，按照重基础、少学时、新知识、宽面向的原则整合优化合并而形成的。机械制造技术基础课程内容包括机械加工及设备的基础理论、切削条件的合理选择及刀具选择、普通机床、数控机床、机械加工工艺规程的制订、工件在机床上的安装、机械加工精度、机械加工表面质量、装配工艺过程设计，先进制造技术、绿色制造与环境等。通过教学，使学生理解和掌握机械制造中所涉及的各个环节的理论及实际问题，具有能够在理论上进行分析、在实践上进行解决一般技术问题的能力，满足企业生产一线需求。

机械制造技术基础课程内容涉及知识面宽、综合性强、与实际工程结合紧密，必须通过实践性教学环节才能使学生对该课程的基础理论有更深刻理解，也只有通过实践才能培养学生理论联系实际和独立工作的能力。多数高校构建了融合理论教学、课程实验、综合实验周、生产实习和课程设计的实践体系，注重培养学生实际解决问题的能力和创新能力。

机械制造技术基础课程设计是机械类专业的一门重要实践课程。目前大多数高校开设的机械制造技术基础课程设计的时间为2~3周。此课程内容大多是制订某个机械零件的机械加工工艺规程、典型夹具设计和典型加工工序的数控程序编制与仿真，有的高校还包括刀具设计的内容。本书以3周的机械制造技术基础课程设计教学计划为基础，以机械零件的机械加工工艺规程、典型夹具设计和数控编程为教学内容。

机械制造技术基础课程设计的前期课程是机械设计、机械原理、机械制造基础系列课程（机械工程材料、材料成形技术、互换性与测量技术、机械制造技术基础）和机械设计课程设计、机械零件课程设计。学生在设计中要自觉培养自己的独立工作能力，在综合先修课程知识和参考各种设计资料的基础上，勤于思考，大胆创新，并要主动争取指导教师的指导，虚心请教，特别是加强生产实践经验方面的请教，力争圆满完成设计工作。

1.1　课程设计的目的

机械制造技术基础课程设计是一门实践类课程，是机械类专业学生在校期间针对生产实际问题的解决方案的较系统、较全面的工程设计能力训练，对于培养学生的工程意识，提高学生理论知识与实际问题相结合的能力、分析问题的能力和从事实际工作的能力都具有十分重要的意义。

机械制造技术基础课程设计是在机械制造技术基础等先修课程的基础上，完成企业生产实习之后的实践教学环节。其目的如下：

1）通过课程设计，能熟练运用机械制造技术基础课程中的基本理论以及生产实习中学到的实践知识，正确解决一个中等复杂程序零件在加工中的定位、夹紧以及工艺路线安排、工艺尺寸确定等问题，保证零件的加工质量。

2）学习夹具设计的一般方法，掌握夹具设计的一般规律。通过设计夹具的训练，应当获得根据被加工零件的加工要求，设计出高效、省力、既经济合理又能保证加工质量的夹具的能力。

3）能完成中等复杂程度零件的典型工序的数控编程任务，并为后续的毕业设计做好准备。

4）能完成实际生产课题，同时注意发挥团队作用。

5）进行设计基本技能的训练，如计算、绘图、查阅资料和手册、运用标准和规范。通过设计提高学生的自学能力，使学生熟悉机械制造中的有关手册、图表和技术资料，特别是熟悉机械加工工艺规程设计、夹具设计和数控编程方面的资料，并学会结合生产实际正确使用这些资料。熟悉计算机和流行 CAD 软件的使用操作，进行计算机辅助设计和绘图的训练。树立正确的设计理念，懂得合理的设计应该是确保产品质量要求、技术上先进、经济上合理、生产实践中可行、节约能源和绿色环保的。

6）培养学生创新思维能力和严谨规范的工程师素质，树立能源节约和绿色制造的思想意识，养成求真务实的工作态度。培养学生理论联系实际，建立工程思维逻辑，全面综合地应用所学知识去研究、分析和解决机械制造中问题的能力。

1.2 课程设计的基本要求

机械制造技术基础课程设计是以教师指导，学生进行设计实践为主线。机械制造技术基础课程设计的内容是为生产实际中遇到的零件设计出比较合理的工艺路线，并且选择某一道工序设计出合适的夹具，并进行某典型工序的数控编程。每个学生应相对独立完成：对零件进行工艺分析；确定零件加工的工艺路线；分析每道工序的加工方法、定位方案、夹紧方案；就某一道工序设计出夹具并绘制夹具图；针对某道工序进行数控编程；编写设计说明书；总结设计，准备答辩。对于夹具设计部分可由学生自行分析加工工艺方案，并选择合适的工序进行夹具设计，也可由教师指定。通过本次设计实践，使学生能运用理论知识去解决生产实际问题。

机械制造技术基础课程设计的基本要求如下：

1）了解机械加工工艺规程设计的一般方法和步骤。

2）了解机床夹具设计的一般方法和步骤。

3）了解课程设计说明书应包括的内容、编写格式和顺序。

4）贯彻机械制图标准化的要求。

5）了解课程设计答辩的要求。

6）理解生产纲领决定生产类型，并影响整个工艺规程。

7）掌握毛坯种类和总加工余量的确定方法。

8）掌握毛坯图的绘制要点。

9）掌握零件图的工艺审查原则。

10）掌握制订机械加工工艺规程时应解决的关键问题。

11）掌握工序余量、工序尺寸及其公差的计算方法。

12）掌握切削用量及工时定额的计算方法。

13）掌握机械加工工艺过程卡和机械加工工序卡的填写方法。

14）掌握专用夹具总装配图的设计和绘制方法。

15）掌握机械加工工艺规程设计和夹具设计有关资料的查阅和使用方法。

16）掌握数控编程的基本原理和方法。

1.3　课程设计的内容

机械制造技术基础课程设计要完成的内容由任务书规定，如图1-1所示。

课程设计的题目如"年产量为5000件的拨叉的机械加工工艺规程与典型夹具设计"。

零件可以选自书中第12章中的典型零件，也可让学生自由选择，或可选自于实际生产企业，但原则上一个同学只选一个零件。

机械制造技术基础课程设计，时间为2周的主要内容如下：

1）绘制零件的毛坯图（或零件-毛坯综合图）。

×××大学
机械制造技术基础课程设计任务书

机电工程学院 系：＿＿＿＿＿＿＿＿专业：＿＿＿＿＿＿

学生姓名：＿＿＿＿＿＿＿＿班级/学号：＿＿＿＿＿＿＿

题目：零件名称＿＿＿＿＿年生产纲领＿＿＿＿＿＿机械加工工艺规程和典型夹具设计

课程设计主要内容：

（1）绘制零件图

（2）设计该零件的机械加工工艺规程并填写：

1）零件的机械加工工艺过程卡

2）零件各加工工序的工序卡片

（3）设计某工序的专用夹具一套，绘制总装配图

（4）编制某数控机床上加工工序的数控程序，并进行仿真。

（5）编写设计说明书

指导教师（签字）：＿＿＿＿＿＿

系主任（签字）：＿＿＿＿＿＿

年　　月　　日

图1-1　机械制造技术基础课程设计任务书

2）设计零件的机械加工工艺规程和工序。

3）填写零件的机械加工工艺过程卡。

4）填写零件的机械加工工序卡。

5）设计零件的某加工工序的专用夹具，并绘制其总装配图。

6）编写设计说明书。

机械制造技术基础课程设计，时间为 3 周的主要内容如下：

1）绘制零件的毛坯图（或零件-毛坯综合图）。

2）设计零件的机械加工工艺规程和工序。

3）填写零件的机械加工工艺过程卡。

4）填写零件的机械加工工序卡。

5）设计零件的某加工工序的专用夹具，并绘制其总装配图。

6）编制某加工工序的数控程序并进行仿真。

7）编写设计说明书。

1.4 课程设计的方法与步骤

1. 课程设计的准备

根据任务书所提出的课程设计的内容和详细要求，确定零件图样。该图样是指导教师提供给学生设计的对象。根据不同的用途、目的和要求，选择工艺过程卡和工序卡。明确任务书中指定的生产纲领是课程设计入手的重要条件。课程设计前要准备各种手册和设计工具。

（1）各种手册　要准备的手册包括《机械加工工艺手册》《金属机械加工工艺人员手册》《机械加工工艺师手册》《机械制造工艺设计手册》《机械零件工艺性手册》《切削用量手册》《金属切削机床设计手册》《金属切削刀具设计简明手册》《金属切削机床夹具设计手册》《机床夹具结构图册》《机械设计手册》《机械零件设计手册》等。

（2）设计工具　如采用手工绘图，要准备图板、丁字尺、三角板、绘图工具、铅笔、图纸和设计室等；如采用计算机绘图，要准备计算机软硬件，相关的绘图软件如 AutoCAD、CAXA、Solidedge 或 SolidWorks 等。

2. 工艺设计的准备

根据给定的生产纲领确定生产类型，考虑与生产类型相关的毛坯制造方法、加工余量确定、加工设备选择、工艺规程制订和夹具方案确定等。

分析和审查零件图并读懂零件图；审查该零件的结构工艺性；了解其主要技术要求；区分加工表面和非加工表面；查清各表面的尺寸公差、几何公差、表面粗糙度和特殊要求；区分各表面的精密与粗糙、主要与次要、重要与不重要等相对地位。在此基础上初步确定各加工表面的加工方法。

3. 设计毛坯图

根据给定的零件材料、生产纲领和工艺特征，确定毛坯的种类、形状、加工表面的总加工余量、尺寸及其公差、技术要求等。并绘制零件的毛坯图。

4. 设计机械加工工艺规程和工序

选择粗基准和精基准，确定各表面的加工方法，确定加工顺序，安排热处理工序及必要的辅助工序，确定各工序的加工设备、刀具、夹具、量具和辅具，进行工序的详细设计。

5. 填写工艺文件

确定工序的工序余量、工序尺寸及公差、工序的切削用量及工时定额等，将上述结果填入工艺文件——工艺过程卡和工序卡。

6. 设计夹具

对工艺规程中的某道工序拟使用的专用夹具进行设计，先在坐标纸上画草图，然后画正式的 A1 图，手工绘制。画图时注意以下原则。

1) 用双点画线画出工件轮廓图，以该工序的加工位置作为主视图。

2) 在工件定位表面处画出定位元件或机构图。

3) 在夹紧位置处画夹紧机构图。

4) 在对刀位置处画出对刀元件或刀具导引装置图。

5) 画出与机床连接的元件及其他元件图。

6) 绘图时要遵守国家标准规定，尽量采用标准件。

7) 为表达清楚夹具结构，应有足够的视图、断面图、局部视图等。

8) 夹具图上应标注夹具的总体轮廓尺寸、对刀尺寸、配合尺寸、联系尺寸及配合公差要求，并标明夹具制造、验收和使用的技术要求。

9) 在夹具图右下角绘制国家标准规定的标题栏和明细栏，详细列出零件的名称、代号、数量、材料、热处理及其他要求。

7. 编制数控程序并进行仿真

利用数控编程软件进行某指定工序的数控程序编制并进行仿真。

8. 编写设计说明书

设计说明书是设计过程的详细说明，是设计结果的依据。设计说明书应书写整洁，简明扼要，注意编号和排版。用专用"设计说明书"纸张书写，可包括以下内容并按顺序装订。

1) 设计说明书封面。

2) 摘要。

3) 目录。

4) 正文。正文主要包括机械加工工艺规程设计、机械加工工序设计、夹具设计和数控编程。机械加工工艺规程设计包括生产类型确定，零件的结构工艺性和技术要求分析，毛坯选择，加工余量的确定，工艺路线安排，机床、刀具、夹具、量具的选择等。机械加工工序设计包括切削用量的确定，工序余量及公差的计算，工时定额的计算等。夹具设计包括夹具总体方案的比较和选择，各类夹具元件的选用，夹紧机构的计算，夹具动作原理及操作方法等。数控编程包括零件的工序要求，数控程序和说明，仿真结果验证。

5) 设计心得体会、小结。

6) 参考文献。设计中使用过的参考文献应在正文引用处进行标识，在设计说明书结尾处按顺序列出，并按规范格式著录。

9. 答辩

将所有设计材料整理装订成册，提交指导教师或答辩小组。课程设计的答辩由指导教师组成的答辩小组执行。

学生首先在规定时间内（一般为 3~5min）报告自己的设计过程和设计成果；然后教师就设计所覆盖的知识面或需要解决的问题提出若干问题，并让学生回答；最后根据学生的回答，对学生的设计质量进行综合评判。

1.5 课程设计的进度安排与提交材料

教学计划为2~3周的机械制造技术基础课程设计，进度安排见表1-1和表1-2。在设计中，学生应参照进度安排，拟订自己的设计计划。经常检查设计工作进展情况，按计划进行工作，确保按时完成设计任务。对每天的工作内容进行记录，将记录作为设计说明书的底稿。底稿经整理、补充或修改后即为完整的设计说明书，可提高课程设计效率。

课程设计完成后，学生应向指导教师或答辩小组提供表1-3所列的材料。

表1-1 机械制造技术基础课程设计的进度安排（2周）

序号	内　容	基本要求	时间
第1周			
1	课程设计动员、设计准备	课程设计指导教师进行课程设计动员；学生在教师的指导下明确任务；准备设计工具、各种手册及参考资料；购买图纸（坐标纸和A1图纸）、工艺过程卡和工序卡，准备课程设计	0.5天
2	零件分析，画零件的毛坯图	了解零件用途及工作条件，分析零件图的各项技术条件，确定主要加工表面和相关精度、质量要求；确定毛坯类型，选取和计算加工余量和公差；画零件的毛坯图	1天
3	工艺规程和工序设计以及工艺方案经济性分析	选择基准，制订工艺路线，选择加工设备和工艺装备，进行工艺方案的选择和经济性分析；详细的工序设计，工序尺寸计算与公差等	2.5天
4	工艺文件编写	完成工艺过程卡、工序卡等工艺文件编写	0.5天
5	查资料，对某一工序进行详细分析，明确夹具设计任务	分析研究工件的结构特点、材料、生产规模和本工序加工的技术要求以及前后工序的联系；了解加工所用设备、辅助工具中与设计夹具有关的技术性能和规格；了解工具车间的技术水平等；了解同类工件的加工方法和所使用夹具的情况，作为设计参考	0.5天
第2周			
6	确定夹具方案，计算定位误差，在坐标纸上绘制合理方案的结构草图	根据工序要求，按照六点定位原理确定工件的定位方式，并设计相应的定位装置；确定刀具的引导方法，设计引导元件或对刀装置；确定工件的夹紧方式和设计夹紧装置；确定其他元件或装置的结构形式，如定向键、分度装置等；考虑各种装置、元件的布局，确定夹具的总体结构。对夹具的总体结构，最好考虑几个方案，画出草图，经过分析比较，从中选取较合理的方案	1.5天
7	绘制夹具总装配图	夹具总装配图应遵循国家标准绘制，图形的比例尽量取1:1。主视图应取操作者实际工作时的位置，以作为装配夹具时的依据并供使用时参考。绘制总装配图的顺序是：先用双点画线绘出工件的轮廓外形，并显示出加工余量；工件视为透明体，按照工件的形状及位置依次绘出定位、导向、夹紧及其他元件或装置的结构；最后绘制夹具体	1.5大
8	确定并标注夹具有关尺寸和夹具技术要求	在夹具总装配图上应标注轮廓尺寸，必要的装配、检验尺寸及其公差，主要元件、装置间的相互位置精度要求等。当加工的技术要求较高时，应进行工序精度分析	0.5天
9	编写设计说明书	设计说明书内容包括：工艺方案的详细分析、夹具方案的分析与选择等。设计说明书一般为1.5万字左右	1天
10	答辩	答辩时针对自己所设计的成果进行阐述，回答教师的提问	0.5天

表 1-2　机械制造技术基础课程设计的进度安排（3 周）

序号	内　容	基本要求	时间
		第 1 周	
1	课程设计动员、设计准备	课程设计指导教师进行课程设计动员；学生在教师的指导下明确任务；准备设计工具、各种手册及参考资料；购买图纸(坐标纸和 A1 图纸)、工艺过程卡和工序卡，准备课程设计	0.5 天
2	零件分析,画零件的毛坯图	了解零件用途及工作条件,分析零件图各项技术条件,确定主要加工表面和相关精度、质量要求;确定毛坯类型,选取和计算加工余量和公差;画零件的毛坯图	1 天
3	工艺规程和工序设计以及工艺方案经济性分析	选择基准,制订工艺路线,选择加工设备和工艺装备,工艺方案的选择和经济性分析;详细的工序设计,工序尺寸计算与公差等	2.5 天
4	工艺文件编写	完成工艺过程卡、工序卡等工艺文件编写	0.5 天
5	查资料,对某一工序进行详细分析,明确夹具设计任务	分析研究工件的结构特点、材料、生产规模和本工序加工的技术要求以及前后工序的联系;了解加工所用设备、辅助工具中与设计夹具有关的技术性能和规格;了解工具车间的技术水平等;了解同类工件的加工方法和所使用夹具的情况,作为设计参考	0.5 天
		第 2 周	
6	确定夹具方案,计算定位误差,在坐标纸上绘制合理方案的结构草图	根据工序要求,按照六点定位原理确定工件的定位方式,并设计相应的定位装置;确定刀具的引导方法,设计引导元件或对刀装置;确定工件的夹紧方式和设计夹紧装置;确定其他元件或装置的结构形式,如定向键、分度装置等;考虑各种装置、元件的布局,确定夹具的总体结构。对夹具的总体结构,最好考虑几个方案,画出草图,经过分析比较,从中选取较合理的方案	1.5 天
7	绘制夹具总装配图	夹具总装配图应遵循国家标准绘制,图形的比例尽量取 1:1。主视图应取操作者实际工作时的位置,以作为装配夹具时的依据并供使用时参考。绘制总装配图的顺序是:先用双点画线绘出工件的轮廓外形,并显示出加工余量;工件视为透明体,按照工件的形状及位置依次绘出定位、导向、夹紧及其他元件或装置的结构;最后绘制夹具体	1.5 天
8	确定并标注夹具有关尺寸和夹具技术要求	在夹具总装配图上应标注轮廓尺寸,必要的装配、检验尺寸及其公差,主要元件、装置间的相互位置精度要求等。当加工的技术要求较高时,应进行工序精度分析	0.5 天
9	绘制零件的 3D 模型	根据零件加工工艺要求,确定数控机床上需要加工的工序,并绘制该工序的零件 3D 模型	1 天
10	数控程序编制	绘制某工序零件图,采用计算机辅助编写其数控加工程序代码	0.5 天
		第 3 周	
11	数控程序仿真	采用工程软件进行加工仿真,测试并完善,输出数控程序	0.5 天
12	构建夹具的 3D 模型并进行 3D 打印	绘制夹具的 3D 模型并进行 3D 打印出实物	2.5 天
13	编写设计说明书	设计说明书内容包括:工艺方案的详细分析、夹具方案的分析与选择以及数控程序的说明等。设计说明书一般为 1.5 万字左右	1.5 天
14	答辩	答辩时针对自己所设计的成果进行阐述,回答教师的提问	0.5 天

表 1-3　机械制造技术基础课程设计学生提交材料一览表

序号	名称	规格	单位	数量
1	课程设计材料袋封面	A4	页	1
2	课程设计材料清单	A4	页	1
3	课程设计任务书	A4	页	1
4	零件的毛坯图	A3	张	1
5	机械加工工艺过程卡	A4	套	1

序号	名称	规格	单位	数量
6	机械加工工序卡	A4	套	1
7	零件3D模型与数控程序	A4	页	2（选择）
8	课程设计说明书封面	A4	页	1
9	课程设计说明书	A4	份	1
10	夹具总装配图	A1	张	1

1.6 课程设计考核与成绩评定

课程设计成绩由平时成绩、设计文件（2周课程设计包括工艺过程卡、工序卡和夹具总装配图等；3周课程设计包括工艺过程卡、工序卡、数控程序、夹具总装配图等）质量、设计说明书质量和答辩成绩组成，其中平时成绩占15%，设计文件和设计说明书质量占65%，答辩成绩占20%，也可以根据各自的教学大纲调整比例。图样质量主要考察图样的规范、尺寸的标注等；工艺文件主要考察方案是否合理，工艺尺寸是否正确，工序设计是否合理，夹具整体结构是否合理、定位方案和定位元件选择是否正确、引导或对刀设计是否合理、夹紧是否可靠等；设计说明书质量主要考察说明书书写是否规范。答辩成绩主要衡定是否能够正确解释自己的设计思路，准确回答教师提出的问题。成绩评定可采用百分制评定，见表1-4，也可采用五级制评定，成绩按照优秀、良好、中等、及格和不及格评定。

表1-4　课程设计学生成绩评定表

评分指标		满分值	评分	合计	总评成绩
平时成绩 （15%）	遵守纪律情况	2		15	100
	学习态度和努力程度	2			
	独立工作能力	3			
	工作作风严谨性	2			
	文献检索和利用能力	3			
	与指导教师探讨能力	3			
设计文件 和设计说明书质量 （65%）	方案选择合理性	5		65	
	方案比较和论证能力	5			
	设计思想和设计步骤	5			
	设计计算及分析讨论	5			
	设计说明书页数	5			
	设计说明书内容完备性	4			
	设计说明书结构合理性	2			
	设计说明书书写工整程度	2			
	设计说明书文字内容条理性	2			
	图样数量	5			
	图样表达正确程度	6			
	图样标准化程度	5			
	图面质量	6			
	设计是否有应用价值	3			
	设计是否有创新	5			
答辩 （20%）	表达能力	4		20	
	报告内容	8			
	回答问题情况	6			
	报告时间	2			

第2章 设备制造企业的技术管理体系与流程

2.1 技术管理体系的组织结构

2.1.1 技术部的组织结构类型

组织结构是组织的全体成员为实现组织在职、责、权方面目标的动态结构体系，其本质是为实现组织的战略目标而采用的一种分工协作体系。一个完整的制造型企业的组织结构通常包括人力资源部、财务部、市场部、采购部、质量部、生产部、技术部等。

技术部在企业中起着举足轻重的作用，是负责企业的技术研究、新产品开发，对企业产品生产实行技术指导，并规范工艺流程、确定技术标准、抓好技术管理、实施技术监督与协调的专职管理部门。工作内容涉及产品设计、生产工艺制定及相关技术文件的编制，解决产品生产中的设计、工艺问题等。可以说，技术部是企业的核心部门之一，它的好坏关系着企业的发展。

根据技术部的职能描述，其组织结构示例如图2-1所示。

在图2-1中，技改项目部一般是根据技术更新改造的实际需要而临时成立的组织，主要是在技术总监的领导下，由技术部部长或其授权人担任技改项目主管，从技术部、生产部、设备部等相关职能部门抽调人员组成项目成员。

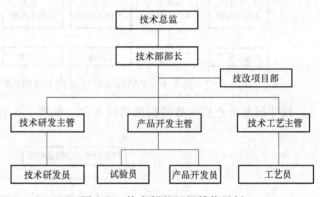

图2-1 技术部的组织结构示例

但是，不同规模、不同企业的技术部，其组织结构不尽相同。按照企业规模大小，技术部的组织结构示例如下：

1）小型企业技术部的组织结构示例，如图2-2所示。

2）大中型企业技术部的组织结构示例，如图2-3所示。

按照行业不同，技术部的组织结构也不尽相同。

1）车辆技术研究所技术部的组织结构示例，如图2-4所示。

图2-2 小型企业技术部的组织结构示例

9

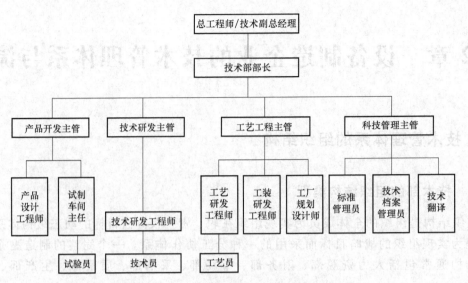

图 2-3 大中型企业技术部的组织结构示例

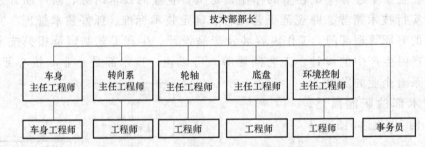

图 2-4 车辆技术研究所技术部的组织结构示例

2）软件研发企业技术部的组织结构示例，如图 2-5 所示。

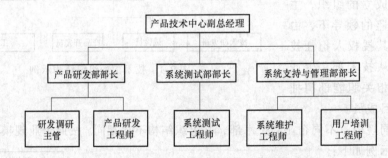

图 2-5 软件研发企业技术部的组织结构示例

3）机床制造企业技术部的组织结构示例，如图 2-6 所示。

2.1.2 典型设备制造企业技术部岗位介绍

机床制造企业是典型设备制造企业，现以其为例，详细介绍技术部各个岗位的职责。

1. 总工程师/技术副总经理

总工程师/技术副总经理的职责如下：

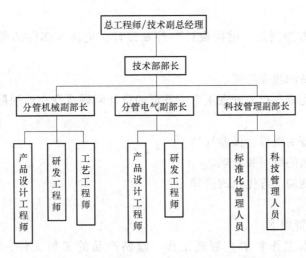

图 2-6　机床制造企业技术部的组织结构示例

1）负责企业的技术管理工作，组织分工，对技术人员工作进行检查、指导和考核，并对技术人员的设计图进行把关控制，处理研发和生产中出现的技术难题。对企业技术部设计的图样具有审核权，对企业技术工作具有指导、督促、检查权。

2）负责企业质量体系工作，贯彻执行国家相关技术政策、法规和行业的现行技术规范、规程、质量标准等，并且监督实施执行情况。对企业质量部的工作具有管控权。

3）负责企业技术资料的分类、汇总等管理工作及保密工作。对企业所有技术、生产资料具有审核权，对企业的保密工作、保密人员具有管控权。

4）负责专利申请及刊物论文发表组织工作。对公司待发表的论文和专利申请书进行撰写和审查。

5）参与项目的成本控制、成本核算、成本分析、工程变更等工作。

6）负责与上级技术管理部门的协调和沟通，以及企业总经理安排的其他工作。

2. 技术部部长/副部长

技术部部长的职责如下：

1）在总工程师/技术副总经理的领导下组织人员开展工作，给予技术人员足够的技术支持；负责对重点工况、特殊工况条件下的设计、制造质量进行跟踪检测、验收和评审；配合总工程师/技术副总经理组织做好质量控制和管理；配合做好ISO9000质量体系检查及评审工作。

2）负责新技术的引进、推广和应用，负责提出现有不合理技术的改进方案。

3）负责技术部内部的组织管理。负责制订技术部月度、季度、年度工作计划，并组织实施；负责指导下属员工制订阶段工作计划，并督促执行；负责部门内人事队伍的建设、选拔、配备、培训、评价；负责部门内工作任务分工，合理安排人员；负责控制部门预算，降低成本费用。

4）及时完成上级领导交办的其他工作。

技术部部长下属的其他各个副部长的职责是将其各自负责的职能领域细化。

3. 机械工程师

产品设计工程师和研发工程师同属于机械工程师。两者的区别在于产品设计工程师主要负责客户定制的合同产品，研发工程师主要负责新型产品的研发。机械工程师的职责包括如下内容：

1）负责产品的方案制定、结构设计和外观设计，包括零部件的图纸设计、安装和试运行。

2）制定机械设备的操作规程。

3）协同生产部完成生产，处理生产中发现的设计问题或存在的缺陷，及时进行技术改造或调整。

4）制定机械设备的维修、保养计划。

5）负责技术文档的编写和管理。

6）负责对现有结构进行优化改进等。

4. 工艺工程师

工艺工程师的职责如下：

1）负责工艺技术工作和工艺管理工作。编制产品的工艺文件，制定材料消耗工艺定额。

2）根据工艺需要，设计工艺装备并负责工艺装备的验证和改进工作。

3）工艺工程师要深入生产现场，掌握质量情况，指导、督促车间一线生产，及时解决生产中出现的技术问题，做好工艺技术服务工作。

4）负责新产品图样的会签和新产品试制的工艺装备设计，完善试制报告和有关工艺资料，参与新产品鉴定工作。

5）积极开展技术攻关和技术改进工作，对技术改进方案与措施签署意见，不断提高工艺技术水平。

5. 电气工程师

电气工程师与机械工程师类似，也分为产品设计工程师和研发工程师。产品设计工程师和研发工程师的区别仍然是负责的是合同产品还是新型产品的区别。电气工程师的职责如下：

1）根据产品需求设计电气图包括电路图的绘制、PLC 程序的编制。

2）对电气元器件性能及造价进行选择、比较，满足设计要求，配合设备档次，选择电气部件。

3）负责处理现场电气故障，提出产品改进措施。

4）编写技术文档，准备生产文件、使用手册等相关文件资料。

6. 标准化管理人员

标准化管理人员的职责如下：

① 确定并落实标准化法律、法规、规章中与本企业相关的要求。②组织制定并落实企业标准体系，修订企业标准，认真做好企业产品标准的备案工作。③组织实施纳入企业标准体系的有关国家标准、行业标准、地方标准和本企业的企业标准。④对新型产品、改进产品、技术改造和技术引进提出标准化要求，负责标准化审查。⑤对企业贯彻标准的情况进行监督检查。⑥组织制定企业标准化方面的规章制度。⑦组织本企业的标准化培训。⑧管理各类标准文件，建立标准资料档案，收集国内外标准化信息。

7. 科技管理人员

科技管理人员的职责如下：

1）负责企业申报有资金支持的政府类项目、计划、专项，负责了解掌握行业动态及行业信息，为企业争取有利资源。

2）负责对相关申报项目进行跟踪维护，保证检查顺利通过。

3）协助企业建立并保持与重要政府部门长期稳定的合作关系，争取政府的有力支持。

4）负责项目成本的编制，抓好项目成本管理和成本核算。

5）负责申请各类知识产权、专利、认证等。

2.2 企业工艺设计流程及实施

2.2.1 零件工艺设计概述

机械加工工艺就是改变生产对象的形状、尺寸、相对位置和性质等，使其成为成品或半成品的每个步骤和每个过程的详细说明。比如，一个机械产品的加工工艺过程是粗加工—精加工—装配—检验—包装，其中每个步骤都要有详细的工艺参数。

机械加工工艺规程是规定零件机械加工工艺过程和操作方法等的工艺文件，是在具体的生产条件下，把较为合理的工艺过程和操作方法，按照规定的形式书写成的工艺文件，经审批后用来指导生产。即工艺人员根据产品数量、设备条件和工人素质等情况，确定采用的工艺过程，并将有关内容写成工艺文件就成为机械加工工艺规程。每个企业因为实际加工能力不一样，所以工艺文件也可能不太一样。总体来说，工艺过程是纲领，加工工艺是每个步骤的详细参数说明，工艺规程是根据实际情况编写的特定的加工工艺。

2.2.2 工艺设计流程

在企业中，当机械工程师完成一个零件或部件的设计后，工艺设计便开始启动。首先，由工艺主管将经过审批的正式图样（蓝图）分发给工艺工程师，由工艺工程师进行工艺分析，制订具体的工艺规程；然后由工艺主管进行审核；最后由总工程师或项目负责人审核。完成以上一系列流程后，工艺规程才进入具体的执行阶段。如果在任何一个审核环节发现工艺制订有误或者难以执行，就要由工艺工程师重新制订工艺规程。当然，重新制订工艺规程之后还要重新进行各个环节的审核。

对于复杂工艺，还要有工艺会签的过程。工艺会签可以视情况安排在工艺规程初步制订之后，但一定要在工艺文件正式下发之前完成。工艺设计流程如图 2-7 所示。

工艺工程师制订工艺规程，有以下几点需要注意：

1）工艺工程师要对本企业的生产制造设备的硬件条件有所了解。不同设备配置对应的工艺有很大的差别。举例来说，加工一根带有平键槽的光轴，

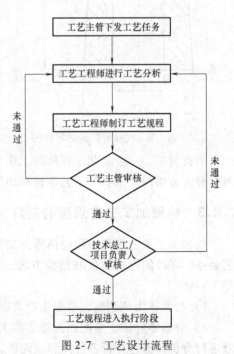

图 2-7　工艺设计流程

如果采用传统的手动机床，需要先在车床上车轴，然后再在铣床上铣出键槽；而采用现代化的数控加工中心，则可以一次装夹完成车、铣的过程。所以，不同的加工设备对应的加工工艺也不一样。

2）工艺工程师既要了解本企业的生产能力，也要了解检验能力。一个零件按照设计图和工艺规程加工完成之后，如何进行各个尺寸及精度的检验也是关键环节。如果只是完成了零件的设计、加工，而没有有效的测量手段进行检验，就无法知道零件是否符合要求，那么工艺制订也是失败的。

3）工艺工程师也要对机械工程师的设计合理性进行反馈。有时，机械工程师设计出一个零件后，理论上没有任何问题，但是往往机械设计师会忽略加工可行性的问题。

如图2-8所示为用于加高机床地脚用的垫铁，毛坯类型为铸铁。表面上看，零件本身的设计并没有问题，但是在加工$\phi80mm$凹台和上、下表面的时候会出现装夹难题——零件外表面为锥面，通用卡盘无法装夹定位。如果只是为了加工小批量的几个零件而重新设计卡盘是得不偿失的，而且对于这个零件来说，它的用途仅仅是为了增加机床的高度，放置在机床底部，结构上的要求相对宽泛，不涉及一个零件尺寸的变化牵动整个装配体或机构调整的问题。所以，完全可以将零件两端设计成圆柱，便于夹紧。改进后的设计如图2-9所示。

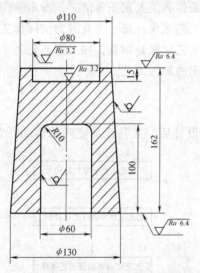

图2-8　欠缺可行性的零件图

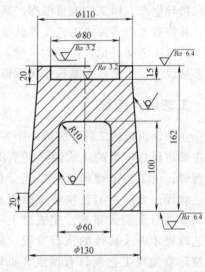

图2-9　修改后的零件图

由此可见，一个工艺工程师的工作不仅是制订工艺规程、下发工艺文件这么简单，其中蕴含着方方面面，既有对工艺流程和加工设备本身的了解，又有团队间的沟通。

2.2.3　机械加工工艺规程的制订

机械加工工艺规程一般包括零件加工的工艺路线，各工序的具体内容、所用的设备和工艺装备，零件的检验项目和检验方法，切削用量和工时定额等。制订工艺规程的步骤一般如下：

1）计算年生产纲领，确定生产类型。

2）分析零件图、装配图及技术要求，对零件进行工艺分析。首先，要对零件的技术要求进行分析。通过分析零件图和装配图，了解零件在产品结构中的作用和装配关系，从而对其技术要求进行审查，确定是否恰当，工艺上能否实现，找出技术要求的关键问题，以便采取适当措施，为合理制订工艺规程做好必要的准备。其次，对零件结构的工艺性进行分析，在零件满足使用要求的前提下分析其制造的可行性和经济性。

3）毛坯的种类、形状和尺寸可根据零件的材料、力学性能、形状结构等要求来确定。毛坯分为锻件、铸件、焊接件等。根据具体情况确定毛坯上是否需要工艺凹台、工艺孔等。

材料定额即是原材料消耗工艺定额，是指在一定的生产、技术、组织条件下，根据产品设计结构、技术要求、工艺方法和生产技术条件等，为制造产品所必须消耗的各种原材料的标准数量。材料定额包含产品净重与工艺损耗之和。

4）进行工艺分析。包括确定主要表面加工方案和步骤，确定主要精基准，安排热处理工序等。

5）拟订工艺过程，确定各工序的加工余量，计算工序尺寸及公差。注意基准先行原则，粗精加工分开，先主后次。

6）确定各工序所用的设备及刀具、夹具、量具和辅助工具。一般情况下，单件小批生产多选通用刀具、夹具等，大批量生产则可采用通用或专用刀具。

7）确定切削用量及工时定额。切削用量包括切削速度、进给量、吃刀量。在一些工人技术比较熟练的企业，有的工艺规程里并没有具体的切削用量，而是直接由工人在加工中自行掌握。一些企业中设置了刀具工程师一职，专门负责刀具的选择及切削用量的设置。

工时定额是指在一定的技术状态和生产组织模式下，按照产品工艺加工完成一个合格产品所需要的工作时间、准备时间、休息时间与生理时间的总和。工时定额是安排生产、计算成本的依据。

8）确定各工序的技术要求及检验方法，包括前道工序为下道工序预留的加工余量，本道工序需要达到的加工精度，各道工序尺寸的检验工具及检验方法。

9）填写工艺文件。

2.2.4　工艺规程的更改

在执行工艺规程的过程中，往往会出现前所未料的情况，需要对已初步确定的内容进行调整。如生产条件的变化，新技术、新工艺的引进，新材料、先进设备的应用等，都要求及时对工艺规程进行修订和完善。

当原材料、加工工艺、产品结构、设备等发生变更时，应提出工艺变更申请及通知。本企业内部的工艺变更由申请部门以技术通知的形式提出，经部门主管（含）以上人员确认后方可进行更改。属原材料变更的，要对毛坯的选择和材料定额进行更改；属加工工艺变更，要通知相关工段更改；属产品结构变更，要对工艺进行重新制订；属设备变更的，要重新选择设备类型。以上所有变更内容均须书面认可方能执行，并且要修改相关技术文件，使实际加工过程与工艺文件吻合。

工艺变更通知必须在第一时间传递给生产部处理，并及时传递给其他相关部门。已经确认更改的工艺规程，要及时修改相应的文件。另外，对于采用 PDM 管理的企业，还要及时对电子文档资料进行更新与备份保留。工艺变更通知中除了要确定变更内容和变更开始实施日期以外，还需对库存品、在用品及客户处的所有产品确定处置方案。

2.3 夹具设计任务的下达流程与执行过程

2.3.1 夹具概述

机床夹具是机床上用来装夹工件的一种装置，其作用是将工件定位，使工件获得相对于机床和刀具的正确位置，并把工件可靠地夹紧，用来对抗机械加工所产生的力。

夹具按使用特点可分为：通用夹具，如机用虎钳、卡盘、吸盘、分度头和回转工作台等；专用夹具，如车床夹具、铣床夹具、磨床夹具等；可调夹具，可以更换或调整元件的专用夹具；组合夹具，即由不同形状、规格和用途的标准化元件组成的夹具。

2.3.2 夹具设计任务的下达流程

在大多数制造企业中，由于专用夹具的服务对象专一，针对性很强，主要根据工件在某工序上的装夹需要而专门设计制造，所以以专用夹具的设计居多。下面以专用夹具为例，讲述夹具设计任务的下达流程，如图 2-10 所示。

在设备制造企业，夹具设计任务的提出主要来源于两个方面：一个是企业与客户之间签订的设备购买协议，另一个是企业内部自身生产加工的需要。无论任务来源于哪个方面，最终总会提出相应的夹具设计要求，包括夹紧定位方式，本工序需要达到的加工精度等。设计任务书的编写由夹具设计工程师来完成。设计任务书编写完成之后，夹具设计工程师要招集技术部负责人、工艺工程师、生产部相关人员等进行可行性的审核。审核通过后，夹具设计任务正式下达到夹具设计工程师，由其完成夹具设计。如果审核不通过，则要重新分析需求，重新编写设计任务书。

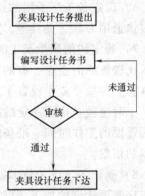

图 2-10 夹具设计任务的下达流程

2.3.3 夹具设计任务的执行过程

1）接到夹具设计任务后，明确设计要求，收集和研究相关资料。首先，要仔细阅读加工件的零件图和与之相关的部件装配图，了解零件的作用、结构特点和技术要求；其次，要认真研究加工件的工艺规程，充分了解本工序的加工内容和加工要求以及使用的机床和刀具，研究分析夹具设计任务书上所选用的定位基准和工序尺寸。

2）确定夹具的设计方案。

① 确定夹具的类型。

② 确定定位方案。根据六点定位规则确定工件的定位方式，选择合适的定位元件，计算定位误差。

③ 确定工件的夹紧方式，选择合适的夹紧装置，使夹紧力与切削力静力平衡，并注意缩短辅助时间。

④ 确定刀具的对刀导向方案，选择合适的对刀元件或导向元件。

⑤ 确定夹具与机床的连接方式。

⑥ 确定其他元件和装置的结构型式，如分度装置、靠模装置等。

⑦ 确定夹具总体布局和夹具体的结构型式。

⑧ 绘制夹具结构方案设计图。在确定夹具结构方案的过程中，应提出几种不同的方案进行比较分析，选取其中最为合理的结构方案。

⑨ 进行工序精度分析。

⑩ 对动力夹紧装置进行夹紧力验算。

3）审核。设计方案应经部门领导、有关技术人员与操作者审核，以对夹具结构在使用上提出合理要求并讨论需要解决的某些技术问题。审核包括下列内容：

① 加工精度能否符合图样规定的要求。

② 定位元件是否可靠和精确。

③ 夹具与机床的连接是否牢固和正确。

④ 夹紧装置是否安全和可靠。

⑤ 工件的装卸是否方便。

⑥ 夹具的搬运是否方便。

⑦ 夹具与有关刀具、辅具、量具之间的协调关系是否良好。

⑧ 加工过程中切屑的排除是否良好。

⑨ 操作的安全性是否可靠。

⑩ 夹具的标志是否完整。

⑪ 生产率能否达到工艺要求。

⑫ 夹具是否具有良好的结构工艺性和经济性。

⑬ 夹具是否符合标准化要求。

4）绘制夹具总装配图 。夹具总装配图应按国家标准的要求绘制，并应注意以下事项：

① 应选用适当的比例，使所绘制的夹具具有良好的直观性。

② 合理选择主视图方向，并应符合视图最少原则。

③ 应把夹具的结构和各种零件间的装配关系表达清楚。

④ 用双点画线绘制出工件的外形轮廓。

⑤ 合理标注尺寸、公差和技术要求等，编制明细栏。尺寸包括：

a. 工件与定位元件间的联系尺寸。例如，工件基准孔与夹具定位销的配合尺寸。

b. 夹具与刀具的联系尺寸。例如，对刀块与定位元件之间的位置尺寸及公差。

c. 夹具与机床连接部分的尺寸。对于铣床夹具是指定位键与铣床工作台 T 型槽的配合尺寸及公差；对于车床或磨床夹具是指夹具连接到机床主轴端的连接尺寸及公差。

d. 夹具内部的联系尺寸及关键件配合尺寸。例如，定位元件间的位置尺寸以及定位元件与夹具体的配合尺寸等。

e. 夹具外形轮廓尺寸。

⑥ 合理选择材料。

5）绘制夹具零件图。绘制总装配图中非标准零件的零件图，其视图应尽可能与装配图上的位置一致。

6）编写夹具设计说明书。

2.4 数控程序的编制

2.4.1 数控程序编制任务的下达流程

数控编程是数控加工准备阶段的主要内容之一。它是指从分析零件图到获得数控加工程序的全部工作过程。数控程序承接的是把毛坯或上道工序的零件加工成满足本道工序要求的任务。

数控程序最初的任务来源是零件图。工艺工程师根据零件图的要求在工艺文件中指定某一工序的工艺要求，选择适当的数控加工设备，数控编程员依据工艺分析零件图，然后进行数控程序的编制。数控程序编制任务的下达流程如图 2-11 所示。

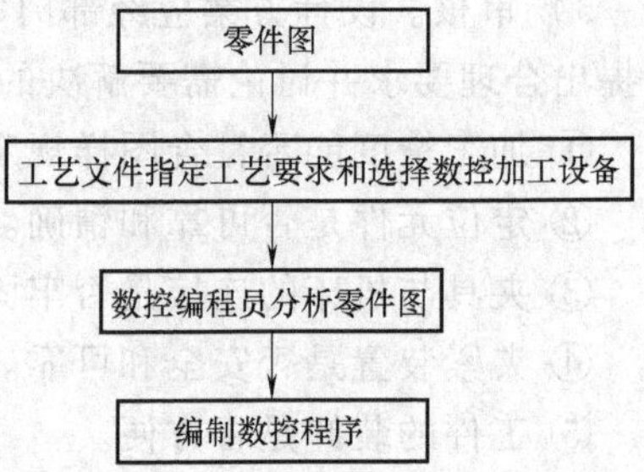

图 2-11 数控程序编制任务的下达流程

2.4.2 数控程序编制步骤

（1）分析零件图和制订工艺方案 对零件图进行分析，明确加工的内容和要求；确定加工方案；选择或设计刀具和夹具；确定合理的走刀路线及选择合理的切削用量等。这一工作要求编程员能够对零件图的技术特性、几何形状、尺寸及工艺要求进行分析，确定加工方法和加工路线。

（2）数学处理 在确定工艺方案后，就需要根据零件的几何尺寸、加工路线等，计算刀具中心运动轨迹，以获得刀位数据。数控系统一般均具有直线插补与圆弧插补功能。对于加工由圆弧和直线组成的较简单的平面零件，只需计算出零件轮廓上相邻几何元素交点或切点的坐标值，得出各几何元素的起点、终点、圆弧的圆心坐标值等，就能满足编程要求。当零件的几何形状与数控系统的插补功能不一致时，就需要进行较复杂的数值计算，一般需要使用计算机辅助计算。

（3）编写零件加工程序 在完成上述工艺处理及数值计算工作后，即可编写零件加工程序。编程分为人工编程和自动编程。一般情况下，对于简单的零件，由程序员使用数控系统的程序指令，按照规定的程序格式，逐段编写加工程序。如果是复杂零件，可以借助 UG、Pro-ENGINEER、MasterCAM 等软件自动生成加工程序。

（4）程序检验 将编写好的加工程序输入数控系统，就可控制数控机床进行加工工作。一般在正式加工之前，要对程序进行检验。通常可采用机床空走刀的方式，来检查机床动作和运动轨迹的正确性，以检验程序。在具有图形模拟显示功能的数控机床上，可通过显示走刀轨迹或模拟刀具对工件的切削过程，对程序进行检验。对于形状复杂和要求高的零件，也可采用塑料或石蜡等易切削材料进行试切来检验程序。若能采用与被加工零件材料相同的材料进行试切则更理想，不仅可确认程序是否正确，还可知道加工精度是否符合要求，更能反映实际加工效果。当程序检验过程中发现加工的零件不符合加工技术要求时，及时采取措施加以纠正，直到试切出合格零件。

第3章 机械加工工艺规程的设计

3.1 机械加工工艺规程设计概述

3.1.1 基本概念

采用机械加工方法，直接改变毛坯的形状、尺寸、各表面间相互位置及表面质量，使之成为合格零件的过程，称为机械加工工艺过程。机械加工工艺过程由一定顺序排列的若干道工序组成，每一道工序又可细分为安装、工位、工步及走刀等。

机械加工工艺规程是指将制订好的零件的机械加工工艺过程按一定的格式（通常为表格或图表）和要求描述出来，作为指令性技术文件，用于指导生产，简称工艺规程。

1. 工艺规程封面

工艺规程封面用于标识所加工零件等相关信息，一般包含零件名称、零件号、版次信息等，如图 3-1 所示。

单位		编号	
		版次	

工 艺 规 程

产品号 _____
零件号 _____
零件名称 _____
设计版次 _____
总页数 _____

图 3-1 工艺规程封面

2. 工序目录

工序目录用于列出零件加工所经过的整个工艺路线，包括各工序的工序名称、协作单位、特性类别、设备等，如图 3-2 所示。

厂		工序目录		产品号			共 页		
车间				零组件号			第 页		
材料		技术条件	品类	供应状态	零件毛料尺寸		零组件名称		
协作单位	特性类别	工序号	工序名称			设备		准结工时	基本工时
编制									
校对									
审核									
审定									
批准									

图 3-2　工序目录

3. 工装项目表

工装项目表列出了零件加工过程中所使用的夹具、刀具、量具等工艺装备，是所有工序使用的工艺装备的汇总目录，用于生产准备、工具管理等，如图 3-3 所示。

4. 机械加工工艺过程卡

机械加工工艺过程卡是用来指导操作者生产的主要技术文件。

单位	工艺装备项目表	产品号		工艺版次		共 页
		零组件号		工序版次		第 页

工艺装备名称	夹具图号	刀具图号	量具图号	工序号	备注
编制					
校对					
审核					
审定					
批准					

图 3-3 工装项目表

单件或小批量生产时，一般使用机械加工工艺过程卡，如图 3-4 所示。它是以文字叙述为主，必要时辅以工序简图或可将设计图作为工艺用图附后。它通过文字叙述，说明零件加工所经过的整个工艺路线及各工序的加工内容，包括工序号、工序名称、设备型号、工艺装备及工时定额等。

单位		工艺规程			共　页
					第　页
产品号	零组件号		零组件名称	材料	硬度

工艺过程		工序内容		设备	工艺装备	准结	基本
工序	工种					工时	工时

编制					
校对					
定额员					

图 3-4　机械加工工艺过程卡

5. 作业指导书

作业指导书是工艺规程的进一步细化和具体实施的工艺文件，是对零件加工全过程的作业内容、操作要点、生产准备、加工参数以及检验方法等作业要点以及质量要点的具体描述。

作业指导书在生产过程中直接用于指导操作者对工序的操作，其包括标准作业指导书（图 3-5）及换型作业指导书（图 3-6）。它与工序卡配合使用，以规范操作者的操作过程，实现操作过程的标准化，稳定加工质量。大批量生产时标准作业指导书、换型作业指导书是必要的工艺文件。

单位	标准作业指导书	产品号		编号		设备型号		安全标记	+	版次	
		零组件号		工序号		设备编号		质量标记	◇	第　页	
		零组件名称		工序名称		手工时间		作业时间		共　页	

工序图,作业简图	作业顺序	操作要点(安全、质量、效率)	工夹量具

品质履历			
序号	故障模式	改进措施	

编制		校对		批准	

图 3-5　标准作业指导书

单位	换型作业指导书	产品号		编号		设备型号		版次	
		零组件号		工序号		设备编号		第　页	
		零组件名称		工序名称				共　页	

换型步骤	操作要点(安全,质量)	使用工具	装夹,作业简图

工具包编号		见工具清单	换型作业时间	
工装		刀具		
量具		附件	编制　　校对　　批准	

图 3-6　换型作业指导书

23

6. 数控操作指导说明书

对于数控加工工序，为了指导操作者正确调用、调试数控程序，需编制数控操作指导说明书。它主要包括数控加工程序单（图 3-7）和刀具清单（图 3-8）。数控操作指导说明书是工艺规程的有效组成部分。

单位		数控加工程序单		编号			
				版次	共 页		第 页
材料	硬度	产品号	零组件名称		零组件号		
设备型号		工序名称			工序号		
程序内容							
编制							
校对							
审核							
审定							
批准							

图 3-7　数控加工程序单

3.1.2　机械加工工艺规程设计的基本原则

1）必须可靠地保证零件设计资料中所有技术要求的实现。

2）必须贯彻相关国家标准、行业标准、企业标准和企业的工艺文件设计与管理的有关制度及规定。在编制的工艺规程中，工序图各种视图的绘制，尺寸和公差、几何公差、表面质量的标注，关键工序、关键特性、重要特性的标注，定位夹紧符号的标注，工艺装备图号、有关工艺说明书的引用、加工要求说明的填写等，都必须严格按相应标准和有关制度规定执行。

3）必须达到正确、完整、协调、统一。

① 正确。主要指工艺路线（工艺过程）的制订，加工设备和工艺装备的选择，切削加工方法和组合装配工艺方法的选择，定位基准、测量基准和夹紧部位的选择，加工余量、工序间尺寸与公差的确定等方面要正确适当，能够可靠稳定地保证设计技术要求的实现。

② 完整。主要指工艺规程应具备的各种卡片及其编制内容，主要工序、协作工序和辅助工序的安排，会签与审批程序等方面完整无缺，使整个工艺过程有机衔接，每项工作或操作有章可循。

单位	刀具清单					共 页	
						第 页	
材料	硬度	产品号	零组件号		零组件名称		
设备型号		工序名称			工序号		
刀具序号	刀具名称	专用刀具图号	刀具半径范围	刀具伸出长度范围	刀尖号	配装编号	备注
编制							
校对							
审核							
审定							
批准							

图 3-8　刀具清单

③ 协调。主要指毛坯与零件之间，切削加工与热处理、表面处理之间，主要工序与辅助工序之间，加工与测量之间，工序中各工步之间等方面应相互协调，使整个工艺过程各环节默契配合。

④ 统一。主要指产品名称、材料牌号及其技术条件、毛坯类型等，必须与设计图保持一致，工艺规程各种卡片的使用、工序名称的确定、工序图的绘制、定位与夹紧符号、各种标注和有关指示符号、加工的文字叙述和相关的工艺术语等应当统一，让与生产有关的人员都能看懂、并有相同理解，以达到工艺规程在本企业内生产条件基本相同的单位均可使用。

4）必须具有良好的操作性和检测性。工艺路线（工艺过程）的制订、工序内容的设计等，应从生产实际出发，既要便于组织生产，又要便于操作者加工和检验测量，使其操作性好，劳动强度小，检测性好。

5）必须具有较好的经济性。要尽量达到工艺规程具有较好经济性的要求。一方面在满足加工要求的前提下，缩小毛坯规格，减小材料损耗和浪费，提高材料利用率；更重要的一方面是工艺方法的选定，本着充分利用本单位现有生产条件，适当引进成熟新工艺新技术的原则，除极个别情况外，尽量不用外单位协作，尤其不用本企业以外的单位协作，同时尽量减少使用专用设备和专用工艺装备，以达到高质量、高效率、低成本的目的。

6）注意节约能源。

7）采用环保绿色加工方法。

3.1.3 课程设计采用的机械加工工艺过程卡

课程设计中的零件多为比较简单的中等批量的中小零件，其目的是为大家提供一次完整的练习机会，工艺规程设计阶段要求完成零件的机械加工工艺过程卡的填写。供学生课程设计使用的机械加工工艺过程卡，如图3-9所示。

机制031班		机械加工工艺过程卡片		产品型号		零件图号	KCSJ-01			
				产品名称		零件名称	手柄	共1页		第1页
材料牌号	45	毛坯种类	锻件	毛坯外形尺寸		每毛坯件数	1	每台件数	1	备注	年产1万

工序号	工序名称	工序内容	车间	工段	设备	工艺装备	工时	
							准终	单件
10	模锻毛坯		锻					
20	粗铣端面 B	铣端面 B 保证厚度尺寸28	机		X52	专用夹具、端铣刀、游标卡尺		
30	粗铣端面 A	铣端面 A 保证厚度尺寸27	机		X52	专用夹具、端铣刀、游标卡尺		
40	精铣端面 B	铣端面 B 保证厚度尺寸26.5	机		X52	专用夹具、端铣刀、游标卡尺		
50	精铣端面 A	铣端面 A 保证厚度尺寸26	机		X52	专用夹具、端铣刀、游标卡尺		
60	粗镗小头孔	粗镗小头孔到尺寸 $\phi21.2$H11	机		T68	专用夹具、镗刀、游标卡尺		
70	粗镗大头孔	粗镗大头孔至 $\phi37$H11，保证中心距128±0.2	机		T68	专用夹具、镗刀、游标卡尺		
80	钻大头径向孔	钻大头径向孔 $\phi4$	机		Z525	专用夹具、麻花钻、游标卡尺		
90	粗铣小头槽	粗铣小头槽槽宽9H11	机		X62W	专用夹具、锯片铣刀、游标卡尺		
100	精铣小头槽	精铣小头槽至尺寸10H9	机		X62W	专用夹具、锯片铣刀、游标卡尺		
110	精镗小头孔	精镗小头孔至尺寸 $\phi22$H9	机		T68	专用夹具、镗刀、游标卡尺		
120	精镗大头孔	精镗大头孔至尺寸 $\phi38$H9	机		T68	专用夹具、镗刀、游标卡尺		
130	倒角	倒大小头孔口角，去毛刺	机		Z525	专用夹具、倒角钻头、游标卡尺		
140	检验入库							

							设计（日期）	校对（日期）	审核（日期）	标准化（日期）	会签（日期）
标记	处数	更改文件号	签字	日期	标记	处数	更改文件号	签字	日期		

图3-9 供学生课程设计使用的机械加工工艺过程卡

3.1.4 机械加工工艺规程设计的目标

通过对任务零件的分析研究，在给定的生产纲领（或生产批量）前提下，选择合理的毛坯制造方式并完成毛坯设计，同时制订出能达到图样要求的合格零件的加工工艺路线，其中包括毛坯设计、加工表面加工方法的选择、工序内容的组合、定位与夹紧面的选择、设备及工艺装备（机床、刀具、夹具、辅具和量具）的选择等。

3.2 机械加工工艺规程设计的内容、要求和流程

3.2.1 设计内容

在机械加工工艺规程设计阶段，课程设计应完成的内容包括毛坯图（或零件-毛坯合图）和机械加工工艺过程卡。

3.2.2 设计要求

1. 总体要求

1）能熟练运用机械制造技术基础课程中的基本理论以及在生产实习中学到的实践知识，正确解决一个零件在加工中的定位、夹紧及合理安排工艺路线等问题，以保证零件的加工质量。

2）学会使用手册及图表资料。掌握有关各种资料的名称及出处，并能做到熟练运用。

3）按时完成规定的工作量。

2. 毛坯图要求

在分析零件图的基础上，完成毛坯图的绘制。注意审查视图和技术要求的正确性和合理性。

3. 机械加工工艺过程卡要求

1）确定所有加工表面的加工方法。根据表面加工要求、零件结构，参照有关资料，形成合理的工艺路线。注意，生产纲领影响设备、加工工艺等方面。

2）完成给定格式的机械加工工艺过程卡的填写。

3.2.3 设计流程

提供给设计者的零件图并非生产用图，图样上会留有一些供设计者审查后修改的问题，在审图时注意查找。若发现问题，请及时与指导教师联系，确认问题，然后修改图样。

工艺方案的设计是本次设计的重点内容，工艺方案必须与指导教师反复讨论后确定。

3.3 图样研究与毛坯设计

3.3.1 审查零件图

零件图是最终验收零件的验收标准之一，也是指导工艺规程设计的主要依据。在工艺规

程设计之前，应该认真地对零件图中视图关系的正确性、各个技术要求的合理性、各表面加工的难易程度以及结构工艺性问题等进行全面审查。如发现问题，应及时解决。

3.3.2 读懂图

当拿到给定的零件图时，要先花时间读懂图样。设计的工艺规程最终是要将图样中的点线组成的图形变成具体的零件实体，读不懂图样是肯定不行的。那么，图样到底应该怎么看呢？

1. 视图关系

图3-10所示为手柄零件图。从该零件图可以判断出该零件为典型的杆类零件，而且为连杆类零件。因此，它主要的要素应该包括两端面，大、小头孔。另外，它还有其他的辅助要素，即小头的槽和大头的径向孔以及杆身部分的锻造结构。由此分别根据相关的几何特征要素分析其投影关系，建立其三维立体的轮廓。

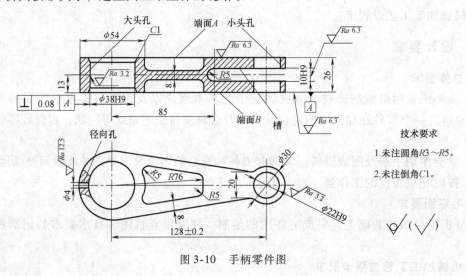

图3-10 手柄零件图

读图时还可以根据需要，将各个面都取上名字，便于描述。如果知道功能，可按照功能取名，否则就以 A、B、C、D 等取名。

2. 技术要求

技术要求包括尺寸精度要求、形状精度要求、位置精度要求、表面粗糙度要求、材料及热处理要求、物理力学性能要求和其他要求。

对于课程设计来说，认识图样上的技术要求是一次认识图样、积累经验的过程。与此同时，要将技术要求全找出，并记录下来，见表3-1。因为如果遗漏任何一个加工面及其加工要求，都将加工出不符合图样要求的零件，这将是原则性错误。

3. 零件结构工艺性

零件结构工艺性是指设计的零件能否在现有的技术水平及设备条件下经济、方便地制造出来，能否使用高效率的制造方法，能否充分发挥设备能力。

零件结构工艺性存在于零件生产和使用的全过程，包括材料选择、毛坯生产、机械加工、热处理、机器装配、使用、维护、报废、回收和再利用等。在课程设计中只是考虑有关零件的毛坯生产、机械加工、热处理方面的结构工艺性。

表 3-1　零件加工面及其技术要求

加工面	技术要求	表面粗糙度要求
两端面 A、B	间距尺寸 26mm，未注公差尺寸并要求有一定的对中性，是大头孔的基准面	$\sqrt{Ra\,6.3}$
大头孔	直径尺寸 ϕ38H9，与端面 A 垂直度公差为 0.08mm	$\sqrt{Ra\,3.2}$
小头孔	直径尺寸 ϕ22H9，与大头孔中心距尺寸为 128mm ± 0.2mm	$\sqrt{Ra\,3.2}$
小头孔槽	槽宽尺寸 10H9，控制槽底中心与大头孔中心距离尺寸为 85mm	$\sqrt{Ra\,6.3}$
大头径向孔	直径尺寸 ϕ4mm，通过两孔中心连线并对称于中心线	$\sqrt{Ra\,12.5}$

3.3.3　毛坯对工艺规程的影响

工艺人员要依据零件设计要求，确定毛坯种类、形状、尺寸及制造精度等。毛坯选择合理与否，对零件质量、金属消耗、机械加工量、生产效率和加工过程有直接的影响。

3.3.4　毛坯的种类

毛坯的制造形式分为六类，每类又有若干种不同的制造方法。这六类是铸件、锻件、型材、焊接件、冲压件和其他。各类毛坯的特点及适用范围，见表 3-2。毛坯种类的选择主要依据以下几个因素。

1）设计图样规定的材料及力学性能。

2）零件的结构形状及外形尺寸。

3）零件制造经济性。

4）生产纲领。

5）现有的毛坯制造水平。

表 3-2　各类毛坯的特点及适用范围

毛坯种类	制造精度（IT）	加工余量	原材料	零件尺寸	零件形状	力学性能	适用生产类型
型材		大	各种材料	小型	简单	较好	各种类型
焊接件		一般	钢	大中型	较复杂	有内应力	单件
砂型铸件	13 级以下	大	铸铁、铸钢、青铜	各种尺寸	复杂	差	单件、小批
自由锻件	13 级以下	大	钢为主	各种尺寸	较简单	好	单件、小批
普通模锻件	11～15	一般	钢、锻铝、铜等	中小型	一般	好	中、大批
钢模铸件	10～12	较小	铸铝为主	中小型	较复杂	较好	中、大批
精密锻件	8～11	较小	钢、锻铝等	小型	较复杂	较好	大批
压力铸件	8～11	小	铸铁、铸钢、青铜	中小型	复杂	较好	中、大批
熔模铸件	7～10	很小	铸铁、铸钢、青铜	小型为主	复杂	较好	中、大批
冲压件	8～10	小	钢	各种尺寸	复杂	好	大批
粉末冶金件	7～9	很小	铁、铜、铝基材料	中小尺寸	较复杂	一般	中、大批
工程塑料件	9～11	较小	工程塑料	中小尺寸	复杂	一般	中、大批

在课程设计中，给定的零件一般是中小零件，毛坯也主要是型材、铸件和锻件等，具体情况读零件图材料栏的说明并参考表 3-2。

3.3.5 毛坯形状的确定

毛坯形状应力求接近零件形状，以减少机械加工量。当毛坯类型为铸件或锻件时，在确定毛坯形状时有一些问题要注意，参见《机械零件工艺性手册》。

1. 铸件形状

1）铸件孔的最小尺寸，见表 3-3。

表 3-3　铸件孔的最小尺寸（单位：mm）

铸造方法	成批生产	单件生产
砂型铸造	30	50
金属型铸造	10～20	—

2）铸件的最小壁厚参见有关手册。

3）铸件的起模斜度。铸件垂直于分型面上，需有起模斜度，且各面的斜度数值应尽可能一致，以便于制造铸型。铸件最小起模斜度，见表 3-4。

表 3-4　铸件最小起模斜度

斜度位置	铸 造 方 法	
	砂型	金属型
外表面	0°30′	0°30′
内表面	1°	1°

4）铸件最小圆角半径。铸件壁部连接处的转角应有铸造圆角。最小圆角半径请查阅有关手册，然后根据机械制造业常用标准尺寸（详见 GB/T 2822—2005）来确定，半径尽可能统一。

5）铸件浇注位置选择。铸件的重要加工面或主要工作面一般应处于底面或侧面，应避免气孔、砂眼、疏松、缩孔等缺陷；大平面尽可能朝下或采用倾斜浇注，避免夹砂或夹渣缺陷；铸件的薄壁部分放在下部或侧面，以免产生浇不足的情况。

2. 锻件形状

1）锻件分型面的确定。锻件分型面的确定原则是保证锻件形状与零件形状的一致，并方便锻件从锻模中取出。因此，锻件的分型位置应选择在具有最大水平投影的位置上，如图 3-11 所示。一般分型面选在锻件侧面的中部，以便发现上下错模。

2）模锻斜度。模锻斜度是为了让锻件成形后能顺利出模，其数值见表 3-5。

表 3-5　模锻斜度

长宽比 L/B	高宽比 H/B				
	≤1	>1～3	>3～4.5	>4.5～6.5	>6.5
≤1.5	5°	7°	10°	12°	15°
>1.5	5°	5°	7°	10°	12°

注：实际模锻斜度按表中数值增大 2°～3°（角度为 15°不增加）。

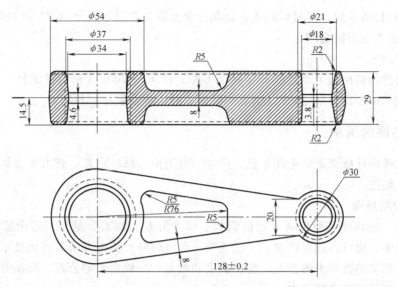

图 3-11　手柄锻造毛坯

3）模锻件圆角。模锻件所有的转接处均需要圆角连接过渡。模锻件圆角半径数值可按表 3-6 中公式计算后，优先取 1mm、1.5mm、2mm、2.5mm、3mm、4mm、5mm、6mm、8mm、10mm、12mm、15mm、20mm、25mm 和 30mm。

表 3-6　模锻件圆角　　　　　　　　　　　　　　　　（单位：mm）

高宽比 H/B	内圆角 r	外圆角 R
≤2	$0.05H + 0.5$	$2.5r + 0.5$
>2 ~ 4	$0.06H + 0.5$	$3.0r + 0.5$
>4	$0.07H + 0.5$	$3.5r + 0.5$

3.3.6　毛坯尺寸的确定

1. 型材毛坯尺寸的确定

毛坯为精轧圆棒料时，可通过零件的最大直径及零件长度和公称尺寸之比查得毛坯直径尺寸。端面余量可根据零件的长度及加工状态查得。

毛坯为易切削钢轴类棒料时，可以通过零件的公称尺寸和车削长度公称尺寸之比查得毛坯的直径。具体尺寸可查阅机械加工工艺手册。

2. 铸件毛坯尺寸的确定

铸件机械加工余量共分9个等级（5～13级），每个等级按零件的公称尺寸，又可分成10个尺寸组。毛坯总余量的确定，首先应根据所选择的毛坯铸造方法，确定铸件机械加工余量的等级，然后就可以很方便地决定铸件毛坯的机械加工总余量。

3. 锻件毛坯尺寸的确定

锻件的公差范围分为普通级和精密级两级，确定时主要考虑以下因素。

1）锻件质量。根据锻件图的公称尺寸进行计算，并可按此质量确定公差和余量。

2）锻件的形状复杂系数。它是锻件的质量与相应锻件外廓包容体的质量之比，分为S1、S2、S3、S4 等四级。

3）分模线形状。分模线分为平直分模线和对称弯曲分模线两种。

4）锻件的材质系数。按材料的碳含量和合金元素总含量不同分为 M1 和 M2 两级。

5）零件加工表面粗糙度。

6）加热条件。

钢质模锻件的机械加工余量的确定参照 GB/T 12362—2003《钢质模锻件 公差及机械加工余量》或 GB/T 12361—2003《钢质模锻件 通用技术条件》执行。

3.3.7 毛坯图的画法

把经过上述设计所确定的毛坯形状、尺寸、分型面、材料信息、技术要求等用图表达出来，绘制成毛坯图。

1. 铸件的毛坯图

（1）内容 毛坯图一般包括毛坯的形状、尺寸公差、加工余量与工艺余量、起模斜度及圆角、分型面、浇冒口残存位置、工艺基准、合金牌号、铸造方法及其他技术要求。在图上标注出尺寸和有特殊要求的公差、起模斜度和圆角；一般要求的公差、起模斜度和圆角不标注在图上，应写在技术要求中。

（2）技术要求

1）材料。材料取自零件图。

2）铸造方法。根据具体条件合理确定。

3）铸造的公差等级。参照零件图确定。

4）未注明的起模斜度及半径。一般参照零件图确定。

5）铸件综合技术条件及检验规则的文件号。取自零件图或按相关文件自行确定。

6）铸件的检验等级。取自零件图。

7）铸件的交货状态。铸件的表面状态应符合标准。

8）铸件是否进行气压或液压试验。取自零件图。

9）热处理硬度。取自零件图或按机械加工要求确定。

2. 锻件的毛坯图

（1）尺寸标注 在图上用双点画线绘出零件的轮廓，并采用与机械加工相同的基准，使检验方便。零件尺寸标注于锻件尺寸的下方；水平尺寸一般从交点注出，而不从分型面标注；

尺寸标注基准应与机械加工时的基准一致，避免链式标注；侧斜走向的筋，应注出定位尺寸，避免注为角度；外形尺寸不应从变动范围大的工艺半径的圆心注出；零件的尺寸公差不应注出。

（2）技术要求 对锻件的技术要求，需要确定以下几个方面内容。

1）锻件的热处理及硬度要求，测定硬度的位置。

2）取样检查试件的金相组织。

3）未注明的模锻斜度、圆角半径、尺寸公差。

4）锻件表面质量要求，表面允许缺陷的深度。

5）锻件外形允许的公差。

6）锻件的质量。

7）锻件内在的质量要求。

8）锻件的检验等级及验收的技术条件。

9）打印零件号和熔批号的位置等。

3.4 机械加工工艺路线的拟订

3.4.1 工作内容

依据毛坯，拟订工艺路线（方案），使初始的毛坯充分利用现有的生产条件，高效率、低成本地达到最终的零件要求。

1. 工件的装夹

机械加工工艺过程是由一道道工序组成的，而工件在每道工序加工时都需要装夹，即要完成对工件先定位后夹紧的工艺过程。是否容易装夹？选择什么样的定位面和夹紧面？夹具设计简单吗？各道工序采用的装夹方式能否统一，以避免基准的多次更换带来的误差。这些都是工件装夹方案选择时应该注意的事项。

2. 加工方法的选择

要加工出的零件不仅仅是一个几何实体，零件各个表面还有不同的技术要求。除了标有非去除材料加工符号的表面外，其他表面都要用机械加工的方法来完成加工，达到表面加工精度要求、表面质量要求以及其他要求。如何才能给各加工表面选择出合适的加工方法呢？同时，加工方法的经济性问题、效率问题，还有现有条件的限制等，都是选择加工方法时应该注意的事项。

3. 工序内容的确定

根据生产类型选用分散与集中的原则。

4. 加工阶段的划分

零件的各个表面，特别是要求较高的主要表面，需经过粗加工、半精加工、精加工和光整加工等逐渐精化的步骤达到图样要求。精加工和光整加工主要用于达到图样的精度要求，加工余量小；粗加工主要用于将后续工序不能去除的加工表面余量全部精确去除。根据完成的任务性质不同，要将零件的机械加工工艺过程进行阶段划分。应如何划分？有哪些好处？是不是一定要划分？这些问题需要加以考虑。

5. 加工工序的排序

在机械加工工艺过程中不仅要注意工序排序的问题，还要注意热处理等辅助工序合理安插的问题。热处理、表面处理、检验、去毛刺、清洗等也都是机械加工工艺过程中必不可少的内容，必须根据需要进行合理安排。

3.4.2 合理选择定位基准

在最初的工序中，定位基准是经过铸造、锻造或轧制等得到的表面，这种未经加工的定位基准面称为粗基准面。用粗基准面定位加工出光洁表面后，就应该尽可能地用已经加工过的表面来作为定位表面，这种定位表面称为精基准面。

有时由于零件结构的限制，为了便于装夹或获得所需的加工精度，在零件上特意加工出用作定位的表面，这种表面称为辅助基准面。

基准面可以是有形的表面，也可以是无形的中心或对称平面。基准面可以是今后实际与定位元件接触的表面，也可以是事先划线，加工时通过找正方法得到的表面。基准面选择的好坏直接关系零件加工要求能否满足，关系装夹的可靠性和方便性。

基准面选择的最主要目标当然是满足每道工序的加工要求，特别是满足重要表面的关键工序的加工要求。首先正确选择精基准面，然后再决定选择什么样的毛坯面作为加工精基准面的粗基准面。由此也将工艺过程原则上一分为二：前面工序的主要任务是将后面要用到的精基准面加工出来，后面工序的主要任务是利用已经加工好的精基准面去达到图样要求。基准面的选择和利用也就成为贯穿机械加工工艺过程始终的一条红线。

1. 精基准面的选择

（1）三个问题

1）经济合理地达到加工要求。

2）精基准面的确定。

3）次要基准面的选择。

（2）两条要求

1）足够的加工余量。

2）足够大的定位面和接触面积。

（3）一个关键　减少误差。

（4）四项原则

1）基准重合原则。用工序基准作为精基准，实现"基准重合"，以免产生基准不重合误差。

2）基准统一原则。当工件以某一组精基准定位可以较方便地加工其他各表面时，应尽可能在多数工序中采用此组精基准定位，实现"基准统一"，以减少工装设计制造费用，提高生产率，避免基准转换误差。

3）自为基准原则。当精加工或光整加工工序要求余量尽可能小而均匀时，应选择加工表面本身作为精基准，即遵循"自为基准"的原则。该加工表面与其他表面的位置精度要求由先行工序保证。

4）互为基准原则。为了获得均匀的加工余量或较高的位置精度，可以遵循互为基准、反复加工的原则。

2. 粗基准面的选择

（1）非加工表面与加工表面有位置要求　如果必须首先保证工件上非加工表面与加工表面之间的位置要求，应该以非加工表面作为粗基准面。如果工件上有很多非加工表面，则应以其中与加工表面的位置精度要求较高的表面为粗基准面。

（2）重要表面要求保证加工余量均匀　如果必须首先保证工件某重要表面的加工余量均匀，应选择该表面作为粗基准面。

很显然，在轴承座粗基准面的选择上应该考虑支承孔的加工余量要均匀，所以选择支承孔作为粗基准面来加工底面。

（3）粗基准面的质量要求要高　所选择的粗基准面，应平整、光洁，没有浇口、冒口或飞边等缺陷，以便定位可靠。

在同一加工尺寸方向上，粗基准面一般原则上不要重复使用，以免产生较大的位置误差。

3. 辅助基准面的选择

辅助基准面的选择应符合工艺要求，统一定位面或者以选择合理定位面为目的，但以不破坏零件的功能和外观为前提。

3.4.3 零件表面加工方法的选择

零件表面的加工方法取决于加工表面的技术要求。这些技术要求包括因基准不重合而提高对某些表面的加工要求，由于被作为精基准而可能对其提出更高的要求。根据各加工表面的技术要求，首先选择能保证该要求的最终加工方法，然后确定前续加工方法。

1. 选择加工方法应考虑的因素

（1）加工要求　加工方法的选择要与零件加工要求相适应。

（2）经济精度　加工方法的选择要与零件加工经济精度相适应。

（3）生产纲领　加工方法的选择要与零件加工生产纲领相适应。

（4）结构形状　加工方法的选择要与零件结构形状相适应。

（5）尺寸大小　加工方法的选择要与零件尺寸大小相适应。

（6）生产实际　加工方法的选择要与生产实际相适应。

2. 加工方法分类

根据零件加工工艺过程中原有物料与加工后物料在质量上有无变化及变化的方向（增大或减少）不同，可将零件加工方法分为三类，即材料成形法、材料去除法和材料累加法。

（1）材料成形法　材料成形法的特点是进入工艺过程的物料，其初始质量等于（或近似等于）加工后的最终质量。常用的材料成形法有铸造、锻压、冲压、粉末冶金、注射成形等。

（2）材料去除法　材料去除法的特点是零件的最终几何形状局限在毛坯的初始几何形状范围内，零件形状的改变是通过去除一部分材料，减少一部分质量来实现的。材料去除法又分为轨迹法、成形法、相切法和展成法。

（3）材料累加法　传统材料累加法主要是焊接、粘接或铆接，通过这些不可拆卸的连接方法使物料结合成一个整体，形成零件。近几年发展起来的快速原型制造技术（RPM）是材料累加法的新发展。

3. 如何选择加工方法和加工路线

根据零件图表面的经济加工精度选择该表面的最后加工方法，并采用从最终工序到毛坯，由后向前的方法确定加工路线。

（1）常用加工方法

1）外圆表面加工方法。外圆表面加工方法有车削、成形车削、旋转拉削、研磨、铣削外圆、成形外圆磨（横磨）、普通外圆磨、无心磨、车铣和滚压等。

2）内圆表面加工方法。内圆表面加工方法有钻孔、扩孔、铰孔、拉孔、挤孔和磨孔等。

3）平面加工方法。平面加工方法有刨削、插削、铣削、磨削、车（镗）削和拉削等。

4）螺纹加工方法。螺纹加工方法有车螺纹、攻螺纹、套螺纹、盘形铣刀铣螺纹、梳形铣刀铣螺纹、旋风铣铣螺纹、磨螺纹、滚压螺纹等。

5）齿形加工方法。渐开线齿形常用的加工方法有两大类，即成形法和展成法。成形法包括铣齿和成形磨齿。展成法包括滚齿、剃齿、插齿和磨齿。

（2）常用加工路线

1）外圆表面的典型加工路线。外圆表面的典型加工工艺路线，如图 3-12 所示。

① 粗车—半精车—精车。这是应用最广泛的一条加工路线。只要零件材料可以进行车削加工，公差要求不高于 IT7、表面粗糙度 Ra 值不小于 $1.25\mu m$ 的零件表面，均可采用此加工路线。如果精度要求较低，可只进行到半精车，甚至只进行到粗车。

② 粗车—半精车—粗磨—精磨。这条加工路线主要用于切削黑色金属，特别是结构钢零件和半精车后有淬火要求的零件。表面公差要求不高于 IT6、表面粗糙度 Ra 值不小于 $0.16\mu m$ 的外圆表面，均可采用此工艺路线。

③ 粗车—半精车—粗磨—精磨—光整加工。若采用第 2 条加工路线仍不能满足公差要求，尤其是粗糙度要求时，可采用此工艺路线，即在精磨后增加一道光整加工工序。常用的光整加工方法有研磨、砂带磨削、精密磨削、超精加工以及抛光等。

④ 粗车—半精车—精车—金刚石车。此加工路线主要适用于零件材料不宜采用磨削加工的高精度外圆表面，如铜、铝等有色金属及其合金和非金属材料的零件表面。

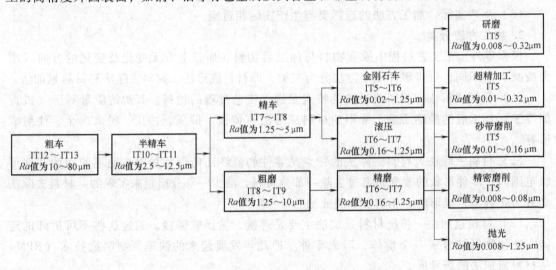

图 3-12 外圆表面的典型加工工艺路线

2）内圆表面的典型加工路线。内圆表面的典型加工工艺路线，如图 3-13 所示。

① 钻（粗镗）—粗拉—精拉。此加工路线多用于大批量生产中加工盘套类零件的圆孔、单键孔和内花键。加工出的孔的尺寸公差可达 IT7，并且加工质量稳定，生产效率高。当工件上无铸出或锻出的毛坯孔时，第一道工序安排钻孔；若有毛坯孔，则安排粗镗孔；如毛坯孔的精度高，也可直接拉孔。

② 钻—扩—铰。此工艺路线主要用于直径 $D < 50mm$ 的中小孔加工，是一条应用最为广泛的加工路线，在各种生产类型中都有应用。加工后孔的尺寸公差通常达 IT6 ~ IT9，表面粗糙度 Ra 值为 $0.32 ~ 10\mu m$。若尺寸公差和粗糙度要求更高，可在机铰后安排一次手铰。由于铰削加工对孔的位置误差的纠正能力差，因此孔的位置精度主要由钻和扩来保证；位置精度要求高的孔不宜采用此加工方案。

③ 钻（粗镗）—半精镗—精镗—金刚镗。这也是一条应用非常广泛的加工路线，在各种

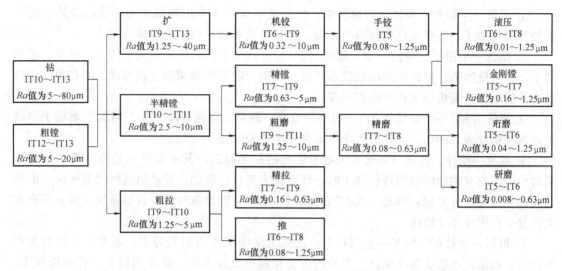

图 3-13　内圆表面的典型加工工艺路线

生产类型中都有应用，用于加工未经淬火的黑色金属及有色金属等材料的高精度孔和孔系（IT5 ~ IT7，Ra 值为 0.16 ~ 1.25μm）。与钻—扩—铰工艺路线不同的是：①所能加工的孔径范围大，一般直径 $D > 18$mm 的孔可采用装夹式镗刀镗孔；②加工出孔的位置精度高，如金刚镗多轴镗孔，孔距公差可控制在 ±0.005 ~ ±0.01mm，常用于加工位置精度要求高的孔或孔系，如连杆大小头孔，机床主轴箱孔系等。

④ 钻（粗镗）—半精镗—粗磨—精磨—研磨（或珩磨）。这条加工路线用于黑色金属特别是淬硬零件的高精度的孔加工。

说明：上述内圆表面加工精度主要取决于操作者的操作水平，对于小孔加工可采用特种加工方法。

3）平面的典型加工路线。平面的典型加工工艺路线，如图 3-14 所示。

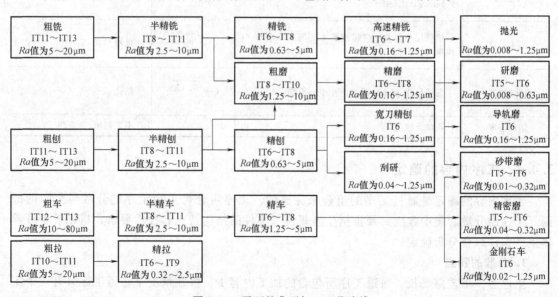

图 3-14　平面的典型加工工艺路线

① 粗铣—半精铣—精铣—高速精铣。铣削是平面加工中用得最多的方法。若采用高速精铣作为终加工，不但可达到较高的精度，而且可获得较高的生产效率。

② 粗刨—半精刨—精刨—宽刀精刨（刮研）。此加工路线以刨削加工为主。通常，刨削的生产率较铣削低，但机床运动精度易于保证，刨刀的刃磨和调整也较方便，故在单件小批生产，特别在重型机械生产中应用较多。

③ 粗铣（刨）—半精铣（刨）—粗磨—精磨—研磨、抛光等。此加工路线主要用于淬硬表面或高精度表面的加工。淬火工序可安排在半精铣（刨）之后。

④ 粗拉—精拉。这是一条适合大批量生产的加工路线，其主要特点是生产率高，特别是对台阶面或有沟槽的表面进行加工时，优点更为突出。例如，发动机缸体的底平面、曲轴轴瓦的半圆孔及分界面，都是一次拉削完成的。由于拉削设备和拉刀价格昂贵，因此只有在大批量生产中使用才经济。

⑤ 粗车—半精车—精车—金刚石车。此加工路线以车削加工为主。通常，车削的生产率较高，机床运动精度易于保证，车刀的刃磨和调整也较方便，故在回转体零件表面加工，特别是在有色金属零件加工中应用较多。

4. 应用举例

手柄零件的生产类型假定为成批生产，其加工方法的选择，见表3-7。

表 3-7　手柄零件的加工方法选择

加工面	加工要求	表面粗糙度要求	加工方法选择
两端面 A、B	间距尺寸 26mm，未注公差尺寸并要求有一定的对中性，大头孔的基准面	$\sqrt{Ra\ 6.3}$	粗铣 B→粗铣 A→精铣 B→精铣 A
大头孔	直径尺寸 ϕ38H9，与端面 A 垂直度公差为 $0.08\mu m$	$\sqrt{Ra\ 3.2}$	粗镗→精镗 扩孔→铰孔
小头孔	直径尺寸 ϕ22H9，与大头孔中心距尺寸为 128mm±0.2mm	$\sqrt{Ra\ 3.2}$	同大头孔
小头孔槽	槽宽尺寸 10H9，控制槽底中心与大头孔中心距离尺寸为 85mm	$\sqrt{Ra\ 6.3}$	铣槽
大头径向孔	直径尺寸 ϕ4mm，通过两孔中心连线	$\sqrt{Ra\ 12.5}$	钻孔
辅助工序	孔口及锐边		手工倒角、去毛刺

3.4.4　工序内容的确定

工序内容的确定是通过工序的组合来完成的。工序组合可采用工序的分散与集中的原则。工序的分散和集中程度必须根据生产规模、零件的结构特点和技术要求、机床设备等具体生产条件综合分析确定。

1. 分散的特点

工序多，工艺路线长，每道工序所包含的加工内容少，极端情况下每道工序只有一个工步；所使用的工艺设备与装备比较简单，易于调整与掌握；利于选用合理的切削用量，减少基本时间；设备数量多，生产面积大；设备投资少，易于更换产品。

2. 集中的特点

零件各个表面的加工集中在少数几道工序内完成，每道工序的内容和工步都较多，有利于采用高效的专用设备和工艺装备，生产率高；生产计划和生产组织工作得到简化，生产面积和操作工人数量减少；工件装夹次数减少，辅助时间缩短，加工表面间的位置精度易于保证；设备、工装投资大，调整、维护复杂；生产准备工作量大，更换新产品困难。

3. 应用举例

手柄零件，如为小批生产，工序内容集中，粗铣端面 *B*，再粗铣端面 *A*，在一道工序内完成；精铣端面 *B*，再精铣端面 *A*，在一道工序内完成；粗镗小头孔，再粗镗大头孔，在一道工序内完成：精镗小头孔，再精镗大头孔，在一道工序内完成。

如为成批生产，可以将上面所说的粗铣端面 *B*、*A*，精铣端面 *B*、*A*，粗镗小头孔，粗镗大头孔，精镗小头孔，精镗大头孔分别安排在不同的工序中，使每道工序的加工内容单一，使用的机床较多。

3.4.5 加工阶段的划分

按加工性质和作用的不同，机械加工工艺过程可划分为粗加工阶段，半精加工阶段，精加工阶段，光整加工阶段。如果加工质量要求不高，工件刚度足够，毛坯质量高和加工余量小，可以不划分加工阶段。

（1）粗加工阶段　粗加工阶段的主要任务是去除加工面多余的材料，并加工出精基准。这个阶段的主要问题是如何提高生产率。

（2）半精加工阶段　半精加工阶段的主要任务是使加工面达到一定的加工精度，为精加工做准备。在这个阶段，继续切除余量，使主要表面达到一定的精度；留一定的精加工余量，为精加工做准备；完成一些次要表面加工。

（3）精加工阶段　精加工阶段的主要任务是使加工面精度和表面粗糙度达到要求。在这个阶段，切除余量少，使主要表面达到规定的尺寸公差、几何公差和粗糙度要求。

（4）光整加工阶段　光整加工阶段的主要任务是精密和超精密加工。采用一些高精度的加工方法，使零件加工最终达到图样的技术要求。在这个阶段，切除余量极少，主要是降低表面粗糙度，使加工表面达到极高精度，一般不能提高几何精度。

1. 加工阶段划分的依据

1）利于保证零件的加工质量。

2）利于合理使用设备和保持精密机床的精度。

3）利于热处理工序的安插。

4）利于及早发现毛坯或在制品的缺陷，以减少损失。

2. 应用举例

对于在课程设计中的中小零件，特别是精度要求不高的中小零件的加工，加工阶段的划分没有严格要求，因零件加工时切削力、切削热、残余应力等问题不是十分严重。当生产类型为中小批时，可不考虑；当生产类型为大批时，需遵循粗精分开，以便于提高机床的利用率。表3-8列出了手柄零件的加工阶段划分。

表 3-8　手柄零件的加工阶段划分

加工阶段	加工内容	说明
基准面加工	粗铣端面 B	互为基准，反复加工
	粗铣端面 A	
	精铣端面 B	
	精铣端面 A	
粗加工	粗镗小头孔	若放在精镗工序之后，将会使大、小头孔内的毛刺难以去除
	粗镗大头孔	
	钻大头径向孔	
	粗铣小头孔槽	
精加工	精铣小头孔槽	若上述的槽和径向孔相对于大、小头孔有较高的位置要求，应该放在大、小头孔的精镗工序后，然后在槽和径向孔加工完成后增加一道大、小头孔的镗削工序用于去毛刺
	精镗小头孔	
	精镗大头孔	

3.4.6　加工工序的排序

1. 划线工序

对于形状复杂、尺寸较大的毛坯或尺寸偏差较大的毛坯，应先安排划线工序，为精基准加工提供找正基准。

2. 先基面后其他

按"先基面后其他"的顺序，先加工精基准面，再以加工出的精基准面作为定位基准，安排其他表面的加工。

3. 先粗后精

按先粗后精的顺序，对精度要求较高的各主要表面进行粗加工、半精加工和精加工。

4. 先主后次

先考虑主要表面加工，再安排次要表面加工。次要表面的加工，常从加工方便与经济角度出发进行安排。次要表面和主要表面之间往往有相互位置要求，常常要求在主要表面加工后，以主要表面定位加工次要表面。

5. 先面后孔

当零件上有较大的平面可以作为定位基准时，先将其加工出来，再以面定位加工孔，这样可以保证定位准确、稳定。

在毛坯面上钻孔或镗孔，容易使钻头引偏或打刀，若先将此面加工好，再加工孔，则可避免这些情况的发生。

6. 关键工序

对于易出现废品的工序，精加工和光整加工可适当提前。在一般情况下，主要表面的精加工和光整加工应放在最后阶段进行。

7. 应用举例

手柄零件的加工工序安排，见表 3-9。

3.4.7　热处理工序安排

（1）退火与正火　退火与正火属于毛坯预备热处理，应安排在机加工之前进行。

表 3-9　手柄零件的加工工序安排

加工阶段	加工内容	说　明
基准面加工	粗铣端面 B	互为基准，反复加工
	粗铣端面 A	
	精铣端面 B	
	精铣端面 A	
粗加工	粗镗小头孔	
	粗镗大头孔	
	钻大头径向孔	若放在精镗工序之后，将会使大、小头孔内的毛刺难以去除
	粗铣小头孔槽	
精加工	精铣小头孔槽	若上述的槽和径向孔相对于大、小头孔有较高的位置要求，应该放在大、小头孔的精镗工序后，然后在槽和径向孔加工完成后增加一道大、小头孔的镗削工序用于去毛刺
	精镗小头孔	
	精镗大头孔	

（2）时效处理　时效处理的目的是为了消除残余应力。对于尺寸大、结构复杂的零件，需在粗加工前、后各安排一次时效处理；对于一般零件，在粗加工前或粗加工后安排一次时效处理；对于精度要求高的零件，在半精加工前、后各安排一次时效处理；对于精度要求高、刚度差的零件，在粗车、粗磨、半精磨后各需安排一次时效处理。

（3）淬火　淬火后工件的硬度提高且易变形，应安排在精加工阶段的磨削加工前进行。

（4）渗碳　渗碳易产生变形，应安排在精加工前进行。需要控制渗碳层厚度时，渗碳前需要安排精加工。

（5）渗氮　渗氮一般安排在工艺过程的后部，该表面的最终加工之前。渗氮处理前应进行调质处理。

3.4.8　辅助工序

（1）中间检验　中间检验一般安排在粗加工全部结束之后，精加工之前，送往外车间加工的前后（特别是热处理前后），花费工时较多和重要工序的前后。

（2）特种检验　X 射线检查、超声波探伤等多用于内部质量的检验，一般安排在工艺过程的开始；荧光检验、磁力探伤主要用于表面质量的检验，通常安排在精加工阶段；荧光检验如用丁检查毛坯的裂纹，则安排在加工前。

（3）表面处理　电镀、涂层、发蓝、氧化、阳极化等表面处理工序一般安排在工艺过程的最后进行。表 3-10 列出了手柄零件的机械加工工艺路线。

表 3-10　手柄零件的机械加工工艺路线

工序号	加工内容	工序号	加工内容
10	铸造毛坯	90	粗铣小头孔槽
20	粗铣端面 B	100	精铣小头孔槽
30	粗铣端面 A	110	精镗小头孔
40	精铣端面 B	120	精镗大头孔
50	精铣端面 A	130	倒角
60	粗镗小头孔	140	检验
70	粗镗大头孔	150	入库
80	钻大头径向孔		

3.5 机械加工设备及工艺装备的选择

3.5.1 机械加工设备及工艺装备选择相关问题

机械加工设备及工艺装备包括机床、夹具、刀具、量具、辅具等，在选择时应注意如下问题。

1）机械加工设备及工艺装备的选择，在满足零件加工工艺的需要和可靠保证零件加工质量的前提下，应与生产批量和生产节拍相适应，并应充分利用现有条件，以降低生产准备费用。

2）对必须改装或重新设计的专用或成组工艺装备，应在进行经济性分析和论证的基础上提出设计任务书。

3）中小批条件下可选用通用工艺装备；大批量条件下可考虑制造专用工艺装备。

4）机械加工设备及工艺装备的选择不仅要考虑投资的当前效益，还要考虑产品改型及转产的可能性，应使其具有足够的柔性。

3.5.2 机械加工设备的选择

1. 机床的选择

常用的机床有车床、铣床、镗床、磨床等。

车削加工特别适合加工回转表面，因此大部分具有回转表面的零件都可以用车削的方法加工，如加工内外圆柱面、内外圆锥面、端面、沟槽、螺纹、成形面及滚花等。此外，在车床上还可以进行钻孔、铰孔和镗孔。车削加工的尺寸公差一般可以达到IT6～IT8，表面粗糙度 Ra 值为 0.8～3.2μm。车床分卧式车床、立式车床、落地车床、转塔车床、半自动车床、自动车床和数控车床等，其中卧式车床、转塔车床和数控车床使用较多。

铣削加工范围广泛，可以加工各种平面（水平面、垂直面、斜面）、沟槽（键槽、直槽、角度槽、燕尾槽、T形槽、V形槽、圆形槽、螺旋槽等）和齿轮等成形面。在铣床上还可以进行钻孔、镗孔和切断等。铣削加工的尺寸公差一般为IT8～IT9，也可以达到IT6，表面粗糙度 Ra 值为 1.6～6.3μm。常用的铣床有卧式铣床和立式铣床，此外还有龙门铣床、工具铣床及各种专用铣床。

镗床的工作过程是：工件装在工作台或附件上固定不动，刀具随镗床的主轴做旋转运动，靠移动主轴或工作台做进给运动，从而实现镗削。镗床的加工具有万能性，可以镗削单孔和孔系，锪、铣平面，镗端面等。当配备各种附件、专用镗杆和装置后，还可以切槽、车螺纹、镗锥孔及球面等。镗孔加工可以保证孔径（IT6～IT7）、孔距（0.015mm 左右）的精度和较小的表面粗糙度值（ Ra 值为 0.8～1.6μm）。常用的镗床有卧式镗床、立式坐标镗床、金刚镗床。

磨削可以加工平面、内外圆柱面、沟槽、成形面（螺纹、齿轮齿形等）及刃磨各种工具。磨削不仅可以加工铸铁、碳钢、合金钢等一般的金属材料，而且还可以加工一般刀具难以加工的淬火钢、硬质合金、陶瓷和玻璃等高硬度材料。但磨削不易加工塑性较大的非金属材料。磨削加工的尺寸公差一般为IT6～IT7，表面粗糙度 Ra 值为 0.2～0.8μm。常用的磨床有外圆磨床、平面磨床、内圆磨床等。

正确选择机床设备是一件很重要的工作。它不但直接影响工件的加工质量，而且还影响工件的加工效率和制造成本。选择机床时应考虑以下几个因素。

1）机床尺寸规格与工件的形状尺寸应相适应。

2）机床公差等级与本工序加工要求应相适应。

3）机床电动机功率与本工序加工所需功率应相适应。

4）机床自动化程度和生产效率与生产类型应相适应。

2. 机床的选择示例

手柄零件的各机械加工工序中机床选择，见表 3-11。

表 3-11　手柄零件的各机械加工工序中机床选择

工序号	加工内容	机床	说　明
10	锻造毛坯	—	外协
20	粗铣端面 B	X52	常用,工作台尺寸、机床电动机功率均合适
30	粗铣端面 A	X52	常用,工作台尺寸、机床电动机功率均合适
40	精铣端面 B	X52	常用,工作台尺寸、机床电动机功率均合适
50	精铣端面 A	X52	常用,工作台尺寸、机床电动机功率均合适
60	粗镗小头孔	T68	常用,最大镗孔直径、机床电动机功率均合适
70	粗镗大头孔	T68	常用,最大镗孔直径、机床电动机功率均合适
80	钻大头径向孔	Z525	常用,工件孔径、机床电动机功率均合适
90	粗铣小头孔槽	X62W	常用,工作台尺寸、机床电动机功率均合适
100	精铣小头孔槽	X62W	常用,工作台尺寸、机床电动机功率均合适
110	精镗小头孔	T68	常用,最大镗孔直径、机床电动机功率均合适
120	精镗大头孔	T68	常用,最大镗孔直径、机床电动机功率均合适
130	倒角	—	手工倒大小头孔口角及去毛刺
140	检验	—	—
150	入库	—	—

3.5.3　刀具的选择

刀具的选择主要取决于所采用的加工方法，工件材料，加工的尺寸、精度和表面粗糙度的要求，生产率的要求和加工经济性等。应尽量采用标准刀具，在大批量生产中应采用高生产率的复合刀具。

3.6　机械加工工艺方案分析

对同一个零件，不同的人会设计出不同的加工方案；同一个人对同一个零件也可以设计出不同的加工方案，即在一定的生产条件下有多种可行的方案。机械加工方案没有最好的，只有相对较好的方案。

工艺方案的优劣分析主要从机械加工工艺规程的特性指标及工艺成本的构成两方面分析，但课程设计中由于没有实际生产条件的限制，故不可能进行各项经济指标的分析。因此，判断工艺方案的优劣主要应从以下方面考虑。

3.6.1　加工质量

1）所有应加工表面是否已经安排加工？

2）加工方法的选择是否能达到加工表面的加工要求，是否与加工表面的结构形状、尺寸大小相适应？

3）每道工序的定位面、夹紧面的选择是否合适？符合六点定位原理吗？夹紧是否可靠？

4）次要表面的加工是否会影响主要表面的加工质量？

3.6.2　加工效率

1）加工设备的负荷是否基本平衡？

2）节拍是否合理？

3.6.3　加工成本与经济性分析

由于课程设计阶段不进行各项具体经济指标的分析，再加上设计者的经验限制，可在指导教师的指导下，进行工艺成本分析，提出一套可行、合理的工艺方案。

3.7　机械加工工艺过程卡的填写

机械加工工艺过程卡作为零件加工工艺的指导性文件，记录加工该零件的每道工序的加工内容、车间、工段、设备、工艺装备和工时等，具体内容如下：

（1）抬头　工序内容栏以上的表格部分，主要注明零件的基本信息，应按照所给零件图或任务书填写。

（2）工序号、名称和内容　名称使用加工方法的简称即可，工序内容应填写清楚加工方法、加工表面和应达到的加工要求。

（3）车间和工段　对于课程设计，学生应根据对生产环境的了解，选填或者不填。

（4）设备和工艺装备　设备填写机床型号或专机名称，工艺装备写明本工序需要使用的刀具、夹具、量具和辅具的名称。

（5）工时　该项必须待工序设计完成后才能填写。对于课程设计，学生对工时定额只需填写基本时间。

（6）其他内容　按照实际情况选填。

第 4 章　机械加工工序设计

对于机械加工工艺路线中的工序，特别是重要的加工工序，要求进行工序设计，其主要内容包括以下几方面：

1）绘制工序简图。

2）选择加工设备（机床类型及型号）和工艺装备（刀具、量具、夹具和辅具）。

3）划分工步。根据工序内容及加工顺序安排的一般原则，合理划分工步。

4）确定加工余量。利用查表法确定各主要加工面的工序及工步的加工余量。因毛坯总加工余量已由毛坯（图）在设计阶段定出，故粗加工工序及工步的加工余量应由总加工余量减去精加工、半精加工的加工余量之和而得出。若某一表面仅需一次粗加工即完成，则该表面的粗加工余量就等于已确定出的毛坯总加工余量。

5）确定工序尺寸及公差。对于简单加工的情况，工序尺寸可由后续加工的工序尺寸加上名义工序余量简单求得，工序公差可用查表法按加工经济精度确定。对于加工时有基准转换的较复杂的情况，需要用工艺尺寸链来计算工序尺寸及公差。

6）选择切削用量。切削用量可用查表法或访问数据库方法初步确定，再参照所用机床实际转速、进给量的档数最后确定。

		机械加工工序卡		产品型号		零件图号				
				产品名称		零件名称		共　页		第　页
				车间		工序号	工序名		材料牌号	
				毛坯种类		毛坯外形尺寸	每坯可制件数		每台件数	
				设备名称		设备型号	设备编号		同时加工件数	
				夹具编号		夹具名称			切削液	
				工位器具编号		工位器具名称			工序工时	
									准终	单件
描图	工步号	工步内容	工艺装备	主轴转速 r/min	切削速度 m/min	进给量 mm/r	背吃刀量 mm	进给次数	工步工时 机动	辅助
描校										
底图号										
						设计（日期）	审核（日期）	标准化（日期）	会签（日期）	
装订号										
	标记	处数	更改文件号	签字	日期	标记	处数	更改文件号	签字	日期

图 4-1　机械加工工序卡的格式示例

7）确定工时定额。对加工工序进行时间定额的计算，主要是确定工序的机加工时间，即基本时间，又称为机动时间。对于辅助时间、工作地服务时间、休息和自然需要时间及每批零件的准备终结时间等，可按照有关资料提供的比例系数估算。

8）填写主要工序的工序卡。机械加工工序卡的格式如图 4-1 所示。该工序卡除包含上面内容所述的有关选择、确定及计算的结果之外，还要求绘制出工序简图。

4.1　工序简图的绘制

工序简图按照缩小的比例画出，不一定很严格。如工件复杂不能在工序卡中表示时，允许另加页单独绘出。工序简图尽量选用一个视图，图中工件是本工序完成后的形状，处在加工位置、夹紧状态。用细实线画出工件的主要特征轮廓，用粗实线画出本工序的加工面。为使工序简图能用最少视图表达，对定位夹紧表面以规定的符号来表示。最后还要详细标明本工序的加工质量要求，包括工序尺寸和公差、表面粗糙度以及工序技术要求等。工序简图应标注以下四方面内容：

1）定位符号及定位点数。

2）夹紧符号及指向的夹紧面。

3）加工表面。用粗实线画出加工表面，并标上加工符号。当工序的加工表面为最终工序的表面时，加工符号上应标注表面粗糙度数值。其他工序不标表面粗糙度数值。

4）工序尺寸及公差。

对多刀、多工位加工，还应附有刀具调整示意图。

工序简图画法示例如图 4-2 所示。

GB/T 24740—2009 规定了机械加工定位支承符号（简称定位符号，见表 4-1）、辅助支承符号（见表 4-2）、夹紧符号（见表 4-3）和常用定位、夹紧装置符号（简称装置符号，见表 4-4）的类型、画法和使用要求。定位支承符号、辅助支承符号、夹紧符号的绘制应符合相关规定。表 4-5 列出了定位、夹紧符号与装置符号的综合标注示例。

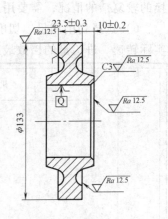

图 4-2　工序简图画法示例

表 4-1　定位支承符号

定位支承类型	符号			
	独立定位		联合定位	
	标注在视图轮廓线上	标注在视图正面[①]	标注在视图轮廓线上	标注在视图正面[①]
固定式				
活动式				

① 视图正面是指观察者面对的投影面。

46

表 4-2　辅助支承符号

独立支承		联合支承	
标注在视图轮廓线上	标注在视图正面	标注在视图轮廓线上	标注在视图正面
	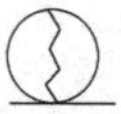	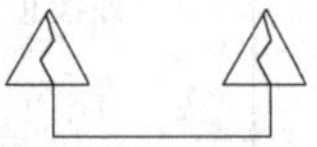	

表 4-3　夹紧符号

夹紧动力源类型	符号			
	独立夹紧		联合夹紧	
	标注在视图轮廓线上	标注在视图正面	标注在视图轮廓线上	标注在视图正面
手动夹紧			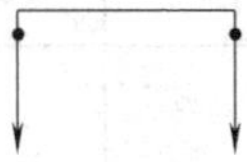	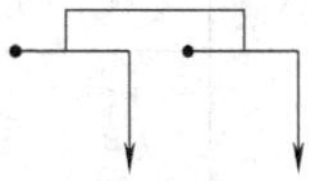
液压夹紧	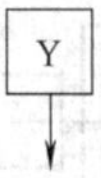	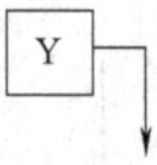	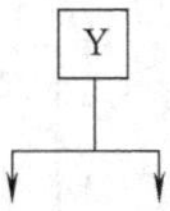	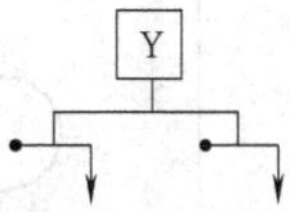
气动夹紧	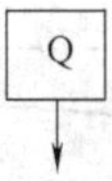	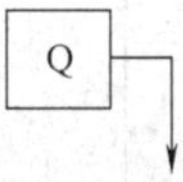	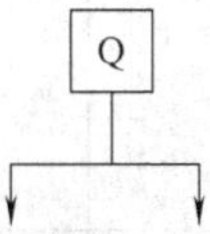	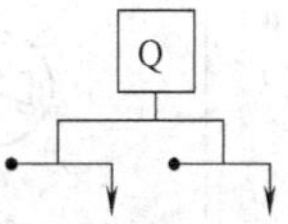
电磁夹紧	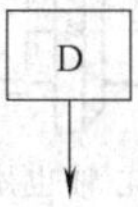	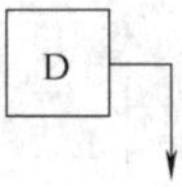	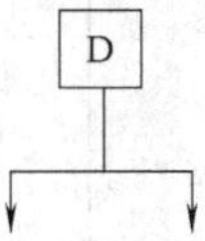	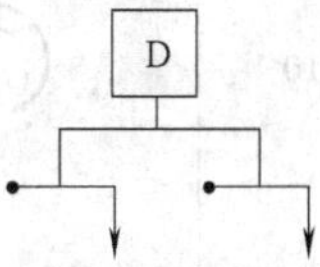

表 4-4　常用定位、夹紧装置符号

序号	符号	名称	简图
1		固定顶尖	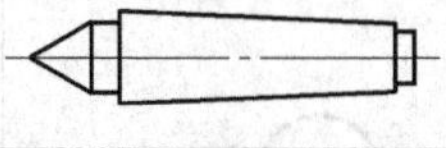
2	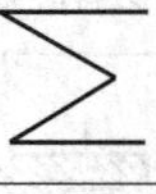	内顶尖	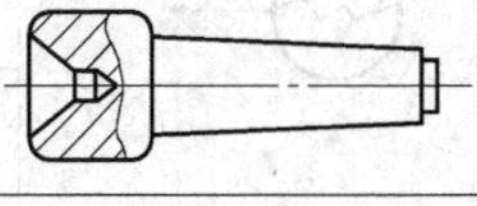
3	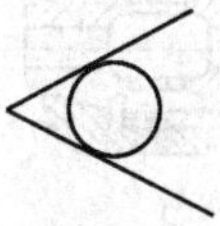	回转顶尖	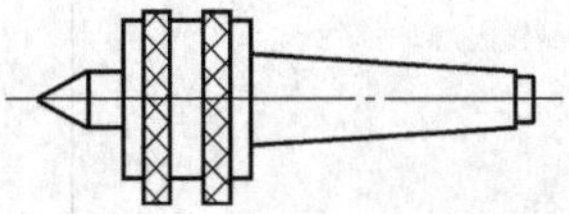

序号	符号	名称	简图
4		外拨顶尖	
5		内拨顶尖	
6		浮动顶尖	
7		伞形顶尖	
8		圆柱心轴	
9		锥度心轴	
10		螺纹心轴	（花键心轴也用此符号）
11		弹性心轴	（包括塑料心轴）
		弹簧夹头	

48

序号	符号	名称	简图
12		自定心卡盘	
13		单动卡盘	
14		中心架	
15		跟刀架	
16		圆柱衬套	
17		螺纹衬套	
18		止口盘	

序号	符号	名称	简图
19		拨杆	
20		垫铁	
21		压板	
22		角铁	
23		可调支承	
24		平口钳	
25		V形铁	
26		软爪	

表 4-5　定位、夹紧符号与装置符号的综合标注示例

序号	说明	定位、夹紧符号标注示意图	装置符号标注或与定位、夹紧符号联合标注示意图
1	由装在主轴和尾座锥孔中的固定顶尖定位，拨杆夹紧	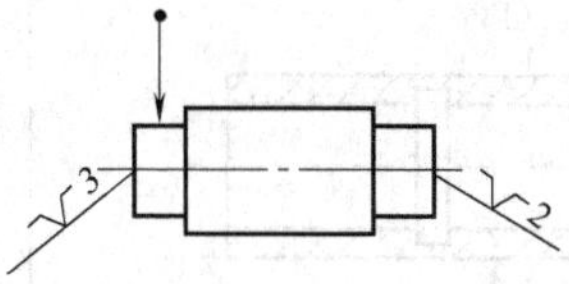	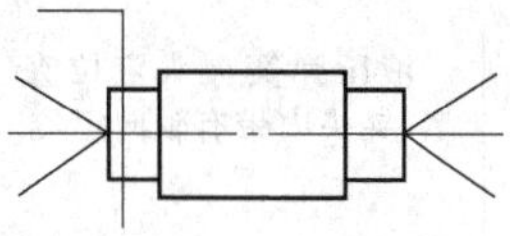
2	由装在主轴锥孔中的固定顶尖和装在尾座锥孔中的浮动顶尖定位，拨杆夹紧	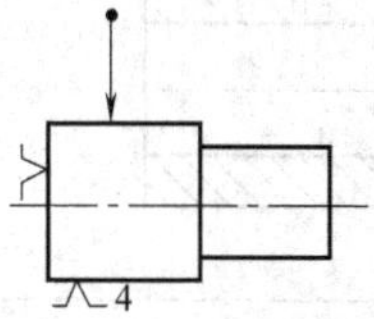	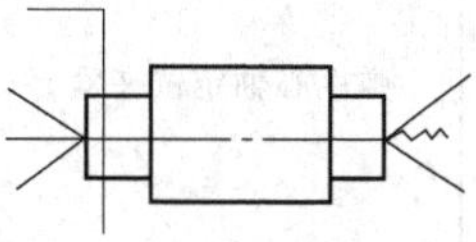
3	由装在主轴锥孔中的内拨顶尖和装在尾座锥孔中的回转顶尖定位夹紧	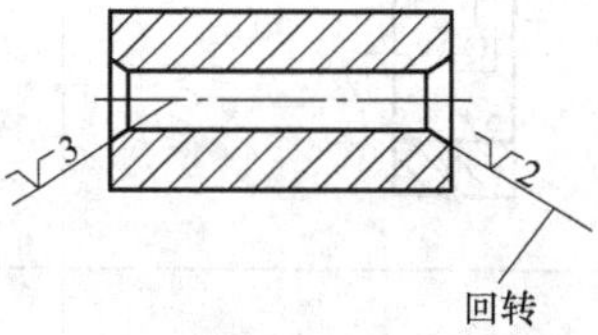 回转	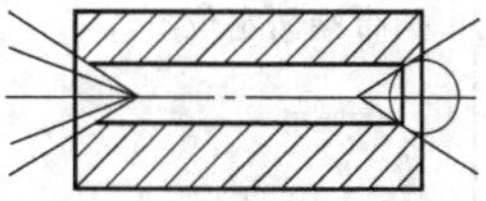
4	由装在主轴锥孔中的外拨顶尖和装在尾座锥孔中的回转顶尖定位夹紧	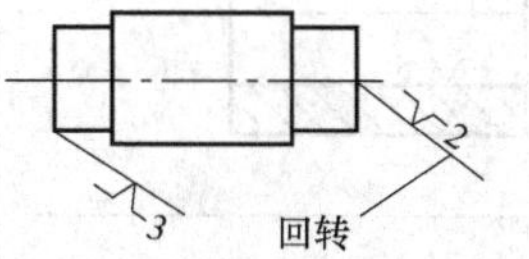 回转	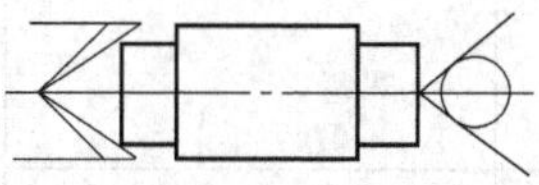
5	由装在主轴锥孔中的弹簧夹头定位夹紧，夹头内带有轴向定位，由装在尾座锥孔中的内顶尖定位	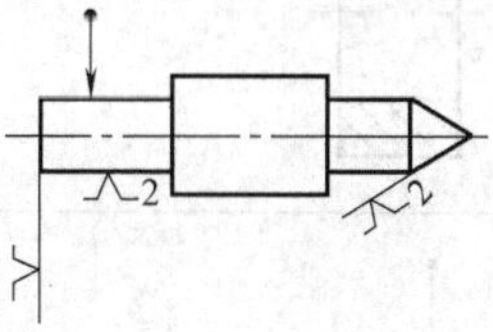	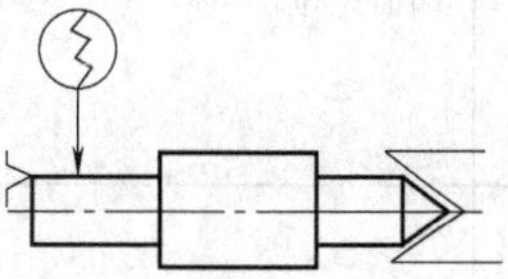
6	弹簧夹头定位夹紧	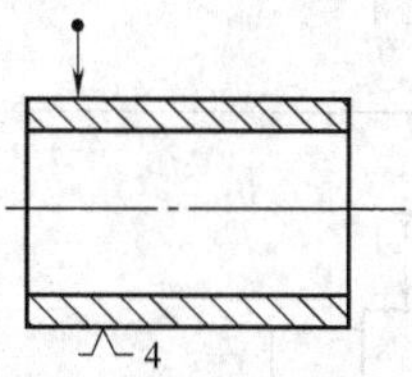	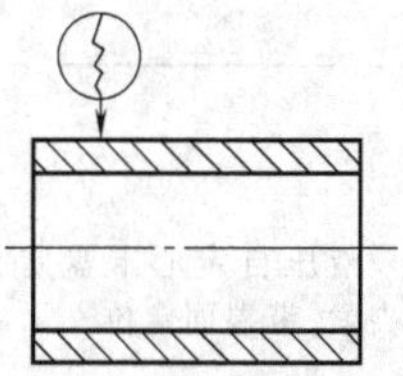

51

序号	说明	定位、夹紧符号标注示意图	装置符号标注或与定位、夹紧符号联合标注示意图
7	液压弹簧夹头定位夹紧，夹头内带有轴向定位		
8	弹性心轴定位夹紧		
9	气动弹性心轴定位夹紧，带端面定位		
10	锥度心轴定位夹紧		
11	圆柱心轴定位夹紧，带端面定位		
12	自定心卡盘定位夹紧		
13	液压自定心卡盘定位夹紧，带端面定位		

序号	说明	定位、夹紧符号标注示意图	装置符号标注或与定位、夹紧符号联合标注示意图
14	单动卡盘定位夹紧，带轴向定位		
15	单动卡盘定位夹紧，带端面定位		
16	由装在主轴锥孔中的固定顶尖和装在尾座锥孔中的浮动顶尖定位，中间由跟刀架辅助支承，拨杆夹紧（细长轴类零件）		
17	床头自定心卡盘带轴向定位夹紧，床尾中心架支承定位		
18	止口盘定位，螺栓压板夹紧		
19	止口盘定位，气动压板联动夹紧		
20	螺纹心轴定位、夹紧		

序号	说明	定位、夹紧符号标注示意图	装置符号标注或与定位、夹紧符号联合标注示意图
21	圆柱衬套带有轴向定位,外用自定心卡盘夹紧		
22	螺纹衬套定位,外用自定心卡盘夹紧		
23	平口钳定位夹紧		
24	电磁盘定位、夹紧		
25	软爪自定心卡盘定位夹紧		
26	由装在主轴锥孔中的伞形顶尖、装在尾座锥孔中的伞形顶尖定位,拨杆夹紧		
27	由装在主轴锥孔中的中心堵、装在尾座锥孔中的中心堵定位,拨杆夹紧		

序号	说明	定位、夹紧符号标注示意图	装置符号标注或与定位、夹紧符号联合标注示意图
28	角铁、V形铁及可调支承定位，下部加辅助可调支承，压板联动夹紧	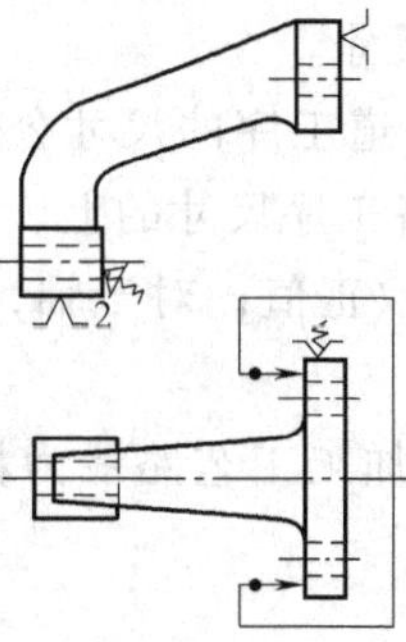	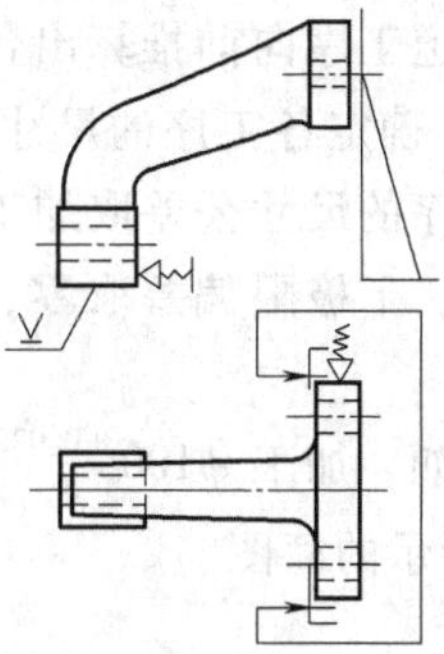
29	一端固定 V 形铁、下平面垫铁定位，另一端可调 V 形铁定位夹紧	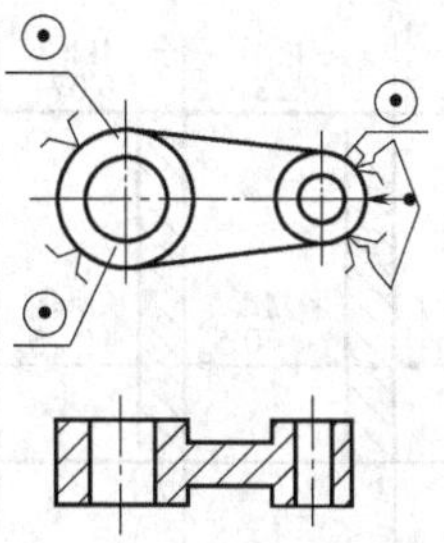	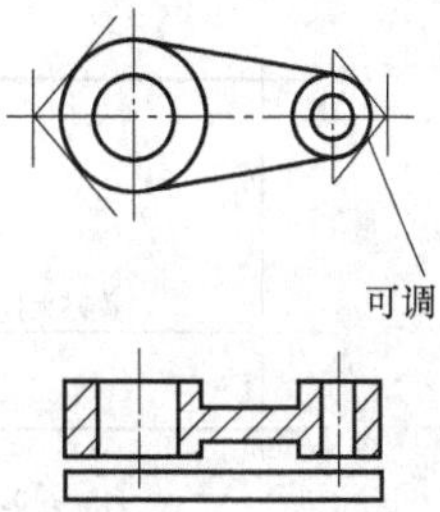 可调

4.2 工序余量、工序尺寸、工序公差的确定

在确定加工余量时，总加工余量和工序加工余量要分别确定。总加工余量的大小与选择的毛坯的制造精度有关。用查表法确定工序加工余量时，粗加工工序的加工余量不应由查表确定，而是用总加工余量减去各工序加工余量求得，同时要对求得的粗加工工序的加工余量进行分析。过小，要增加总加工余量；过大，应适当减少总加工余量，以免造成浪费。若某一表面仅需一次粗加工即完成，则该表面的粗加工工序的加工余量就等于已确定的总加工余量。

计算工序尺寸和标注公差是制订工艺规程的主要工作之一。工序尺寸和公差通常查加工工艺手册，按加工经济精度确定。工序尺寸和公差的确定有以下两种情况：

1. 定位基准（或工序基准）**与设计基准重合时**

此时采用"从后往前推，层层包裹"的方法，即将工序加工余量一层层叠加到被加工表面上，可以清楚地看出每道工序的工序尺寸，再按每种加工方法的加工经济精度和"入体原则"标注。

零件表面经最后一道工序加工后，应达到其设计要求。所以，零件某表面最后一道工序的工序尺寸及公差应为零件上该表面的设计尺寸和公差，而中间工序的工序尺寸和公差需要由计算确定。

55

当加工某表面的各道工序都采用同一个定位基准，并与设计基准重合时，工序尺寸计算只需考虑工序加工余量。工序尺寸和公差的计算步骤如下：

1）确定毛坯总加工余量和各工序加工余量。

2）确定各工序的工序尺寸。最后一道工序的工序尺寸等于零件图上的设计尺寸，并由最后一道工序向前推算出各工序的工序尺寸。

3）确定各工序的尺寸公差。最后一道工序的尺寸公差等于零件图上的设计尺寸公差，中间工序的尺寸公差取加工经济精度。各工序尺寸的上、下极限偏差按"入体原则"确定。对于孔，下极限偏差取零，上极限偏差取正值；对于轴，上极限偏差取零，下极限偏差取负值。

例如，加工 $\phi100^{+0.022}_{0}$ mm 的孔，其加工工艺路线为粗镗—精镗—粗磨—精磨，可画出图4-3所示的简图。

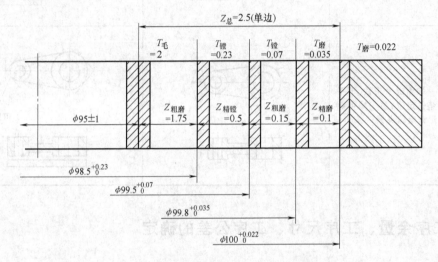

图 4-3 基准重合时工序尺寸和公差的确定（一）

又如，图 4-4 所示为某法兰盘零件上的一个孔，孔径为 $\phi60^{+0.03}_{0}$ mm，毛坯采用铸钢件，需要淬火热处理。试确定其各工序尺寸及公差。

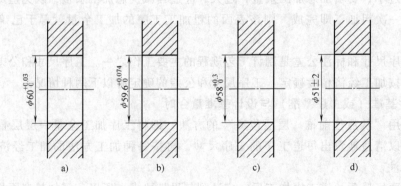

图 4-4 基准重合时工序尺寸和公差的确定（二）

a）磨后　b）半精镗后　c）粗镗后　d）毛坯

根据题目，孔直接铸出，查孔加工方法可以确定工艺路线为粗镗—半精镗—磨。从机械加工工艺手册查出各工序的工序加工余量和加工经济精度；计算各工序尺寸；再按"入体原则"和"对称原则"确定各工序尺寸的最大、最小极限偏差。计算结果见表4-6。标注如图4-4所示。

表 4-6　工序尺寸和公差的计算结果　　　　　　　（单位：mm）

工序名称	工序加工余量	工序尺寸	加工经济精度	标注
磨	0.4	60	IT7	$\phi 60^{+0.03}_{\ \ 0}$
半精镗	1.6	$60 - 0.4 = 59.6$	IT9$^{+0.074}_{\ \ 0}$	$\phi 59.6^{+0.074}_{\ \ \ \ 0}$
粗镗	7	$59.6 - 1.6 = 58$	IT12$^{+0.3}_{\ \ 0}$	$\phi 58^{+0.3}_{\ \ 0}$
毛坯		$58 - 7 = 51$	± 2	$\phi 51 \pm 2$

2. 定位基准（或工序基准）**与设计基准不重合时**

在零件的加工过程中，为了加工和检验方便可靠或由于零件表面的多次加工等原因，往往不能直接采用设计基准作为定位基准。形状较复杂的零件在加工过程中需要多次转换定位基准。这时工序尺寸和公差的确定就比较复杂，需用工艺尺寸链来求算工序尺寸和公差，并校核工序加工余量是否满足加工要求。

4.3　切削用量的确定

确定切削用量时，应综合考虑工序的具体内容、加工精度、生产率及刀具寿命等因素。确定切削用量的一般原则是：在保证加工质量及规定刀具寿命的条件下，使机动时间少、生产率高。

在选择切削用量时，通常：首先，确定背吃刀量（粗加工时尽可能等于工序加工余量）；然后，根据表面粗糙度要求选择较大的进给量；最后，根据切削速度与刀具寿命或机床功率之间的关系，用计算法或查表法求出相应的切削速度（精加工则主要依据表面质量的要求）。

下面介绍常用切削用量的确定方法。

1. 车削用量

（1）背吃刀量　粗加工时，应尽可能一次切去全部加工余量，即选取背吃刀量等于加工余量。当余量太大时，应考虑工艺系统刚度和机床有效功率，尽可能选取较大的背吃刀量和最少的进给次数。半精加工时，如加工余量 $Z > 2\text{mm}$，则应分两次进给：第一次背吃刀量 $a_\text{p} = (2/3 \sim 3/4)Z$，第二次背吃刀量 $a_\text{p} = (1/3 \sim 1/4)Z$。如 $Z \leqslant 2\text{mm}$，则可一次切去。精加工时，应在一次进给中切去精加工工序余量。

（2）进给量　背吃刀量确定后，进给量直接决定了切削面积，从而决定了切削力的大小。最大进给量受以下因素限制：机床的有效功率和转矩、机床进给机构和传动链的强度、工件的刚度、刀具的强度与刚度、加工表面粗糙度等。实际生产中，进给量大多采用经验法选取，也可查阅金属切削用量手册，用查表法确定。

（3）切削速度　切削速度一般是根据合理的刀具寿命进行计算或查表选取。精加工时，尽可能选取高的切削速度，以保证加工精度和表面质量，同时满足生产率的要求；粗加工时，应考虑以下因素：硬质合金车刀切削热轧中碳钢的平均切削速度为 1.67m/s，切削灰铸铁的平均切削速度为 1.17m/s，两者平均刀具寿命为 60～90min；切削合金钢比切削中碳钢要降低切削速度 20%～30%；切削调质状态的钢件比切削正火、退火状态的钢件要降低切削速度 20%～30%；切削有色金属比切削中碳钢可提高切削速度 100%～300%。

2. 铣削用量

（1）背吃刀量　根据加工余量来确定铣削背吃刀量。粗铣时，为提高铣削效率，一般选铣削背吃刀量等于加工余量，一次铣完。半精铣及精铣时，加工要求较高，通常分两次铣削。半精铣时，背吃刀量一般为 0.5～2mm；精铣时，背吃力量一般为 0.1～1mm 或更小。

（2）进给量　进给量可由切削用量手册查得，其中推荐值均有一个范围。精铣或铣刀直径较小、铣削背吃力量较大时选小值，粗铣时选大值；加工铸铁件时选大值，加工钢件时选小值。

（3）切削速度　切削速度适当选得高些，以提高生产率。切削速度的具体数值按公式计算或查阅切削用量手册获得。对大平面铣削也可参照国内外的先进经验，采用密齿铣刀、大进给量、高速铣削，以提高效率和加工质量。

3. 刨削用量

（1）背吃刀量　刨削背吃刀量的确定方法和车削基本相同。

（2）进给量　可按有关手册中车削进给量推荐值选用。粗刨平面时，根据背吃刀量和刀杆截面尺寸按粗车外圆选较大值；精加工时，按半精车、精车外圆选择；刨槽和切断时，按车槽和切断进给量选择。

（3）切削速度　通常根据实践经验选定，也可按车削速度公式计算，但除了要考虑同车削时一样的因素外，还应考虑冲击载荷，要引入修正系数 $K_{冲}$（参阅有关手册）。

4. 钻削用量

钻削用量选择包括确定钻头直径、进给量和切削速度（或主轴转速），应尽可能选大直径钻头、大进给量，再根据钻头寿命选取合适的切削速度，以取得高的切削效率。

（1）钻头直径　钻头直径按工艺尺寸要求确定，尽可能一次钻出所要求的孔。当机床性能不能胜任加工任务时，才采取先钻孔、再扩孔的工艺，这时钻头直径取加工尺寸的 50%～70%。

麻花钻直径可参阅国家标准选取。

（2）进给量　进给量主要受钻削背吃刀量与机床的进给机构和动力的限制，也受工艺系统刚度的限制。标准麻花钻的进给量可查表选取。采用先进钻头能有效地减小进给力，能使进给量成倍提高。因此，进给量必须根据实践经验和具体条件分析确定。

（3）切削速度　切削速度通常根据钻头寿命按经验选取。

4.4　工时定额的确定

（1）工时定额的构成　工时定额主要由以下几部分构成。

1）作业时间。作业时间是直接用于制造零件所消耗的时间，由基本时间和辅助时间组成。基本时间是直接用于改变生产对象的形状、尺寸、各表面间相对位置、表面状态等工艺过程所消耗的时间。对机械加工来说，基本时间就是刀具作用于工件的切削时间。辅助时间是为完成上述工艺过程而必须进行的各种辅助动作的时间，如切削过程中的进刀、退刀、变速等所消耗的时间。

2）工作地服务时间。工作地服务时间是为了使生产正常进行，工人照管工作地，如润滑机床、清理切屑、收拾工具等所需消耗的时间，一般按作业时间的2%~7%计算。

3）休息和自然需要时间。休息和自然需要时间是工人在工作班内为恢复体力和满足生理需要等所需消耗的时间，一般按作业时间的2%~4%计算。

4）准备与终结时间。准备与终结时间是工人为了生产一批产品或零件，在生产前进行准备和生产完成后进行结束工作所需消耗的时间。这部分时间应平均分摊到同一批中每个零件的工时定额中去。一般在单件生产和大批大量生产的情况下，都不考虑准备与终结时间，只有在中小批量生产时才考虑。

（2）制订工时定额的基本要求　工时定额是合理组织生产、提高劳动生产率、进行成本核算和衡量工人贡献大小的重要技术依据。因此，制订工时定额应注意以下几点要求：

1）要结合企业现有条件，使工时定额尽量制订得科学、合理。

2）工时定额应具有平均先进水平。使大多数工人经过努力都能完成，部分先进工人可以超额完成，少数后进工人经过努力可以完成或接近完成。

3）各工种的定额应做到相对平衡，以免苦乐不均，影响工人的生产积极性。

（3）制订工时定额的方法　制订工时定额可根据企业具体情况，采用以下四种方法之一：

1）经验估计法。通过总结企业过去的经验并参考有关技术资料，直接估计每道工序的工时定额。此法简单易行、速度快，但受人为因素影响较大，精确性差。

2）统计分析法。对企业过去一段时期内生产类似零件所实际消耗的工时原始记录，通过统计分析，并结合当前企业具体生产条件来确定该零件的工时定额。此法需做大量统计分析工作，而且企业的工时统计数据要比较精确才有效。

3）类推比较法。以同类零件或工序的工时定额为依据，经过对比分析，推算出该零件或工序的工时定额。

4）技术测定法。通过对实际操作时间的测定和分析，确定每个工步和工序的时间定额。此法比较科学，但所需工作量也比较大，一般仅适用大批量生产的零件或机械化、自动化程度比较高的作业。

工时定额主要根据经过生产实践验证而积累的统计资料来确定，随着工艺过程的不断改进，需要经常进行相应的修订。对于流水线和自动线，由于有规定的切削用量，工时定额部分通过计算，部分应用统计资料得出。在计算每一道工序的单件时间后，还必须对各道工序的单件时间进行平衡，以最大限度地发挥各机床的生产效率，达到较高的生产率，保证生产任务的完成。

4.5　机械加工工序卡的填写

机械加工工序卡的格式，如图4-1所示。按要求画出工序简图，填写相应的各项内容。工序简图主要表明加工位置、加工表面、加工尺寸和精度要求、定位和夹紧位置。在标题区主要表示被加工零件所属产品的名称和型号，零件名称、零件图号。在工序卡相应位置标明毛坯种类、加工机床、夹具、切削液等。内容区主要是每一个工步记录：工步的加工内容，使用的工艺装备（刀具、辅具、量具等），切削用量，工时。

对于新编写的机械加工工序卡，不用填写最下边的"标记 处数 更改文件号 签字 日期"等栏。这些栏是为以后准备的。在加工的过程中，由于设计错误、加工原因等难免要有改动，在改动的时候，需要在图样及卡片上有记录。不同的人改动的地方用不同的标记来区分。"处数"是在工序卡或图样更改的时候用到。当一份工序卡或图样更改时，可能同一个人更改了好几个地方，一个地方就叫一处，两个地方就叫两处。例如：某人对该工序卡共改动了五处，在改动的五个地方旁边都标注一个字母 A，那么"标记"栏就填写 A，"处数"栏就填写 5，并在随后的"更改文件号"中填写相应的更改文件号，并签名，填上对应的日期。

第5章　专用夹具设计

夹具设计一般在零件的机械加工工艺设计之后按照某一工序的具体要求进行的。设计工艺过程应充分考虑夹具实现的可能性。而设计夹具时，如确有必要也可以对工艺过程提出修改意见。夹具设计质量的高低，应以能稳定保证工件的加工质量，高生产效率、低成本，排屑方便，操作安全、省力和制造、维护容易等为其衡量指标。

夹具设计时，应满足以下主要要求：

1）具有一定的夹具制造精度，以满足零件加工工序的精度要求。

2）夹具应达到加工生产率的要求。

3）夹具的操作要方便、安全。

4）能保证夹具具有一定的使用寿命和较低的制造成本。

5）要适当提高夹具元件的通用化和标准化程度。

6）具有良好的结构工艺性，以便于夹具的制造、使用和维修。

5.1　夹具设计概述

夹具设计过程可参考 GB/T 24736.3—2009《工艺装备设计管理导则　第 3 部分：工艺装备设计程序》，图 5-1 所示即为其规定的工装设计流程图。一般来说，夹具设计可按下述四个步骤进行：①夹具设计的准备工作，即研究原始资料；②确定夹具结构方案；③绘制夹具总装配图和零件图，确定并标注有关尺寸、配合及技术条件；④夹具设计工作的审核和完善。

工艺人员在设计零件的工艺规程时，提出相应的夹具设计任务书，其中对定位基准、夹紧方案及有关要求已做了说明。按照 ISO 9000 认证的规范化设计要求，制造企业应当提供完整的夹具设计任务书。但在实际生产中，我国大部分制造企业往往是以简略的文档甚至是口头形式下达设计任务，虽然简化了任务下达过程，但不符合规范化设计要求。夹具设计人员根据设计任务书进行夹具的结构设计。为了使所设计的夹具能够满足工序的基本要求，设计前应认真收集和研究下列原始资料：设计任务书；生产纲领；零件图及工序简图；机械加工工艺规程；现有生产条件；相应的工艺资料、手册、机床夹具图册、部颁标准和国家标准等。

生产纲领对于工艺规程及专用夹具的设计都有着十分重要的影响。夹具结构的合理性及经济性与生产纲领有着密切的关系。大批大量生产时，多采用气动或其他机动夹具，自动化程序高，同时夹紧的工件数量多，结构也比较复杂。单件小批生产时，宜采用结构简单、成本低廉的手动夹具，以及万能通用夹具或组合夹具，以便尽快投入使用。

零件图是夹具设计的重要资料之一，其给出了零件在轮廓尺寸、相关位置等方面的公差要求。工序简图则给出了所用夹具加工工件的工序尺寸、工序基准、已加工表面、待加工表面、工序公差要求等，它是设计夹具的主要依据。

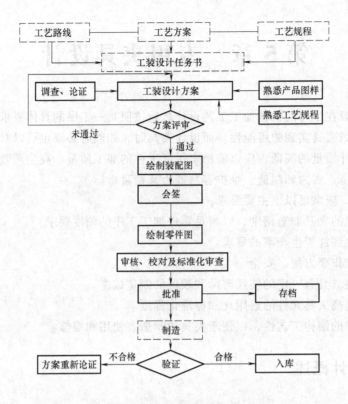

图 5-1　工装设计流程图

注：1. 虚线框图表示不属工装设计工作。

2. 工装设计流程企业可以根据实际情况简化。

3. 会签也可酌情安排在标准化审查后进行。

夹具设计前应了解零件的工艺规程，主要是了解该工序所使用的机床和刀具、工序余量、切削用量、工步安排、工时定额、同时安装的工件数目等。关于机床和刀具方面应了解机床的主要技术参数、规格，机床与夹具连接部分的结构与尺寸，刀具的主要结构尺寸、制造精度等。

另外，要收集有关夹具的零部件标准和典型夹具的结构图册，了解本企业制造、使用夹具的情况以及国内外同类型夹具的资料。结合本企业实际，吸收先进经验，尽量采用国家标准。

对原始资料进行分析和研究时，需重点明确以下几个方面。

1）零件的结构形状、尺寸大小和有关技术要求，如加工精度、表面粗糙度、材料硬度等。本次设计要设计的机床夹具用于加工零件的哪些表面和部位。

2）本工序处于机械加工工艺规程的哪个阶段，有哪些表面已加工，已加工表面的精度、表面粗糙度能否满足定位的要求。

3）了解相关设计条件，如使用的设备型号、状况；有无相应的压缩空气站、液压站等附加设备。还应了解夹具制造单位的制造技术水平以及所允许投入的最大资金、具体的工期要求、操作工人的技术水平等。

上述三个方面不清楚时，应及时向设计任务下达者进行询问和了解。

5.2 夹具总体方案设计

在机械加工工艺规程中，已明确本夹具所在工序使用的设备类型，显然夹具种类已经确定，如车床专用夹具或钻模等。机床夹具种类的选择应在保证零件加工质量的前提下，与生产纲领相适应，有较高的生产效率和较低的生产成本。

确定夹具结构方案主要包括以下几点：

1) 根据加工工艺所给的定位基准和六点定位原理，确定工件的定位方法并选择相应的定位元件。定位方法和定位元件的选择要能够保证工件的位置精度。

2) 确定对刀及引导方式，选择对刀及引导元件等。

3) 确定工件的夹紧方法，并设计夹紧机构，注意夹紧力作用点、方向和夹紧力动力源的选择及多点夹紧机构的联动性等。

4) 确定其他元件或装置的结构形式，如分度装置等。

5) 协调各装置、元件的布局，确定夹具体结构尺寸和总体结构。

5.2.1 六点定位原理和定位方案

从机械加工工艺系统的角度看，要保证加工精度，必须使工艺系统中的工件、机床、夹具、刀具四个环节之间具有正确的相对位置，如工件与夹具的相对正确位置；夹具与机床、刀具的相对正确位置。这里所讨论的定位主要是指工件在夹具中的正确位置。

要确定工件在夹具中的位置，必须解决两个问题或矛盾。首先要解决工件在夹具中"定与不定"的矛盾，即对工件的定位进行定性分析，此时所使用的是"六点定位原理"。应用六点定位原理对工件进行定位分析，以提出正确的定位方案，使一批工件中的每一个工件，在夹具中都能占据一个统一的、正确的位置。其次，即使工件定位满足了"六点定位原理"，也不一定能够保证加工要求，还必须解决工件在夹具中定位时"准与不准"的矛盾，即对工件的定位进行定量分析，此时所使用的是"定位误差的分析与计算"。只有在正确定位的前提下，所计算出的定位误差满足定位误差不等式，最终才能保证工件的加工精度。

1. 六点定位原理

工件在夹具中的定位实质就是要使工件在夹具中有一个正确、统一的位置。这个正确的位置是通过定位支承限制相应的自由度来实现的。对于单个工件，定位的任务就是使该工件准确占据定位元件所规定的位置；对于一批工件，定位的任务就是一批工件逐个放入夹具中时，都能占据一个统一的位置。因为专用机床夹具通常是用于加工一批工件的，所以在设计夹具时，就要保证一批工件在夹具中位置的一致性。

六点定位原理是指工件在空间直角坐标系中，有分别沿三个坐标轴的移动自由度和分别绕三个坐标轴的转动自由度，共六个自由度。这六个自由度需要用按一定要求布置的六个支承点一一消除，其中每个支承点相应消除一个自由度。要使工件在夹具中有正确、统一的位置，就必须在空间直角坐标系中，通过定位元件限制工件的这六个自由度。应用六点定位原理，工件在夹具中的定位分析，就可转化为在空间直角坐标系中用相应的定位支承点限制工件自由度的方式来进行。一个定位支承点只能限制一个自由度，为保证工件定位的稳定性，在一个完整的定位方案中定位支承点的数目一般应与工件要求限定的自由度个数相同。

需要指出的是，六点定位原理所说的自由度，严格地说应该是"不定度"，有别于力学中自由度的概念。工件在某个方向上的不定度是指工件在该方向上位置的不确定性，习惯上称为"自由度"。

2. 工件在夹具中的定位情况

在实际加工中，由于工件的形状和加工要求不同，通常有如下几种定位情况。

（1）完全定位和不完全定位　工件定位时，其六个自由度全部被限制的定位方式称为完全定位。采用这种定位方式使其在空间占有一个完全确定的位置。有时根据工件的形状特点和工序要求，在某些方面的自由度可以不限制，仍能满足加工要求，这种定位方式称为不完全定位。例如，对于完整的回转体工件，绕其本身轴线旋转的自由度可以不必限制；在工件上加工通孔、通槽时，沿通孔轴线、槽长方向上的自由度可以不限制，仍能满足加工要求。但在实际的定位方案中，这些沿通孔轴线、槽长方向上的自由度也是被限制的，否则可能会使刀具切削空行程增大，甚至还会导致夹具结构复杂和加工的安全问题。

（2）欠定位　工件实际定位所限制的自由度数目少于该工序所必须限制的自由度数目时，称为欠定位。欠定位将导致应该限制的自由度未被限制，从而无法保证加工要求。显然，欠定位在实际加工过程中是绝对不允许出现的。

（3）过定位　工件定位时，如果工件在某个方向上的自由度被重复限制两次或两次以上，称为过定位，也称为重复定位。过定位往往会造成三种恶果：①增加了一批工件定位的不确定性；②影响工件顺利装入夹具；③导致工件和夹具的变形。因此，一般情况下是不允许的。但是在精加工中，如果工件定位表面加工精度较高、定位表面之间的相互位置精度也较高，则允许出现过定位，这时的过定位利于增加工件安装后的稳定性。例如，当工件以平面定位时，如果使用平面作为定位元件的工作表面，此时工作表面相当于无数个支承点。如果工件的定位平面是毛面，由于三点决定一个平面，则必然会产生过定位；如果工件的定位平面是光面，则不会产生过定位。可见判断定位方案中是否出现过定位，不能仅以所设置的支承数目来判定，而应以工件的定位方式是否有利于加工要求来判定。

根据工件的加工要求、形状特点，利用六点定位原理对工件进行定位分析，确定工件所必须限定的自由度数，可以是完全定位，也可以是不完全定位，但不允许出现欠定位。过定位是否允许应按实际加工情况来确定。工件应限制的自由度确定后，下一步就是提出合理的定位方案。

3. 定位方案的确定

定位基准的选择和定位方案的确定是夹具设计中至关重要的环节。实际上，在设计零件加工工艺规程时，就已经完成了定位基准的分析与选择。零件的定位基准应与该零件工艺规程中定位方案相一致。一般情况下，不应更换定位基准，除非工艺规程中已选取的定位基准确有问题时才做改动。

零件加工时的定位基准选择的基本原则包括：①力求设计基准、工艺基准和编程计算基准统一。②尽量减少装夹次数，尽可能在一次定位装夹后加工出全部待加工表面。③避免采用占机人工调整加工方案，以便能充分发挥出数控机床的效能。

定位基准确定后，要选择合适的定位元件组成合理的定位方案。定位方案是否合理，将直接影响加工质量，同时它还是夹具上其他装置的设计依据。因此，确定定位方案时，要选择或设计合理的定位元件或装置，不但要定性、定量地解决一批工件的定位问题，使它们在夹具中占有统一的位置，而且要保证定位方案有足够的定位精度，最终确保加工要求。

5.2.2 根据定位基准选择定位元件

工件在夹具中位置的确定实际上是通过各种类型的定位元件来实现的。在机械加工中，虽然工件的种类繁多、形状各异、大小不一，但从它们的基本结构来看，不外乎是由平面、内外圆柱面、圆锥面及各种成形面组成的。工件在夹具中定位时，可根据各自的结构特点和加工要求，选取工件上的相应表面或组合表面组成定位方案。

1. 工件以平面定位

在机械加工中，大多数工件都以平面作为定位基准，如箱体、机座、支架、圆盘、板状类零件等。工件以平面定位所用到的定位元件，可分为主要支承和辅助支承。主要支承起限制工件自由度的作用，也称为基本支承。根据结构特点和适用场合，主要支承分为固定支承、可调支承和自位支承。辅助支承不起限制工件自由度的作用，只是为了增加工件定位时的刚度。

（1）主要支承

1）固定支承。在夹具体上，支承点的位置固定不变的支承称为固定支承，有支承钉和支承板两种形式。根据国家标准，支承钉分为平头 A 型、圆头 B 型和网纹 C 型，如图 5-2 所示；支承板分为无清屑槽的 A 型和带有清屑槽的 B 型，如图 5-3 所示。

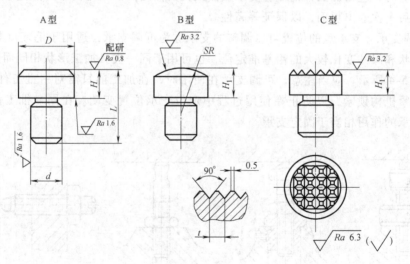

图 5-2　支承钉

平头 A 型支承钉常用于已加工平面的定位，以减少定位基准与支承钉间的单位接触压力，避免压坏工件基准面，减少支承钉的磨损；圆头 B 型支承钉常用于未加工的粗糙毛坯表面的定位，以保证接触点的位置相对稳定，但容易磨损；网纹 C 型支承钉常用于侧面定位，利于增大工件与支承钉的摩擦力，以防止工件受力后发生滑动。当生产批量大、需要经常更换支承钉时，可加衬套。当使用几个平头 A 型支承钉时，为了保证它们的等高性，可在装配后一次磨出顶面。

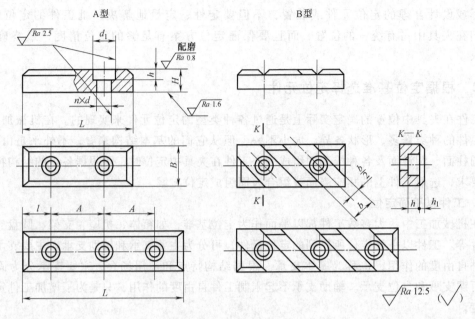

图 5-3　支承板

支承板适用于精基准。A 型没有清屑槽，不便于清屑，常用于侧面和顶面定位。B 型带有清屑槽，利于清屑，常用于底面定位。支承板用螺钉紧固在夹具体上，若受力较大或支承板有移动趋势时，应增加圆锥销或将支承板嵌入夹具体槽内。采用两个以上支承板进行定位时，可装配后一次磨出顶面，以保证等高性。

2）可调支承。支承点的位置可以调整的支承称为可调支承，适用于毛坯（如铸件）分批制造，形状和尺寸变化较大的粗基准定位，也可用于同一夹具加工形状相同而尺寸不同的工件，如图 5-4 所示。应当注意，可调支承在使用时，在加工前只需对一批工件调整一次，调整后用锁紧机构锁紧，以防止在使用过程中定位支承位置变动。在同一批工件加工过程中，可调支承的作用相当于固定支承。

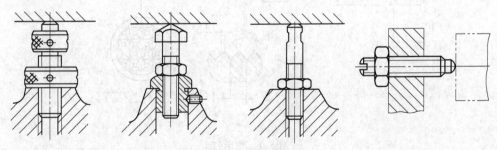

图 5-4　可调支承

3）自位支承。自位支承也称为浮动支承，是指在工件定位过程中，支承点可以自动调整位置以适应工件定位表面变化的支承，如图 5-5 所示。自位支承的作用相当于一个固定支承，但只限制一个自由度，即实现一点定位。由于增加了与定位基准面接触的点数，故可提高工件的安装刚度和稳定性。自位支承常适用于毛坯表面、断续表面及阶梯平面的定位及刚度不足的场合。

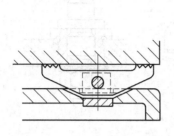
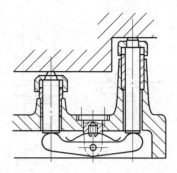

图 5-5 自位支承

　　（2）辅助支承　工件因尺寸形状或局部刚度较差，使其定位不稳或受力变形等原因，需增设辅助支承，用以承受工件重力、夹紧力或切削力。它的特点是：待工件定位夹紧后，再进行调整辅助支承，使其与工件的有关表面接触并锁紧。

　　如图 5-6 所示，辅助支承有螺旋式辅助支承、推引式辅助支承、自位式辅助支承和液压锁紧式辅助支承。

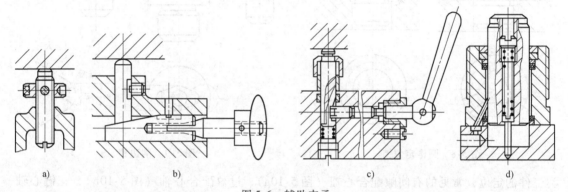

图 5-6　辅助支承
a）螺旋式　b）推引式　c）自位式　d）液压锁紧式

　　辅助支承不限制工件的自由度，严格来说，辅助支承不能算是定位元件。

　　2. 工件以圆柱孔定位

　　生产中，经常遇到以孔作为定位基准的零件，如套筒、法兰盘等。它们所采用的定位元件有定位销和定位心轴。

　　（1）定位销　定位销可分为圆柱定位销（图 5-7），圆锥定位销（图 5-8）和削边销（图 5-9）三种类型，有固定式和可换式两种形式。在大批大量生产中，由于定位销磨损较快，为保证工序加工精度，需定期维修更换，此时常采用便于更换的可换式定位销。为了便于对可换式定位销进行定期更换，定位销与夹具体之间应该装有衬套，定位销与衬套之间采用间隙配合，而衬套与夹具体之间采用过渡配合。由于可换式定位销与衬套之间存在装配间隙，故其位置精度比固定式定位销稍低。定位销的定位端部均加工出倒角，以便于工件的顺利装入。圆柱定位销一般限制工件的两个自由度。圆锥定位销常用于套筒、空心轴等工件的定位，一般限制三个自由度。削边销常与圆柱定位销和平面组合使用，即"一面两孔"的定位形式，常用于加工箱体类零件。

　　（2）定位心轴　定位心轴主要用于车、铣、磨、齿轮加工等在机床上加工套筒类和盘

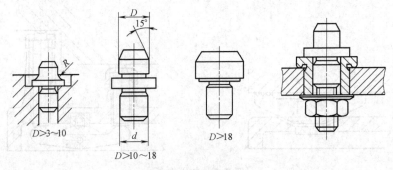

图 5-7　圆柱定位销

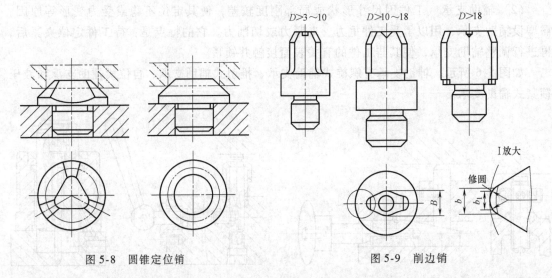

图 5-8　圆锥定位销　　　　　　　　　图 5-9　削边销

类工件的定位，常见的有间隙配合心轴（图 5-10a）、过盈配合心轴（图 5-10b），花键心轴（图 5-10c）和小锥度心轴（图 5-11）等。对于间隙配合心轴，其心轴部分按基孔制制造，装卸工件较方便，但定心精度不高。过盈配合心轴制造简单、定心准确，常在压力机上将其压入工件的定位孔中，但装卸工件不便，且易损伤工件定位表面，多用于定心精度要求较高的场合。花键心轴用于以内花键为定位基准的工件。对于小锥度心轴，其锥度为 1∶5000 ∼ 1∶1000，工件安装时轻轻敲入或压入即可。小锥度心轴可以消除工件与心轴的配合间隙，提高定心定位精度，适用于定心精度较高的场合，如精车和磨削。小锥度心轴通过孔和心轴接触表面的弹性变形来夹紧工件，因此传递的力矩较小。

　　除上述心轴外，生产中还常采用弹性心轴、液塑心轴、自动定心心轴等。这些心轴在工件定位的同时将工件夹紧，定心精度高，但结构复杂。

　　定位心轴一般限制工件的四个自由度，即两个移动自由度和两个转动自由度。小锥度心轴由于锥度较小，也限制四个自由度。

3. 工件以外圆表面定位

　　工件以外圆表面定位有定心定位和支承定位两种形式。其与工件以圆柱孔定位的情况类似，只不过工件的定位表面由圆柱孔表面改为外圆表面，定位元件的定位表面由外圆表面改为圆柱孔表面。工件以外圆表面定心定位时，还可以采用半圆套，一般下半部分用于定位，上半部分用于夹紧，常用于不便于轴向安装的工件，如加工曲轴时，以主轴颈定位磨削连杆轴颈。

68

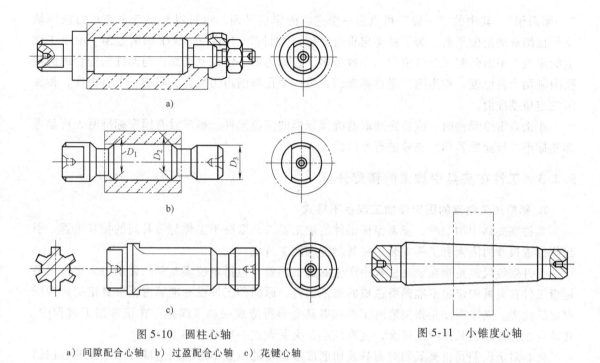

図 5-10　圆柱心轴

a）间隙配合心轴　b）过盈配合心轴　c）花键心轴

图 5-11　小锥度心轴

工件以外圆表面支承定位常用的定位元件是 V 形块。V 形块定位不仅对中性好，还可以用于非完整外圆表面的定位。V 形块两工作斜面之间的夹角通常有 60°、90° 和 120° 三种，其中 90° 的应用最广。

V 形块可分为长 V 形块和短 V 形块。长 V 形块用于较长外圆表面定位，限制工件的四个自由度，而短 V 形块只限制工件的两个自由度。在实际生产中，可以用两个短 V 形块代替一个长 V 形块。用两个高低不等的短 V 形块组成的定位方案，可以实现对阶梯轴两段外圆表面中心线的定位。V 形块还有固定式 V 形块和活动式 V 形块之分。活动式 V 形块只限制一个自由度，在可移动方向上对工件不起定位作用。

4. 工件以特殊表面定位

除了以平面、圆柱孔和外圆表面定位外，工件有时也以其他形式的表面定位。以特殊表面定位的形式很多，如以 V 形导轨槽定位、以燕尾导轨面定位和以齿形表面定位等。

5. 工件以组合表面定位

上述定位元件均为单一表面定位的情况。在实际生产中，通常都是以工件上两个或两个以上表面作为定位基准，称为组合表面定位，如平面与平面的组合、平面与孔的组合、平面与外圆表面的组合、平面与其他表面的组合等。采用组合表面定位时，一定要注意避免出现过定位。

在组合表面定位方式下，各表面在定位中所起的作用有主次之分：一般限制自由度数最多的定位表面为第一定位基准面，限制自由度数次多的表面为第二定位基准面，对于只限制一个自由度的定位表面称为第三定位基准面。在分析组合表面定位方式下各表面限制的自由度时，首先应确定第一定位基准面。

"一面两孔"定位方式是组合表面定位中的一种，主要用于加工箱体、盖板类工件。此时，工件的定位表面为一个大平面和两个垂直于该平面的圆柱孔。夹具上相应的定位元件是

"一面两销"。其中的"一面"可以是一个完整的定位平面，也可以是由三个支承钉或两块支承板组成的定位平面。为了避免出现过定位，"两销"中的一个应采用削边销。由于工件上的定位大平面限制三个自由度，个数最多，故称为第一定位基准面。与圆柱销配合的圆柱孔限制两个自由度，称为第二定位基准面。另一个孔与削边销配合，限制一个自由度，称为第三定位基准面。

在选取定位元件时，应首先选取有国家标准的定位元件。确定没有国家标准时，可参考部颁标准、行业推荐标准或者进行专门设计。

5.2.3 工件在夹具中加工的精度分析

1. 影响加工精度的因素和加工误差不等式

工件在夹具中加工时，能否保证工件的加工要求，取决于工件与刀具间的相互位置。引起此位置误差的因素有工件安装、夹具对定和加工过程。

工件安装误差是指在装夹过程中产生的加工误差，包括定位误差和夹紧误差。定位误差是指工件在夹具中定位不准确所造成的加工误差，原因是工件没有准确占据夹具定位元件所规定的位置。夹紧误差是指夹紧时工件和夹具变形所造成的加工误差。在正常加工过程中，夹具定位元件和夹具体刚度较大，变形较小，夹紧误差一般可忽略不计。

夹具对定误差是指夹具相对刀具及切削成形运动的位置不准确所造成的加工误差，包括对刀误差和夹具位置误差。对刀误差是指夹具相对刀具位置不准确所造成的加工误差，夹具位置误差是指与夹具相对成形运动的位置有关的加工误差。

加工过程误差是指在加工过程中因受力变形、热变形、机床磨损及各种随机因素所造成的误差。

在上述三项误差中，工件安装误差和夹具对定误差直接与夹具的设计和使用有关，加工过程误差与夹具本身无关。显然，为了保证规定的加工精度，必须采取措施减少这些误差，使各项加工误差之和小于或等于相应的工件公差，即满足加工误差不等式

$$\Delta_{AZ} + \Delta_{DD} + \Delta_{GC} \leqslant T$$

式中　Δ_{AZ}——工件安装误差；

Δ_{DD}——夹具对定误差；

Δ_{GC}——加工过程误差；

T——工件公差。

在对夹具进行精度分析时，既要考虑工件的安装和夹具的制造与调整，又要给加工过程误差留有余地。在初步计算时，通常可粗略地把工件公差平均分配给三项误差，使每一项误差都不超过相应公差的1/3。当这种单项分配不能满足要求时，可以综合考虑使工件安装误差和夹具对定误差之和不超过公差的2/3。

在夹具设计时，对加工误差不等式进行验算是保证加工精度不可缺少的步骤，也可以帮助我们分析加工过程中产生误差的原因，进而探索控制各项加工误差的途径，还可为制订、验证、修改夹具的技术要求提供依据。

在加工过程中，受力变形和热变形等所引起的加工误差，必要时可以通过相关力学公式和热变形公式进行估算。对加工过程中的随机性因素，如毛坯余量不均匀和硬度不一致、机床多次调整及残余应力等引起的变形造成的加工误差，可用数理统计的方法进行分析，以发

现误差的规律，进而提出保证加工精度的措施。在夹具设计中，通常是将相应公差的1/3预留给加工过程误差，不对其进行具体计算。

夹具对定误差受机床的种类及对刀、导向元件的制造精度等因素影响，如在铣床夹具中加工时，对定误差受塞尺的制造误差和对刀块工作面至定位元件的尺寸误差影响。采用对刀元件对刀时，加工表面的尺寸公差一般不会超过IT8级。对刀精度较高时，则应采用试切法来确定夹具定位元件工作表面相对刀具的位置，而不设置对刀元件。在钻模上加工孔时，对定误差受钻套内外圆的同轴度、刀具与钻套的配合间隙等因素影响。在镗床夹具上镗孔时，对定误差受镗模的制造精度等因素影响。由此可见，影响夹具对定误差的因素较多，应针对具体情况进行具体分析。

定位装置是各类机床夹具不可缺少的组成部分，对加工精度的影响很大。定位误差的计算与校核是夹具设计的主要内容之一，其结果关系到夹具的定位方案、定位基面、定位元件的选择是否合理，也是实际生产中夹具设计能否通过审核的重要依据之一。下面对定位误差的分析和计算进行综述。

2. 定位误差的分析和计算

定位误差是一批工件在夹具中定位时，因定位不准确所引起的加工误差。定位误差是一个重要的概念，必须明确以下几点：

1）只有用"调整法"加工一批工件时，才存在定位误差，用"试切法"加工工件时不存在定位误差，或者说讨论定位误差没有意义。

2）定位误差属于随机性误差。对于定位误差，即使可以计算出具体的数值，但它是一批工件因定位而可能造成的最大加工误差。对于一批工件中的某一个来说，其定位误差有可能没有计算出的数值大，也可能恰好为零。

3）定位误差产生的原因在于一批工件在定位过程中，定位基准位置发生了变化或定位基准与工序基准不重合，导致工序基准沿加工要求方向上产生了变动。可见，定位误差在本质上就是一批工件定位时工序基准在加工要求方向上最大的变动量，这也是我们计算定位误差的基本依据。常见的定位误差计算方法有合成法、定义法和微分法三种。

① 合成法　造成定位误差的因素可分为两方面：一是由于工件的定位表面或夹具上的定位元件制造不准确，导致工件在定位时定位基准本身的位置发生了变动而引起的定位误差，称为基准位移误差；二是由于工件的定位基准与工序基准不重合而引起的定位误差，称为基准不重合误差。因此，可分别计算基准位移误差和基准不重合误差，然后在加工要求方向上进行合成。

② 定义法　定义法是根据定位误差的本质来计算定位误差的一种方法。采用定义法时，要明确加工要求的方向，找出工序基准，画出工件的定位简图，并在图中夸张地画出工序基准变动的极限位置，运用初等几何知识，求出工序基准的最大变动量，然后向加工要求方向上进行投影，即为定位误差。这样，只要概念清楚，即可使复杂的定位误差计算转化为简单的初等几何计算。在许多情况下，定义法是一种简明有效的计算方法。

要注意的是，对于加工要求方向是某一固定的方向，如尺寸要求、对称度要求的情况，可将工序基准的最大变动量向该方向投影；对于加工要求方向是任意的方向，如同轴度的情况，工序基准的最大变动量就是定位误差，不必进行投影。此外，当有多个独立的因素影响工序基准变动时，可使用"各个击破"的方法，即固定其他因素只分析其中的一个因素对工序基准造成的变动量，然后将各个独立因素所造成的工序基准的变动量简单相加即可。

③ 微分法　根据定位误差的定义，要计算定位误差，必须确定工序基准在加工要求方向上最大的变动量，而这个变动量相对于公称尺寸而言是个微量，因而可将这个变动量视为某个公称尺寸的微分。微分法是把工序基准与夹具上某固定点在加工要求方向上相连后得到一条线段，用几何的方法得出该线段的表达式，然后对该表达式进行微分，再将各尺寸误差视为微小增量，取绝对值后代替微分，最后以公差代替尺寸误差，就可以得到定位误差的表达式。

在不同的加工要求、定位方案下，上述三种计算方法各有利弊，都能从不同的侧面反映定位误差的本质及其产生的原因。定义法通过两个极限位置求解定位误差，既有效又简洁；合成法则避免了用极限位置求解定位误差时复杂的位移计算，还有助于正确理解定位误差产生的原因；而微分法在解决较复杂的定位误差分析计算问题时有明显的优势，但有时不易建立工序基准与夹具上固定点的关系式，无法进行计算。但是，无论采用哪种计算方法，最终得出的结果应是相同的、唯一的。对于较为复杂的定位情况，最好采用两种以上的方法进行计算，以确保计算结果正确、可靠。

上述三种定位误差的计算方法均是在二维平面上进行分析的，得到定位误差表达式后代入相关数据得出计算结果，过程烦琐。三维软件的出现为定位误差的计算提供了新的思路和途径。如在 SolidWorks 装配体环境下，可利用其中的测量工具快速得到定位误差的具体数值，其核心思想仍然是"定义法"，具体方法如下：

1）将定位元件和工件装配成定位方案的三维模型。

2）建立或显示工件上作为工序基准的点、轴线或平面。若工序基准是内孔或外圆的中心线，可充分利用 SolidWorks 中的"临时轴"命令，快速显示中心线。

3）明确影响工序基准在加工要求方向上变动的因素，并分别以该因素的最小或最大尺寸对工件重建模型，从而得到工序基准的两个极限位置。在影响工序基准变动的多个独立因素中，尺寸因素可直接用于重建模型，同轴度等位置因素引起的工序基准变动量可简单相加。

4）利用 SolidWorks 尺寸测量工具，分别测量在两种极限位置下工序基准沿加工要求方向至夹具体上某一固定参考位置的距离，两次测量值之差的绝对值即为定位误差。

这种方法的计算精度可在 SolidWorks 文档属性的单位选项中自行设定。随着三维软件的普及，可以直接利用已有的夹具三维模型，省去定位方案的建模过程，快速得到定位误差。下面以一个实例来详细讲解此方法的运用。

一批轴类工件如图 5-12a 所示，现采用调整法钻一通孔，定位方案如图 5-12b 所示，其中 $\alpha = 45°$，$\phi d_0^{+T_d} = \phi 10_0^{+0.15} \text{mm}$。求在该定位方案下工序尺寸 $l \pm \frac{T_l}{2} = 70 \text{mm} \pm 0.03 \text{mm}$ 的定位误差。

工序尺寸 70mm ± 0.03mm 是用于确定孔 $\phi 10_0^{+0.15} \text{mm}$ 在竖直方向上的位置尺寸。它有两个箭头，分别指向两个尺寸界线，一个是孔 $\phi 10_0^{+0.15} \text{mm}$ 的中心线，另外一个是轴的下素线。由于本工序采用调整法加工，孔 $\phi 10_0^{+0.15} \text{mm}$ 的中心线位置依靠钻套保持不变（不考虑钻套的导向误差）。而该批轴下素线位置会因为工件外径 $\phi 100_{-0.04}^{0} \text{mm}$、尺寸 40mm ±

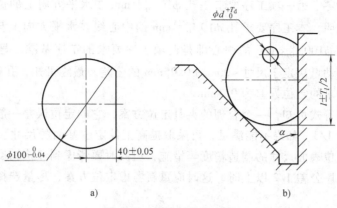

图 5-12 轴类工件及定位

a）轴类工件　b）定位方案

0.05mm 的变化而发生变动，且在竖直方向上最大的变动量就是工序尺寸 $l \pm \dfrac{T_l}{2} = 70\text{mm} \pm 0.03\text{mm}$ 的定位误差。下面使用三维软件建模及尺寸测量工具进行定位误差的计算。

首先，利用三维软件（如 SolidWorks）建立定位元件和工件的三维模型，如图 5-13 所示。

然后，分别以外径 $\phi 100_{-0.04}^{\ 0}$ mm、尺寸 40mm ± 0.05mm 的上和下极限尺寸驱动三维模型，得到轴的下素线的两个极限位置。当外径 $\phi 100_{-0.04}^{\ 0}$ mm、尺寸 40mm ± 0.05mm 均为上极限尺寸，即 $\phi D_{\max} = 100.000\text{mm}$、$B_{\max} = 40.050\text{mm}$ 时，轴的下素线处于一个位置，如图 5-13a 所示；当外径 $100_{-0.04}^{\ 0}$ mm、尺寸 40mm ± 0.05mm 均为下极限尺寸，即 $\phi D_{\min} = 99.960\text{mm}$、$B_{\min} = 39.950\text{mm}$ 时，轴的下素线处于另一位置，如图 5-13b 所示。

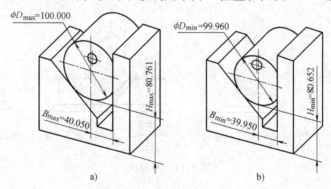

图 5-13 定位元件和工件的三维模型

a）上极限尺寸　b）下极限尺寸

最后，利用 SolidWorks 的尺寸测量工具，分别测量轴的下素线至夹具底面的竖直距离，两次测量值之差的绝对值即是定位误差。

$$|\Delta_{\text{DW}}| = H_{\max} - H_{\min} = 80.761\text{mm} - 80.652\text{mm} = 0.109\text{mm}$$

需要说明的是，本钻孔工序还有两项工序要求。一项要求孔径 $\phi 10_{\ 0}^{+0.15}$ mm，由于该工序尺寸是由定尺寸刀具法保证（即由钻头外径尺寸保证），因此该尺寸不存在定位误差，或

73

者认为定位误差为零。另一项工序要求是孔 $\phi 10^{+0.15}_{0}$ mm 在水平方向上的位置，图 5-12b 所示尺寸标注形式说明，本工序要求孔 $\phi 10^{+0.15}_{0}$ mm 的中心线在水平方向上与轴 $\phi 100^{0}_{-0.04}$ mm 的中心线重合，轴 $\phi 100^{0}_{-0.04}$ mm 的中心即是此项工序要求的工序基准。显然，此工序基准在水平方向上的变动量决定于尺寸 40mm±0.05mm 的公差。最终可知，孔径 $\phi 10^{+0.15}_{0}$ mm 在水平方向上位置要求的定位误差为 0.1mm。

由加工误差不等式可知，一个合理的夹具定位方案，它的定位误差一般应小于或等于工件相应尺寸公差的 1/3。如果不能满足，可采取提高工件定位基面的尺寸、形状及位置精度或提高定位元件定位表面尺寸的制造精度等措施，但同时要考虑到经济精度。若定位误差数值大大超过相应工序公差 1/2 以上时，这时应重新考虑定位方案，尽量选择工序基准作为定位基准。

5.2.4 选择对刀或引导元件

接下来设计对刀或引导元件。对刀或引导元件用于确定夹具与刀具的相对位置。在实际应用中，当夹具在机床上安装之后，加工之前，需进行夹具的对刀，使夹具定位元件相对刀具处于正确的位置。对刀的方法有单件试切法和多件试切法，还可以用样件或对刀元件对刀。用样件或对刀元件对刀时，只是在制造样件或调整对刀元件时，才需要试切一些工件，而在每批工件加工前，不需要试切工件，这是最方便的方法。

1. 对刀元件

对刀元件是用于确定夹具与刀具相对位置的。对刀元件有对刀块（图 5-14）和塞尺（图 5-15）。有了对刀块，就可以迅速而准确地调整刀具与夹具之间的相对位置，常用于铣床夹具中。

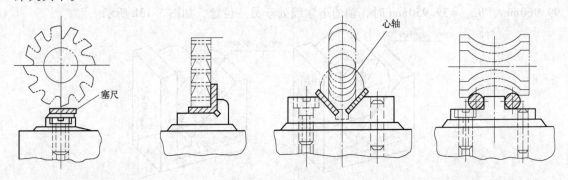

图 5-14 对刀块

常用塞尺有厚度为 1mm、3mm 和 5mm 的平塞尺和直径为 3mm、5mm 的圆柱塞尺。在刀具和对刀块之间留有空隙，并用塞尺进行检查，这样可以避免刀具与对刀块直接接触，以免损坏切削刃或造成对刀块过早磨损，同时也便于测量接触情况、控制尺寸。使用时，将塞尺放在刀具与对刀块之间，根据抽动的松紧程度来判断，以适度为宜。影响对刀精度的因素有测量调整误差，如用塞尺检查铣刀与对刀块之间空隙时的测量误差，还有定位元件定位面相对对刀元件的位置误差。

2. 引导元件

通常在钻模和镗模上加工孔或孔系时，引导元件起刀具导向作用。引导元件主要有钻套和镗套，它们可提高被加工孔的几何精度、尺寸精度以及孔系的位置精度，还有提高刀具刚度、减小振动的作用。

（1）钻套　钻套有固定钻套、可换装套、快换钻套和特殊钻套四种类型。前三种已经标准化，特殊钻套需根据具体的加工情况自行设计。

固定钻套可分为无肩的和带肩的两种类型，如图 5-16 所示，以过盈配合方式直接压入钻模板或夹具体中，导向精度高，但磨损后不易更换，适用于中、小批生产。为了防止切屑进入钻套孔内，无肩固定钻套的上下端以稍凸出钻模板为宜，一般不能低于钻模板。带肩的固定钻套主要用于钻模板较薄的情况，以保持必要的引导长度。

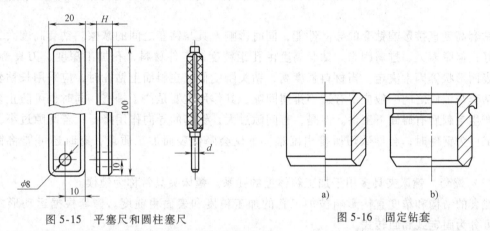

图 5-15　平塞尺和圆柱塞尺　　　　　　　图 5-16　固定钻套

可换钻套（图 5-17）以间隙配合安装在衬套中，衬套以过盈配合压入钻模板或夹具体中。可换钻套由防转螺钉固定，用以防止钻套在衬套中转动，还可以防止退刀时刀具将钻套带出。可换钻套磨损后，须将螺钉拧下以更换新的钻套。可换钻套的实际功用仍和固定钻套一样，但更换容易，适合于大批量生产。

快换钻套（图 5-18）可快速实现不同孔径钻套的更换，适用于大批量生产中孔的多工步加工。如在同一道工序中，需要依次进行钻、扩、铰等多个工步的加工时，可使用快换钻

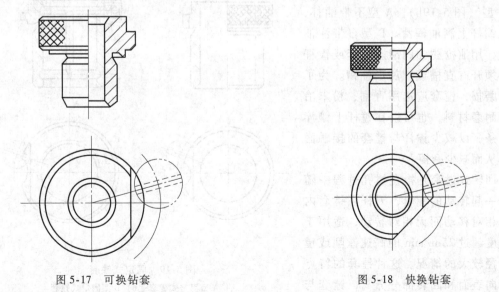

图 5-17　可换钻套　　　　　　　　　　图 5-18　快换钻套

套。与可换钻套不同的是，更换快换钻套时，无需松开螺钉，只要将快换钻套逆时针转过一定角度，使缺口正对螺钉头部即可取出。

特殊钻套是指尺寸或形状与标准钻套不同的钻套。由于工件结构、形状特殊或者被加工孔位置的特殊性，不适合采用标准钻套，需要自行设计特殊钻套，如用于斜面上钻孔的钻套、用于凹形面钻孔的钻套和用于钻小间距孔的多孔钻套等。

由于钻头、铰刀等都是标准的定尺寸刀具，因此钻套导向孔径及其偏差应根据刀具尺寸按基轴制来确定，通常取刀具的上极限尺寸为钻套导向孔的公称尺寸，以防止钻套和刀具卡住或咬死。如果钻套不是引导刀具的切削部分，而是引导刀具的导向部分，也可以按基孔制选取。

钻套高度直接影响钻套的导向性能，同时影响刀具与钻套之间的摩擦。钻套高度大，导向性好，但摩擦大、排屑困难。钻套高度由孔距精度、工件材料、孔加工深度、刀具寿命、工件表面形状等因素决定。当材料强度高，钻头刚度低或在斜面上钻孔时，应采用长钻套。

钻套与工件之间一般应留有适当排屑间隙，其作用主要是便于排屑，同时也可防止被加工处产生毛刺后有碍卸下工件。但是，若间隙过大，钻套的导向作用降低；若间隙过小，特别是工件为钢件时，会导致切屑排出困难，不仅会降低表面加工质量，有时还可能将钻头折断。

（2）镗套　镗床夹具多用于加工箱体上的孔系。镗床夹具常称为镗模。

镗套的结构和精度直接影响被加工孔的加工精度和表面粗糙度。镗套根据运动形式不同，可分为固定式和回转式。

固定式镗套是指在镗孔过程中不随镗杆转动的镗套，其结构与钻模上的可换或快换钻套相似，只是结构尺寸大些。固定式镗套结构紧凑、外形尺寸小、制造简单，容易保证镗套的中心位置，从而具有较高的孔系位置精度。固定式镗套固定在镗模的导向支架上，不能随镗杆一起转动。镗杆在镗套内既有相对转动又有轴向移动，因此存在磨损，不利于长期保持精度，当切屑落入镗杆与镗套之间时，易发热甚至"咬死"，只适用于线速度低于 25m/min 的低速镗削。

固定式镗套分为 A 型（图5-19a）和 B 型（图 5-19b）。A 型不带油杯，需在镗杆上滴油润滑。B 型自带注油装置，用油枪注油润滑。镗套或镗杆上必须开有直槽或螺旋形油槽。为了减少磨损，镗套应选用青铜、粉末冶金等耐磨材料，也可以在镗杆上镶淬火钢条，以减少镗杆与镗套的接触面积，从而减少摩擦。

回转式镗套是指在镗孔过程中随镗杆一起转动的镗套，刀杆在镗套内只有相对移动而无相对转动，适用于线速度超过 25m/min 的高速镗削或镗杆直径较大的情况。这种镗套的特点是导向表面和回转部分分离，镗套与

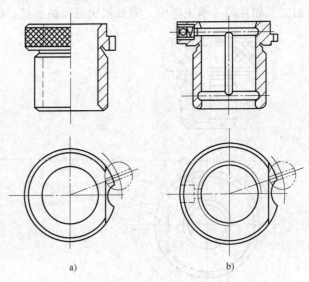

a)　　　　　　b)

图 5-19　固定式镗套

a）A 型固定式镗套　b）B 型固定式镗套

刀杆之间的磨损很小，既保证了高的导向精度，又避免了镗套与镗杆之间因摩擦发热而产生"咬死"的现象，但要注意保证回转部分润滑良好。回转式镗套可分滑动式、外滚式和内滚式三种。

图 5-20a 所示为滑动式镗套。镗套 1 可在滑动轴承 2 内回转，镗模支架 3 上设置油杯，经油孔将润滑油送到回转副，使其充分润滑。镗套中间开有键槽，镗杆上的键通过键槽带动镗套回转。这种镗套的径向尺寸较小，适用于孔中心距较小的孔系加工，且回转精度高，减振性好，承载能力大，但需要充分润滑，工作速度也不宜过高。它常用于精加工，摩擦面线速度小于 25m/min 的场合。

图 5-20b 所示为外滚式镗套。镗套 6 支承在两个滚动轴承上，轴承安装在镗模支架 3 的轴承孔中，轴承孔的两端用轴承端盖 5 封住。这种镗套采用标准滚动轴承，设计、制造和维修方便，镗杆转速高，一般摩擦面线速度大于 25m/min。但径向尺寸较大，回转精度受轴承精度影响，可采用滚针轴承以减小径向尺寸，采用高精度轴承提高回转精度。

图 5-20c 所示为立式镗孔用的回转式镗套。为避免切屑和切削液落入镗套，需要设置防护罩；为承受进给力，一般采用圆锥滚子轴承。

外滚式镗套具有设计、制造和维修方便，润滑要求比滑动式镗套低，转速范围广等优点。

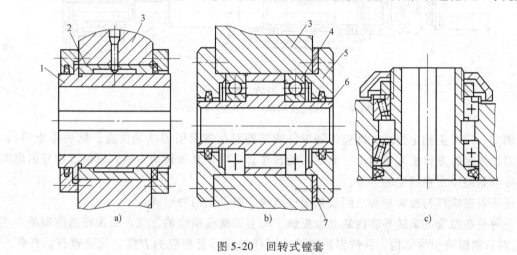

图 5-20　回转式镗套

a）滑动式镗套　b）外滚式镗套　c）立式镗孔用的回转式镗套

1、6—镗套　2—滑动轴承　3—镗模支架　4—滚动轴承　5—轴承端盖　7—调整垫片

图 5-21 所示为内滚式镗套。内滚式镗套的回转部分安装在镗杆上，为整个镗杆的一部分。镗杆进给时，回转部分也随之轴向移动。安装在镗模支架上的固定支承套 2 固定不动，导套 1 与固定支承套 2 配合，两者只有相对移动而无相对转动。镗杆上装有滚动轴承，可以在导套 1 导引表面的内部做相对回转运动。这种镗套结构尺寸较大，能使刀具顺利通过固定支承套，而无须设置引刀槽。

图 5-22 所示为在镗杆上采用两种回转式镗套的结构，其中左端为内滚式镗套，右端为外滚式镗套。

若采用外滚式镗套进行镗孔，大多都是镗孔直径大于镗套孔直径的情况。此时如果在工作过程中镗刀需要通过镗套，就必须在镗套的旋转导套上开设引刀槽。在镗杆进入镗套时，为了使镗刀顺利进入引刀槽中而不发生碰撞，可以通过多种途径。

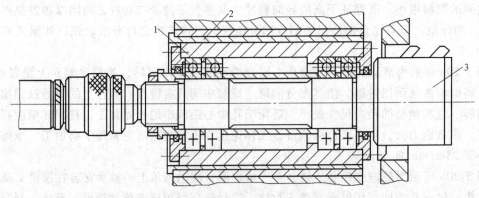

图 5-21　内滚式镗套

1—导套　2—固定支承套　3—镗杆

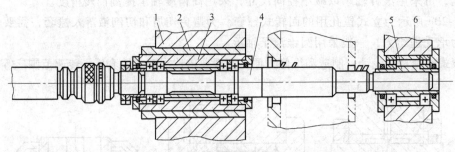

图 5-22　回转式镗套

1、6—镗模支架　2—固定支承套　3—导套　4—镗杆　5—镗套

例如，采用主轴定位法，即镗刀随镗杆旋转到对准镗套引刀槽的位置，然后停止转动，使镗刀以固定的方位引入或退出。此时，旋转导套上应设置弹簧钩头键，以保证镗杆退出时旋转导套始终停止在固定的方位。

还可以在镗杆与旋转导套之间设置引进结构，有以下两种形式。

一种是在镗套的旋转导套内装有尖头键，与引刀槽有确定的方位。而镗杆的前端是小于45°且对称的螺旋引导结构，并铣出长键槽，同样与镗刀有相应的方位。无论镗杆从任何方位进入镗套，螺旋引导结构都会通过螺旋斜面拨动尖头键，使尖头键滑入到镗杆的长键槽内，使导套与镗杆有确定的方位，最终使镗刀顺利通过引刀槽。

另外一种是旋转导套内开有键槽，而镗杆的导向部分应带弹簧键，即前部带有斜面且下面装有压缩弹簧的平键。引进镗杆时，导套压迫弹簧键前部的斜面使弹簧键与镗杆一起进入导套。当镗杆旋转时，带动弹簧键自动落入导套内的键槽中，同样可使导套与镗杆有确定的方位。

5.2.5　专用夹具夹紧装置设计

在机械加工中，工件的定位和夹紧是两个密切相关的过程。工件定位后，就必须采用一定的机构将工件压紧夹牢，使工件在切削过程中不会因为切削力、重力、惯性力或离心力等外力作用而发生位置变化或产生振动，以保证工件的加工精度和生产安全。这种压紧夹牢工件的机构就是夹紧装置。夹具夹紧装置是否可靠及准确，对工件的加工质量、生产率及夹具的使用寿命影响极大。夹紧工件的方式是多种多样的，因而夹紧装置的结构形式也是多种多样的，根据力源的不同可分为手动夹紧装置和机动夹紧装置。

1. 对夹紧装置的基本要求

夹紧装置的设计正确与否，对减轻工人劳动强度、保证工件的加工精度和提高劳动生产率等都有直接影响。要正确设计夹紧装置，必须满足以下四点基本要求。

1) 在夹紧过程中，工件应能保持在既定位置，即在夹紧力的作用下，不能离开定位支承元件。夹紧应有助于定位，而不能破坏定位。

2) 夹紧力的大小要适当、可靠，既要保证工件在加工过程中不会因外力的作用而产生移动或振动，又不能使工件产生不允许的变形或损伤。

3) 自锁性能要可靠。夹紧装置，尤其是手动夹紧装置要有可靠的自锁性，以确保加工过程安全。

4) 在保证生产率和加工精度的前提下，夹紧装置的复杂程度和自动化程度应与工件的生产批量相适应，夹紧动作应迅速，操作方便、安全省力，同时便于制造和维修。

2. 夹紧装置的组成

夹紧装置一般由力源装置、传力机构和夹紧元件三个部分组成。

(1) 力源装置　力源装置是产生夹紧力的装置，通常是指机动夹紧时所用的液压、气动、电动等动力装置，其目的是减少辅助时间，减轻工人劳动强度，提高劳动生产率。手动夹紧没有力源装置。力源部分的设计和选择应考虑生产纲领、现场实际情况、加工部位尺寸大小、操作工人的劳动强度等因素。

(2) 传力机构　传力机构是介于力源装置和夹紧元件之间的机构。它把力源装置的原始作用力传递给夹紧元件，然后由夹紧元件最终完成对工件的夹紧。传力机构一般可以在夹紧过程中改变夹紧力的大小和方向，并具有一定的自锁性能，如斜楔机构、螺旋机构、偏心机构和铰链机构等。一般要求传力机构在传力的同时，还应有增力作用。传力机构的设计与工件尺寸大小、加工方式和允许空间有关。

(3) 夹紧元件　夹紧元件是夹紧装置的最终执行元件，通过与工件夹紧部位的直接接触而完成夹紧动作，如压板、压头等。在一些简单的手动夹紧装置中，夹紧元件与传力机构组合在一起称为夹紧机构。由于是通过夹紧元件与工件相接触来实现整个夹紧机构的最终作用，设计时应使夹紧元件与工件保持良好的接触，同时能将传力机构的力正确地作用在工件上而不会引起变形。

3. 夹紧力的确定

设计夹具的夹紧装置时，要考虑工件的形状、尺寸、质量和加工要求，定位元件的结构及分布形式，加工过程中工件所承受的切削力、重力和惯性力等外力因素的影响。夹紧力的确定包括三个方面的内容，即夹紧力的大小、方向和作用点。

(1) 夹紧力方向的确定　夹紧力的方向主要与工件的结构形状、定位元件的结构形状和配置形式有关。由于工件的主要定位基准面面积较大，精度较高，限制的自由度多，因此确定夹紧力方向时，首先应使夹紧力朝向主要定位基准面，工件应紧靠支承点，使夹紧力有助于定位，保证各个定位基准与定位元件接触可靠。其次，夹紧力方向应利于减少夹紧力。夹紧力应尽量和切削力、工件自身重力的方向相一致，以使加工过程中所需的夹紧力尽可能小，从而简化夹紧装置的结构，同时便于操作。

（2）夹紧力作用点的确定 夹紧力的作用点是指夹紧元件与工件夹紧部位相接触的一小块面积。确定夹紧力作用点的位置和数目时，应尽量靠近工件的加工表面，避免工件发生位移和偏转，使工件的夹紧变形尽可能小，以提高定位稳定性和夹紧可靠性。

（3）夹紧力大小的确定 夹紧力的大小直接影响夹具使用的可靠性、安全性和加工精度。因此，既要有足够的夹紧力，又不宜过大而导致工件变形。在一般情况下，可用类比法估算夹紧力，必要时可以用计算法来确定夹紧力的大小，即将夹具和工件看成是一个刚性系统，根据工件在加工过程中所受到的切削力、离心力、惯性力以及工件重力的作用情况，按静力平衡原理计算出理论夹紧力，再乘上一个大于1的安全系数即可得到实际所需的夹紧力。

在大批量生产中，采用液、气压等增力机构夹紧容易变形的工件或关键精密件时，应采用试验法准确确定所需夹紧力。无论采用哪一种方法来确定夹紧力，对工件夹紧状态的受力分析都是估算或计算夹紧力大小的重要依据。

4. 常用夹紧机构

在夹紧机构设计过程中，要从满足设计要求出发，充分借鉴已有的夹紧方式和机构，尽量采用标准件，必要时可通过试验来验证。夹紧机构在很大程度上影响夹具的复杂程度和使用性能，最好是提出几种方案后充分分析论证，以确定最佳方案。以下是一些常用的夹紧机构介绍。

（1）斜楔夹紧机构 斜楔夹紧机构，如图5-23所示，是利用斜面移动所产生的压力来夹紧工件，结构简单、成本低，自锁性不如螺旋夹紧机构。在实际加工中，斜楔单独使用的情况较少，往往和其他装置联合使用，如气动和液压等增力装置。

（2）螺旋夹紧机构 采用螺旋直接夹紧或与其他元件组合实现夹紧工件的机构，统称为螺旋夹紧机构，如图5-24所示。螺旋实际上相当于绕在圆柱上的斜楔。螺旋夹紧机构结

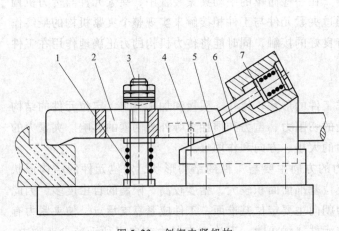

图5-23 斜楔夹紧机构
1—弹簧 2—压板 3—螺栓 4—销 5—楔座 6—斜楔 7—柱塞

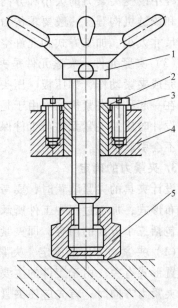

图5-24 螺旋夹紧机构
1—夹紧手柄 2—螺纹衬套 3—防转螺钉
4—夹具体 5—浮动压块

构简单、制造容易、夹紧行程大、扩力比大、自锁性能好、应用广泛，尤其适合于手动夹紧装置。但夹紧动作缓慢、效率低，不宜使用在自动化夹紧装置上。在实际应用中，为了克服单螺旋夹紧机构的不足，可采用各种快速螺旋夹紧机构。

（3）偏心夹紧机构　偏心夹紧机构是靠偏心轮回转时其半径逐渐增大而产生夹紧力来夹紧工件的，相当于楔角变化的斜楔，常与压板联合使用，如图5-25所示。常用的偏心轮有曲线偏心轮和圆偏心轮。曲线偏心轮为阿基米德曲线或对数曲线，这两种曲线的优点是升角变化均匀或不变，可使工件夹紧稳定可靠，但制造困难；圆偏心轮外形为圆，制造方便，应用广泛。

偏心夹紧机构的夹紧原理与斜楔夹紧机构相似，只是斜楔夹紧的楔角不变，而偏心夹紧的楔角是变化的。偏心夹紧的优点是操作方便、夹紧迅速、机构紧凑，缺点是夹紧行程小、夹紧力小、自锁性能差，因此常用于切削力不大、夹紧行程较小、振动较小的加工场合。

（4）铰链夹紧机构　铰链夹紧机构为增力机构，优点是结构简单、动作迅速、增力倍数较大、易于改变力的作用方向，缺点是自锁性能差，在气动夹具中应用广泛。

（5）定心夹紧机构　定心夹紧机构是一种同时实现定心定位和夹紧的夹紧机构。在夹紧过程中，工件利用定位夹紧元件的等速移动或均匀弹性变形，来消除定位元件或工件的制造误差对定心或对中的影响。定心夹紧机构常用于以轴线或对称中心面为工序基准的工件，以保证定位基准与工序基准重合，减小定位误差，提高加工精度，如利用等速运动原理且带有双V形块的虎钳式定心夹紧机构等。图5-26所示为弹性变形式定心夹紧机构。

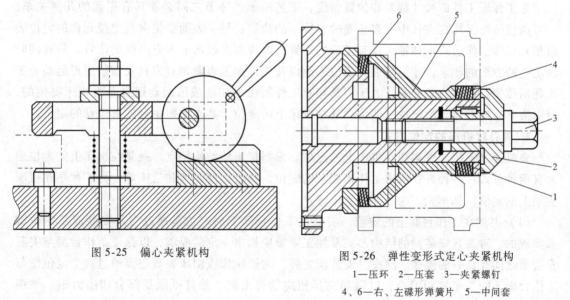

图 5-25　偏心夹紧机构

图 5-26　弹性变形式定心夹紧机构
1—压环　2—压套　3—夹紧螺钉
4、6—右、左碟形弹簧片　5—中间套

（6）联动夹紧机构　在机械加工中，根据工件的结构特点和生产率要求，常常需要对一个工件的多个部位施加夹紧力（图5-27a）或者在一套夹具中同时装夹几个工件（图5-27b）。为此生产中采用联动夹紧机构，即只需操作一个手柄，就能同时从多个方向均匀地夹紧一个工件，或者同时夹紧若干个工件。前者称为单件联动夹紧机构，后者称为多件联动夹紧机构。联动夹紧机构甚至还可以在完成夹紧动作的同时完成对辅助支承的操作，以提高操作效率，减少工件的装夹时间。但联动夹紧机构的结构比较复杂，所需的原始力较大，因此设计时应

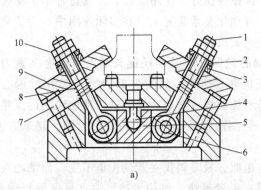
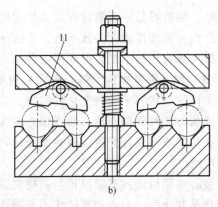

图 5-27　联动夹紧机构

a）单件联动夹紧机构　b）多件联动夹紧机构

1—活节螺栓　2—球面带肩螺钉　3—锥形垫圈　4—圆头支承　5—铰链板　6—圆柱销

7—圆头支承钉　8—弹簧　9—转动压板　10—六角扁螺母　11—摆动压块

尽量简化结构。

5.2.6　夹具对机床的定位

1. 夹具对机床定位的目的

为了保证工件的尺寸精度和位置精度，工艺系统各环节之间必须具有正确的几何关系。一方面使一批工件在夹具中占有正确的、统一的位置；另一方面要使夹具定位元件的定位表面相对机床工作台或主轴轴线具有正确的位置，即夹具在机床上占有正确的位置。只有同时满足这两方面的要求，才能使夹具定位表面以及工件加工表面相对刀具及切削成形运动处于正确的位置。应该注意的是，由于刀具相对工件所做的切削成形运动通常是由机床提供的，所以夹具对成形运动的定位，即为夹具在机床上的定位，其本质则是对成形运动的定位。

2. 夹具对机床的定位方式

夹具通过连接元件实现在机床上的定位。根据机床的结构特点，夹具在机床上的定位通常有两种方式：一种是在机床工作台面上的定位，如铣、刨、镗和钻床等；另一种是在机床主轴上的定位，如车床，内、外圆磨床等。

（1）夹具在工作台面上的定位　夹具在工作台面上的定位是通过夹具安装面及定位键来实现的。对夹具安装面的结构形式及加工质量应提出一定的要求，以保证工作台面与夹具安装面之间有良好的接触。除夹具安装面之外，对于铣床或刨床夹具还要通过两个定位键与工作台面上的 T 形槽相配合，以限制夹具相应的自由度，并且可承受部分切削力矩，增强夹具在工作过程中的稳定性。

为了提高定向精度，定位键与 T 形槽应有良好的配合，必要时定位键宽度可按机床工作台面 T 形槽尺寸配作。两定位键之间的距离，在夹具底座的允许范围内应尽可能远些，以增加定位的精度和稳定性。在安装夹具时，应使定位键尽量靠向 T 形槽的同一侧，以减少配合间隙造成的定位误差。

（2）夹具在主轴上的定位　夹具在主轴上的定位，取决于所使用的机床主轴端部结构，常见的有以下几种定位方式。

1）夹具以长锥柄装夹在主轴锥孔中，锥柄一般为莫氏锥度。这种定位迅速方便，由于没有配合间隙，定位精度较高，可以保证夹具的回转轴线与机床主轴轴线之间有很高的同轴度。必要时可用拉杆从主轴尾部将夹具拉紧，以确保连接可靠。它的缺点是刚度较差，多用于小型夹具。

2）夹具以端面和圆柱孔在主轴上定位。这种结构制造容易，但定位精度低，适用于精度要求较低的加工。夹具依靠螺纹紧固，另外还需要设置两个起防松作用的压板。

3）夹具以短锥面和端面定位。这种定位方式因没有间隙而具有较高的定心精度，并且连接刚度也较高。因为这种定位方式是一种过定位，故要求制造精度很高，不但要保证夹具体上的锥孔尺寸及锥度，还需要严格控制锥孔与端面的垂直度误差，此时可对端面和锥孔进行配磨加工，以确保锥孔与端面能同时和主轴端的锥面及轴肩面紧密接触，可见这种定位方式制造比较困难，应尽量避免使用。

当车床夹具经常更换时，或同一套夹具需要在不同机床上使用时，常采用过渡盘的连接方式。过渡盘与车床主轴的连接与上述三种方式相同，结构形式应满足所用车床主轴端部结构要求。过渡盘的另一面与夹具连接，通常采用止口连接方式，即一个大平面加一个短圆柱面。使用过渡盘，还有助于长期保证车床主轴的精度。

3. 提高夹具定位精度的措施

夹具在机床上安装时，由于夹具定位元件对夹具安装面存在位置误差，夹具安装面本身也有制造误差，夹具安装面与机床安装面有连接误差，这些因素都会导致夹具定位元件相对机床安装面产生位置误差。为减少夹具在机床上的定位误差，定位元件定位面对夹具安装面的位置要求应在夹具装配图上标出，并作为夹具验收标准之一。

当工序的加工精度要求很高时，夹具的制造精度及装配精度也要相应提高，有时会给夹具的加工和装配造成困难。这时可以采用"找正法"或"就地加工"法来保证定位元件定位面对切削成形运动的位置精度。

用"找正法"安装夹具时，可使定位元件定位面对切削成形运动获得较高的位置精度。这种方法是直接按切削成形运动来确定定位元件定位面的位置，避免了很多中间环节的影响。定位元件定位面与夹具定位面的相对位置也不需要严格要求，因而方便了夹具的制造。为了找正方便，可在夹具体上专门加工出找正基准，用于代替对定位元件定位面的直接测量，定位元件定位面与找正基准之间要有严格的相对位置要求。但是用找正方法安装夹具需要较长的时间和较高的技术水平，适用于夹具不更换或很少更换以及用一般方法达不到安装精度要求的情况。

"就地加工"法就是夹具在机床上初步找正位置并固定后，即对定位元件的定位面进行加工，以"校准"其位置。如为了保证自定心卡盘三爪定位弧面的中心与车床主轴回转中心同轴，可将其安装在车床主轴上，以直径较小的阶梯卡爪夹住一个圆柱度很高的圆盘，在夹紧状态下加工出其他三个卡爪的定位面，用切削成形运动本身来形成定位元件的定位面。用这种方法可以获得较高的夹具位置精度。

在切削成形运动不是由机床所提供的情况下，对夹具在机床上的位置精度自然不需要严格要求。用双支承导向镗模镗孔就属于这样的情况，加工表面由镗刀的旋转运动和直线进给运动所形成，故这两个运动是加工的成形运动。旋转运动的中心由镗套所决定，直线进给方向也是沿着镗套中心线方向。因此成形运动由镗套保证，机床只提供切削的动力。这种情况下，定位元件定位面不需要对机床有严格的位置要求，夹具在机床上的安装也比较简单。

此外，对于铰孔、研孔和拉孔等加工方法，由于刀具与机床主轴为浮动连接或者工件浮动，以加工表面本身为定位基准面，即"自为基准"，故也不需要严格限制夹具相对机床的位置。

5.2.7 夹具的转位和分度装置

在机械加工过程中，经常遇到某些工件要求用夹具一次装夹后加工一组表面，如圆周分布的孔系、径向分布的孔系。由于这些加工表面成一定角度，且形状和尺寸彼此相同，因而要求夹具在工件加工过程中能进行分度。当加工完成一个表面后，夹具的某些部位能连同工件转过一定角度，从而能继续完成其余表面的加工。能完成上述分度要求的装置，便称为分度装置，其可分为回转分度装置和直线分度装置。这两类分度装置的结构原理与设计方法基本相同，在实际生产中回转分度装置应用更广泛。分度装置能使工件的加工工序集中，装夹次数减少，从而可以提高加工表面间的位置精度，减轻劳动强度和提高生产率，因此广泛用于钻、铣等加工中。

分度装置有机械、光学、电磁等多种类型，常见的分度装置是机械式分度装置。机械式分度装置是通过分度盘和分度定位机构实现分度的。一般分度盘与转轴相连，并带动工件一起转动，用于改变工件被加工面的位置。分度定位机构则装在固定不动的夹具体上。此外，当切削加工负荷较大时，为了防止切削时产生振动以及避免分度定位机构受力而影响分度精度，还需要有锁紧机构把分度后的分度盘锁紧到夹具体上。

用分度或转位夹具加工工件时，各工位加工获得的表面之间的位置精度与分度装置的分度定位精度有关。分度定位精度与分度装置的结构形式和制造精度有关。分度装置的关键部分是对定机构，其是专门用来完成分度、对准和定位的机构。

回转分度装置可分为轴向分度装置和径向分度装置。轴向分度装置的分度与定位是沿着与分度盘回转轴线平行的方向进行的，有钢球对定、圆柱销对定和圆锥销对定等对定形式。径向分度装置的分度和定位是沿着分度盘的半径方向进行的，有钢球对定、单斜面对定、双斜面对定和正多边体对定等对定形式。

钢球对定的轴向分度装置结构简单、操作方便，但锥坑较浅，深度不大于钢球的半径，适用于切削负荷很小而分度精度要求不高的场合，还可以作为精密分度装置的预定位。圆柱销对定的轴向分度装置结构简单、制造容易，防尘屑效果好，但插销与导套的配合间隙对分度精度有影响，磨损后定位精度差。在圆锥销对定的轴向分度装置中，由于圆锥销与锥孔的配合间隙为零，而且能够自动地补偿圆锥销的磨损，因此分度精度高。但圆锥销与锥孔之间落有尘屑时，将直接影响分度精度，需要采取必要的防尘、挡屑措施。

当分度盘直径相同时，分度盘上分度孔或槽离分度盘的回转轴线越远，对定机构因存在的间隙所引起的分度转角误差也越小，故径向分度装置的精度要比轴向分度装置精度高。这是目前高精度分度装置常采用径向分度方式的原因之一。但从分度装置的外形尺寸、结构紧凑性和维护保养方面来说，轴向分度装置较好，故在生产中应用较多。

5.2.8 夹具体的设计

夹具体是夹具的基础件，在其上要安装各种元件、机构和装置，并且还要考虑装卸工件是否方便以及在机床上如何固定。对夹具体形状和尺寸的要求，主要取决于工件的外轮廓尺寸、各类元件与装置的布置情况以及机床的加工性质等。所以在专用机床夹具中，夹具体的形状和尺寸大多是非标准的。

1. 夹具体的基本要求

对夹具体的基本要求包括以下几点：

（1）有足够的强度和刚度　加工过程中，夹具体要承受较大的切削力、夹紧力、惯性力以及切削过程中的冲击和振动，所以夹具体应有足够的强度和刚度。夹具体应具有一定的壁厚，在刚度不足之处可设置加强筋。在不影响工件装夹的情况下，还可采用框架式结构，不但能提高强度和刚度，而且还可以减轻质量。

（2）尺寸稳定，有一定的精度　夹具体上的重要表面，如安装定位元件的表面、安装对刀或引导元件的表面以及夹具体的安装面等，应有适当的尺寸和形状精度，它们之间应有适当的位置精度。铸造夹具体要进行时效处理，壁厚变化要和缓、均匀，以免产生过大的应力。焊接和锻造夹具体要进行退火处理，以使夹具体尺寸保持稳定。

（3）具有良好的结构工艺性和使用性能　夹具体应便于制造、装配和检验。铸造夹具体上用于安装各种元件的表面应铸出凸台后加工，并尽可能减少加工面积。夹具体毛面与工件之间应留有足够的间隙，一般为 4～15mm。在保证一定的强度和刚度的情况下，应开窗口、凹槽，以便减轻质量。对于手动、移动或翻转夹具，其质量不宜太大。

（4）便于排屑　为防止加工过程中产生的切屑聚积在定位元件的定位表面上，影响工件的定位精度，应考虑夹具体的排屑问题。当切屑不多时，可适当加大定位元件定位表面与夹具体之间的距离或设置容屑沟，以增加容屑空间。对加工时产生大量切屑的夹具，则最好能在夹具体上设置排屑开口。

（5）在机床上安装稳定可靠　夹具在机床上的安装都是通过夹具体的安装面与机床装夹面的连接和配合实现的。当夹具在机床工作台面上安装时，夹具的重心应尽量低。若夹具的重心较高，则应增大支承面积。为了使接触良好及减少机加工工作量，夹具体底面中部一般应挖空，或者在底部设置四个支脚并在一次安装中同时磨出或刮研出。当夹具在机床主轴上安装时，夹具安装面与主轴应有较高的配合精度，以保证安装稳定可靠。

2. 夹具体毛坯的类型

夹具体常用的毛坯形式有铸造夹具体和焊接夹具体。铸造夹具体优点是工艺性好，可铸造出各种复杂形状的毛坯，还有很好的减振性，但生产周期长，需进行时效处理以消除内应力。焊接夹具体由钢板、型材焊接而成，生产周期短、成本低。但焊接夹具体的热应力较大，易变形，需经退火处理，以保证夹具体尺寸的稳定性。

5.3　夹具总装配图的设计

在 5.2 节所述内容的基础上进行夹具总体方案的构思和设计，绘制夹具方案图。在考虑总体方案时，应多看些夹具图册并尽可能去企业调研。为使方案选择合理，应提出两个或两个以上的方案进行分析比较。

5.3.1　绘制结构草图

首先将确定的夹具方案绘制成结构草图。结构草图要求能够清晰地表达夹具工作原理、基本结构以及各种元件和装置的相互位置关系。对夹具的主要部分，如定位元件的结构形式、夹紧装置的类型和结构、引导元件等最好能详细画出，便于检查其实现的可能性。对一些标准件如定位销、螺栓、螺母等则可不必详细画出而只用位置中心线表示。对某些结构要素如圆角、倒角等在草图阶段不必画出。

确定夹具和机床的连接方式时需要查阅机床手册、工艺设计手册或访问数据库。

在绘制结构草图阶段，应同时对夹具的精度、夹紧力进行必要的分析计算，并进行夹具结构工艺性分析。夹具的精度分析在 5.2.3 中已给出，下面先介绍夹紧力的计算。

5.3.2 夹紧力计算

夹紧力计算的主要依据是夹具所承受的切削力。切削力的确定通常有以下三种方法。

1）由经验公式算出。

2）由单位切削力算出。

3）由手册上提供的图表算出。

根据切削力的方向、大小，按静力平衡条件求得理论夹紧力。为了保证工件装夹的安全可靠，夹紧机构或元件产生的实际夹紧力一般应为理论夹紧力的 1.5 ~ 2.5 倍。

1. 切削力的计算

（1）车削切削力的计算　影响切削力的因素有很多，主要包括工件材料、刀具材料及几何参数、加工方式及切削参数等，其他影响因素包括切削温度、切削环境等，通常通过切削力的经验公式来进行计算。车削时实际使用的切削力的经验公式有两种：指数公式和单位切削力。

表 5-1　车削时的切削力及切削功率的计算公式

计 算 公 式	
主切削力 F_c/N	$F_c = 9.81 C_{F_c} a_p^{x_{F_c}} f^{y_{F_c}} v_c^{n_{F_c}} K_{F_c}$
背向力 F_p/N	$F_p = 9.81 C_{F_p} a_p^{x_{F_p}} f^{y_{F_p}} v_c^{n_{F_p}} K_{F_p}$
进给力 F_f/N	$F_f = 9.81 C_{F_f} a_p^{x_{F_f}} f^{y_{F_f}} v_c^{n_{F_f}} K_{F_f}$

切削力公式中的系数和指数

材料	刀具材料	加工形式	主切削力 F_c				背向力 F_p				进给力 F_f			
			C_{F_c}	x_{F_c}	y_{F_c}	n_{F_c}	C_{F_p}	x_{F_p}	y_{F_p}	n_{F_p}	C_{F_f}	x_{F_f}	y_{F_f}	n_{F_f}
结构钢及铸钢 $R_m = 0.637$GPa	硬质合金	外圆纵车、横车及镗孔	270	1.0	0.75	-0.15	199	0.9	0.6	-0.3	294	1.0	0.5	-0.4
		切槽及切断	367	0.72	0.8	0	142	0.73	0.67	0	—	—	—	—
		切螺纹	133	—	1.7	0.71	—	—	—	—	—	—	—	—
	高速钢	外圆纵车、横车及镗孔	180	1.0	0.75	0	94	0.9	0.75	0	54	1.2	0.65	0
		切槽及切断	222	1.0	1.0	0	—	—	—	—	—	—	—	—
		成形车削	191	1.0	0.75	0	—	—	—	—	—	—	—	—
灰铸铁 190HBW	硬质合金	外圆纵车、横车及镗孔	92	1.0	0.75	0	54	0.9	0.75	0	46	1.0	0.4	0
		切螺纹	103	—	1.8	0.82	—	—	—	—	—	—	—	—
	高速钢	外圆纵车、横车及镗孔	114	1.0	0.75	0	119	0.9	0.75	0	51	1.2	0.65	0
		切槽及切断	158	1.0	1.0	0	—	—	—	—	—	—	—	—

表 5-2　钢和铸铁的强度和硬度改变时切削力的修正指数 K_{mF}

材料	结构钢及铸钢	灰铸铁
修正系数 K_{mF}	$K_{mF} = \left(\dfrac{R_m}{0.637} \right)^{n_F}$	$K_{mF} = \left(\dfrac{HRS}{190} \right)^{n_F}$

加工材料	上列公式中的指数 n_F					
	车削时的切削力					
	F_c		F_p		F_f	
	刀具材料					
	硬质合金	高速钢	硬质合金	高速钢	硬质合金	高速钢
结构钢及铸钢	0.75	0.35、0.75	1.35	2	1	1.5
灰铸铁及可锻铸铁	0.4	0.55	1	1.3	0.8	1.1

1）指数公式。

主切削力 $F_c = 9.81 C_{F_c} a_p^{x_{F_c}} f^{y_{F_c}} v_c^{n_{F_c}} K_{F_c}$

背向力 $F_p = 9.81 C_{F_p} a_p^{x_{F_p}} f^{y_{F_p}} v_c^{n_{F_p}} K_{F_p}$

进给力 $F_f = 9.81 C_{F_f} a_p^{x_{F_f}} f^{y_{F_f}} v_c^{n_{F_f}} K_{F_f}$

式中　　　　　　　　　　　　　　F_c——主切削力，（N）；

F_p——背向力，（N）；

F_f——进给力，（N）；

C_{F_c}、C_{F_p}、C_{F_f}——系数，见表 5-1；

x_{F_c}、y_{F_c}、n_{F_c}、x_{F_p}、y_{F_p}、n_{F_p}、x_{F_f}、y_{F_f}、n_{F_f}——指数，见表 5-1；

K_{F_c}、K_{F_p}、K_{F_f}——修正系数，见表 5-2 和表 5-3。

表 5-3　加工钢及铸铁时刀具几何参数改变时切削力的修正系数

参数			修正系数			
名称	数值	刀具材料	名称	切削力		
				F_c	F_p	F_f
主偏角 κ_r	30°	硬质合金	$K_{\kappa_r F}$	1.08	1.30	0.78
	45°			1.0	1.0	1.0
	60°			0.94	0.77	1.11
	75°			0.92	0.62	1.13
	90°			0.89	0.50	1.17
	30°	高速钢		1.08	1.63	0.7
	45°			1.0	1.0	1.0
	60°			0.98	0.71	1.27
	75°			1.03	0.54	1.51
	90°			1.08	0.44	1.82
前角 γ_o	−15°	硬质合金	$K_{\gamma_o F}$	1.25	2.0	2.0
	−10°			1.2	1.8	1.8
	0°			1.1	1.4	1.4
	10°			1.0	1.0	1.0
	20°			0.9	0.7	0.7
	12°~15°	高速钢		1.15	1.6	1.7
	20°~25°			1.0	1.0	1.0

参数		刀具材料	修正系数			
名称	数值		名称	切削力		
				F_c	F_p	F_f
刃倾角 λ_s	$+5°$	硬质合金	$K_{\lambda_s F}$	1.0	0.75	1.07
	$0°$				1.0	1.0
	$-5°$				1.25	0.85
	$-10°$				1.5	0.75
	$-15°$				1.7	0.65
刀尖圆弧半径 r_e/mm	0.5	高速钢	$K_{r_\xi F}$	0.87	0.66	1.0
	1.0			0.93	0.82	
	2.0			1.0	1.0	
	3.0			1.04	1.14	
	5.0			1.1	1.33	

切削钢和铸铁时 F_p/F_c，F_f/F_c 的比值见表 5-4。

切削力修正系数 K_{F_c}、K_{F_p}、K_{F_f} 是各种因素对切削力修正系数的乘积，即

$$K_{F_c} = K_{mF_c} K_{\kappa_r F_c} K_{\gamma_o F_c} K_{\lambda_s F_c} K_{r_\xi F_c}$$

$$K_{F_p} = K_{mF_p} K_{\kappa_r F_p} K_{\gamma_o F_p} K_{\lambda_s F_p} K_{r_\xi F_p}$$

$$K_{F_f} = K_{mF_f} K_{\kappa_r F_f} K_{\gamma_o F_f} K_{\lambda_s F_f} K_{r_\xi F_f}$$

以上各系数、指数、修正系数值可查相关手册获得。

表 5-4 切削钢和铸铁时 F_p/F_c，F_f/F_c 的比值

材料		主偏角 κ_γ		
		$45°$	$75°$	$90°$
钢	F_p/F_c	$0.55 \sim 0.65$	$0.35 \sim 0.5$	$0.25 \sim 0.4$
	F_f/F_c	$0.25 \sim 0.4$	$0.35 \sim 0.5$	$0.4 \sim 0.55$
铸铁	F_p/F_c	$0.3 \sim 0.45$	$0.2 \sim 0.35$	$0.15 \sim 0.3$
	F_f/F_c	$0.1 \sim 0.2$	$0.15 \sim 0.3$	$0.2 \sim 0.35$

2）单位切削力。单位切削力是指单位切削面积上的主切削力，用 k_c 表示，见表 5-5。

表 5-5 硬质合金外圆车刀切削常用金属时单位切削力和单位切削功率 （$f = 0.3\mathrm{mm/r}$）

材料				试验条件		单位切削力 $k_c/(\mathrm{N/mm^2})$
名称	牌号	制造热处理状态	硬度 HBW	车刀几何参数	切削用量范围	
碳素结构钢、合金结构钢	Q235	热轧或正火	$134 \sim 137$	$\gamma_o = 15°$　$\kappa_\gamma = 75°$ $\lambda_s = 0°$　$b_\gamma = 0$ 前面带卷屑槽	$a_p = 1 \sim 5\mathrm{mm}$ $f = 0.1 \sim 0.5\mathrm{mm/r}$ $v_c = 90 \sim 105\mathrm{m/min}$	1884
	45		187			1962
	40Cr		212			1962
	45	调质	229	$b_\gamma = 0.2\mathrm{mm}$ $\gamma_o = -20°$ 其余同第一项		2305
	40Cr		285			2305
不锈钢	07Cr18Ni9Ti	淬火回火	$170 \sim 179$	$\gamma_o = 20°$ 其余同第一项		2453

$$k_c = F_c/A_D = F_c/(a_p f) = F_c/(b_d h_d)$$

式中　A_D——切削面积（mm^2）；

　　　a_p——背吃刀量（mm）；

　　　　f——进给量（mm/r）；

　　　h_d——切削厚度（mm）；

　　　b_d——切削宽度（mm）。

已知单位切削力 k_c，可以求出主切削力 F_c，即

$$F_c = k_c a_p f = k_c b_d h_d$$

式中的 k_c 是指 $f = 0.3mm/r$ 时的单位切削力，当实际进给量 f 大于或小于 0.3mm/r 时，需乘以修正系数 K_{fk_c}，见表 5-6。

表 5-6　修正系数 K_{fk_c}

$f/(mm/r)$	0.1	0.15	0.2	0.25	0.3	0.35	0.4	0.45	0.5	0.6
K_{fk_c}	1.18	1.11	1.06	1.03	1	0.97	0.96	0.94	0.925	0.9

（2）钻削切削力的计算　钻头每一个切削刃都产生切削力，包括主切削力、背向力和进给力。当左右切削刃对称时，背向力抵消，最终对钻头构成影响的是进给力 F_f 与切削转矩 M_c。

钻削时进给力 F_f、切削转矩 M_c 的计算公式为

$$F_f = C_{F_f} D^{z_{F_f}} f^{y_{F_f}} K_{F_f}$$

$$M_c = C_{M_c} D^{z_{M_c}} f^{y_{M_c}} K_{M_c}$$

式中　M_c——切削转矩（N·mm）；

　　　　D——钻头直径（mm）；

对应不同的工件材料、刀具材料及加工方式，钻削时进给力及切削转矩的计算公式见表5-7。

表 5-7　钻削时进给力及切削转矩的计算公式

材料	加工方式	刀具材料	切削转矩计算公式	进给力计算公式
结构钢和铸钢	钻	高速钢	$M_c = 345 D^2 f^{0.8} K_p$	$F_f = 680 Df^{0.7} K_p$
	扩、钻		$M_c = 900 D a_p^{0.9} f^{0.8} K_p$	$F_f = 378 a_p^{1.3} f^{0.7} K_p$
耐热钢（07Cr18Ni9Ti,141HB）	钻	高速钢	$M_c = 410 D^2 f^{0.7} K_p$	$F_f = 1430 Df^{0.7} K_p$
灰铸铁 190HB		高速钢	$M_c = 210 D^2 f^{0.8} K_p$	$F_f = 427 Df^{0.8} K_p$
	钻	硬质合金	$M_c = 120 D^{2.2} f^{0.8} K_p$	$F_f = 420 D^{1.2} f^{0.75} K_p$
	扩、钻	高速钢	$M_c = 850 D^2 a_p^{0.75} f^{0.8} K_p$	$F_f = 235 a_p^{1.2} f^{0.4} K_p$
可锻铸铁 150HB		高速钢	$M_c = 210 D^2 f^{0.8} K_p$	$F_f = 433 Df^{0.8} K_p$
	钻	硬质合金	$M_c = 100 D^{2.2} f^{0.8} K_p$	$F_f = 325 D^{1.2} f^{0.75} K_p$
多相金相组织铜合金 120HB		高速钢	$M_c = 120 D^2 f^{0.8} K_p$	$F_f = 315 Df^{0.8} K_p$

注：a_p——背吃刀量（mm），对扩钻 $a_p = 0.5(D - d)$，d 为扩孔前的孔径；

　　　F_f——进给力（N）；

　　　　f——每转进给量（mm）；

　　　K_p——修正系数，见表 5-8。

表 5-8　修正系数 K_p

材料	结构钢铸铁	灰铸铁	可锻铸铁	铜合金					钢
				多相金相组织		基本金相组织是多相的铜铅合金及基本组织是单相的，铅质量分数 < 10% 的铜铅合金	单相金相组织	铅的质量分数 > 15% 的铜铅合金	
				平均硬度 = 120HBW	平均硬度 > 120HBW				
K_p	$\left(\dfrac{R_m}{750}\right)^{0.75}$	$\left(\dfrac{HBW}{190}\right)^{0.6}$	$\left(\dfrac{HBW}{160}\right)^{0.6}$	1	0.75	0.65 ~ 0.7	1.8 ~ 2.2	0.25 ~ 0.45	1.7 ~ 2.1

另外，公式中的系数 C_{F_f}、C_{M_c}、K_{F_f}、K_{M_c} 和指数 z_{F_f}、y_{F_f}、z_{M_c}、y_{M_c} 可以查看相关手册。还有两点需要说明。

1）若钻头的横刃未经刃磨，则钻孔进给力要比上述公式的计算值大 33%。

2）无扩孔钻钻扩孔及铰孔的切削力计算公式可以近似按镗孔的圆周切削力 F_z 的计算公式求出每齿的圆周切削力，然后再求出总的圆周切削力及切削转矩，此时，公式中的进给量 f 应为每齿进给量 f_z，即 f/z，其中 z 为刀具的齿数。因篇幅所限，镗孔的圆周切削力计算公式请查阅其他参考资料。

（3）铣削切削力的计算　对应不同的刀具材料、工件材料及铣刀类型，铣削切削力的计算公式，见表 5-9。

表 5-9　铣削切削力的计算公式

刀具材料	工件材料	铣刀类型	计算公式
高速钢	碳素钢、青铜、铝合金、可锻铸铁等	圆柱铣刀、立铣刀、盘铣刀、锯片铣刀、角度铣刀、半圆成形铣刀	$F = 10C_p a_p^{0.85} f_z^{0.72} D^{-0.85} a_w z K_p$
		面铣刀	$F = 10C_p a_p^{1.1} f_z^{0.80} D^{-1.1} a_w^{0.95} z K_p$
	灰铸铁	圆柱铣刀、立铣刀、盘铣刀、锯片铣刀	$F = 10C_p a_p^{0.83} f_z^{0.65} D^{-0.83} a_w z K_p$
		面铣刀	$F = 10C_p a_p^{1.1} f_z^{0.72} D^{-1.1} a_w^{0.9} z K_p$
硬质合金	碳素钢	圆柱铣刀	$F = 930 a_p^{0.88} f_z^{0.75} a_f^{0.75} D^{-0.87} a_w z$
		三面刃铣刀	$F = 2380 a_p^{0.90} f_z^{0.80} D^{-1.1} a_w^{1.1} n^{-0.1} z$
		两面刃铣刀	$F = 2500 a_p^{0.80} f_z^{0.70} D^{-1.1} a_w^{0.85} z$
		立铣刀	$F = 120 a_p^{0.85} f_z^{0.75} D^{-0.73} a_w n^{0.13} z$
		面铣刀	$F = 11500 a_p^{1.06} f_z^{0.88} D^{-1.3} a_w^{0.90} n^{-0.18} z$
	可锻铸铁	面铣刀	$F = 4520 a_p^{1.1} f_z^{0.7} D^{-0.13} a_w n^{0.20} z$
	灰铸铁	圆柱铣刀	$F = 520 a_p^{0.9} f_z^{0.80} D^{-0.90} a_w z$
		面铣刀	$F = 500 a_p^{1.0} f_z^{0.74} D^{-1.0} a_w^{0.90} z$

注：F——切削力（N）；C_p——在用高速钢（W18Cr4V）铣刀铣削时，考虑工件材料及铣刀类型的系数，其值按表 5-10 选取；a_p——背吃刀量（mm），指铣刀刀齿在切出工件过程中，接触弧在垂直走刀方向平面中测得的投影长度；f_z——每齿进给量（mm/z）；D——铣刀直径（mm）；a_w——铣削宽度（mm），指平行于铣刀轴线方向测得的切削层尺寸；n——铣刀每分钟转数；z——铣刀的齿数；K_p——用高速钢（W18Cr4V）铣削时，考虑工件材料力学性能不同的修正系数，对于结构钢、铸钢，$K_p = \left(\dfrac{R_m}{750}\right)^{0.3}$，对于灰铸铁，$K_p = \left(\dfrac{HBW}{190}\right)^{0.55}$，$R_m$ 为工件材料的抗拉强度（MPa），HBW 为工件材料的布氏硬度值（取最大值）。

表 5-10　考虑工件材料及铣刀类型的系数 C_p 值

铣刀类型	C_p 值				
	碳素钢	可锻铸铁	灰铸铁	青铜	碳合金
圆柱铣刀、立铣刀等	68.2	30	30	22.6	17
圆盘铣刀、锯片铣刀	82.4	52	52	37.5	18
面铣刀	68.3	30	30	22.5	17
角度铣刀	38.9	—	—	—	—
半圆成形铣刀	47	—	—	—	—

2. 夹紧力的计算

夹紧力的大小必须适当。过小，工件在加工过程中发生移动，破坏定位；过大，使工件和夹具产生夹紧变形，影响加工质量。

理论上，夹紧力应与工件受到的切削力、离心力、惯性力及重力等力的作用平衡；实际上，夹紧力的大小还与工艺系统的刚性、夹紧机构的传递效率等有关。切削力在加工过程中是变化的，因此夹紧力只能进行粗略估算。

估算夹紧力时，应找出对夹紧最不利的瞬时状态，略去次要因素，考虑主要因素在力系中的影响。通常将夹具和工件看成一个刚性系统，建立切削力、夹紧力、（大型工件）重力、（高速运动工件）惯性力、（高速旋转工件）离心力、支承力以及摩擦力的静力平衡条件，计算理论夹紧力 $F_{计}$。则实际夹紧力 F_J 为

$$F_J = KF_{计}$$

式中　$F_{计}$——最不利条件下由静力平衡计算求出的夹紧力；

　　　F_J——实际需要夹紧力；

　　　K——安全系数，与加工性质（粗、精加工）、切削特点（连续、断续切削）、夹紧力来源（手动、机动夹紧）、刀具情况有关，一般取 $K = 1.5 \sim 3$，粗加工取大值，精加工取小值。

生产中还经常用类比法（或试验）确定夹紧力。

5.3.3　夹具结构工艺性分析

专用夹具一般在工具车间制造，主要元件的精度和夹具的装配精度一般比较高。此外，还常采用调整、修配或"就地加工"等方法来保证夹具的最终精度要求。与设计一般机械结构相同，设计夹具时也要尽量选用标准件和通用件，以降低设计和制造的费用。为使夹具具有良好的结构工艺性，设计时需要考虑以下几个方面。

1. 便于用调整、修配法保证装配精度

用调整、修配法保证装配精度，通常是通过移动夹具零件或部件、修磨某一零件的尺寸、在零件或部件间加入垫片等方法来进行。因此夹具结构中某些零、部件要具有可调性，补偿元件应留有一定的余量。

2. 便于拆卸和维修

夹具在使用过程中，需要修理或更换一些易损零件，因此夹具上某些配合的零件应便于

拆卸。装配定位销的孔最好为通孔。在位置受到限制时，可在销孔侧面的适当位置钻出横向孔，或选用头部带有螺纹孔的定位销，以便修理时取出。此外，在拆卸夹具时，应不受其他零件的妨碍。

3. 便于进行测量和检验

在规定夹具的尺寸公差和位置公差时，应同时考虑到相应的测量方法，否则就无法保证装配精度。

夹具上还要留出必要的退刀槽、避免在斜面上钻孔等。

5.3.4　夹具方案经济性分析

针对机械加工工艺规程中的某道具体加工工序，是否有必要设计专用机床夹具以及所设计夹具的自动化程度如何，必须根据加工零件的生产纲领、质量、工艺方法以及生产周期等多方面因素，进行经济性分析。在确定设计夹具后，应提出多个设计方案进行论证以确定最佳方案。

夹具方案经济性分析的主要内容有两项：①通过比较使用与不使用夹具两种情况下的工序成本来确定是否选用夹具，以及选用什么样的夹具；②计算使用夹具后所能获得的经济效益及投资回收期。但目前关于夹具经济性的研究工作还很不够，常不能满足生产实际的要求，设计者主要依靠自己的经验来做出经济上的选择。

5.3.5　绘制夹具总装配图

在草图的基础上，进行加工和细化，即可生成正式夹具总装配图。

夹具总装配图是表示夹具及组成部分的连接、装配关系的图样，是了解夹具结构、分析夹具工作原理和功能的重要技术文件，也是进行夹具装配、检验、安装和维修的技术依据。所有的夹具设计思想、设计计算结果、设计结构等最终是以夹具总装配图的形式来体现的。

绘制夹具总装配图时应注意以下几点。

1）严格按照机械制图国家标准绘制，比例尽量选用1∶1，这样可使绘制的夹具图有良好的直观性。当夹具很大时，可使用1∶2或1∶5的比例；当夹具很小时，可使用2∶1的比例。

2）注意视图的配置与安排，夹具总装配图在清楚表达夹具工作原理和结构的前提下，视图应尽可能少，主视图应选取操作者实际面对的位置。

3）绘制夹具总装配图时，一般先将工件视为"透明体"（不遮挡夹具），用双点画线画出工件轮廓，该轮廓的形状和方位应与工件所在工序中的工序简图一致，并画出定位面、夹紧面和加工面。

4）根据工件轮廓，依次按定位元件、对刀或引导元件、夹紧元件、传力元件等顺序绘出各自的具体结构，夹紧元件及夹紧机构应按夹紧状态画出，必要时可用双点画线画出夹紧元件的松开位置。液压缸、气缸均应标出工作行程，用双点画划线表示出放松的位置。

5）绘制夹具体和其他元件，将夹具各部分连成一体，并标注必要的尺寸、配合、零件编号，填写标题栏、零件明细栏和技术要求。在总装配图上应有标题栏、件号、技术要求等。自制件要编号，自制件的件数、材料均须在明细栏中列出。标准件可不编号，其规格、件数可在图上直接标出。

6）注意夹具设计的结构工艺性，主要是夹具零件的结构工艺性，其与一般机械零件的结构工艺性相同，首先要尽量选用标准件和通用件，以降低设计和制造费用；其次要考虑加工的工艺性及经济性。夹具结构工艺性还应考虑夹具的装配方法与检验方法。夹具一般属于单件生产，多采用调整法和修配法进行装配，设计时应充分注意。

5.3.6 夹具尺寸和技术要求

1. 夹具总装配图上应标注的尺寸

夹具总装配图上应标注的尺寸，随夹具的不同而不同。一般情况下，在夹具总装配图上应标注下列五种尺寸。

（1）夹具外形的最大轮廓尺寸 这类尺寸表示夹具在机床上所占空间的大小。当夹具结构中有可动部分时，还应包括可动部分处于极限位置时所占空间尺寸，并以双点画线绘出最大的活动范围。例如，夹具上有超出夹具体外的旋转部分时，应标出最大旋转半径；有升降部分时，应标出最高或最低位置，以表明夹具的轮廓大小和活动范围，以检查所设计的夹具是否与机床、刀具发生干涉以及在机床上安装的可能性。

（2）工件与定位元件间的联系尺寸 这类尺寸通常是指工件定位基准与定位元件间的配合尺寸，以控制工件的定位误差。例如，定位基准孔与定位销或定位心轴间的配合尺寸，不仅要标出公称尺寸，而且还要标注公差等级和配合种类。

（3）夹具与刀具的联系尺寸 这类尺寸用于确定夹具上对刀或引导元件的位置，以控制对刀或导向误差。对于刨床、铣床而言，是指对刀元件与定位元件间的位置尺寸；而对于钻床、镗床而言，是指钻套、镗套与定位元件间的位置尺寸，钻套、镗套间的位置尺寸，以及钻套、镗套与刀具导向部分的配合尺寸。

（4）夹具与机床连接部分的尺寸 这类尺寸主要是指夹具安装面与机床相应配合表面之间的尺寸和公差，用来确定夹具在机床上的正确位置。例如，对于铣床、刨床夹具，则应标出定位键与机床工作台面T形槽的配合尺寸以及T形槽之间的距离尺寸；对于车床、外圆磨床夹具，则应标注夹具体与机床主轴端的连接尺寸。标注尺寸时，应以夹具上的定位元件作为相互位置尺寸的基准。

（5）其他各类配合尺寸 这类尺寸是指夹具内部各组成部分的配合尺寸、各组成元件之间的位置关系尺寸等，如定位元件与夹具体、滑柱钻模的滑柱与导孔的配合尺寸等。这些虽然不一定与工件、刀具和机床有直接关系，但也间接影响夹具的加工精度和规定的使用要求。

2. 制订技术要求的基本原则

制订技术要求的主要依据是产品图样、工艺规程和设计任务书。制订夹具技术要求时应遵循以下基本原则。

1）机械加工中引起加工误差的因素较多，只有控制这些误差因素才能满足加工误差不等式，保证规定的加工精度，如一般夹具的定位误差不超过相应工序公差的1/3。

2）夹具中与工件尺寸有关距离尺寸公差的确定，如钻模板上两个钻套的距离尺寸公差，不论工件上两孔中心距公差是单向还是双向的，都虚化为双向对称分布的公差，并以两钻套孔中心线的平均尺寸作为公称尺寸，然后根据工件公差规定该尺寸的制造公差。此外，夹具中的尺寸公差和技术要求应表示清楚，不能重复和相互矛盾。

3）考虑到夹具在使用过程中的磨损，应立足于现有的设备和技术要求，在不增加制造成本的前提下，尽量把夹具公差定得小一些，以增大夹具的磨损公差，延长夹具的使用寿命。

4）在夹具制造中，为了减少加工难度，提高夹具的精度，可采用调整、修配或"就地加工"等方法。在这种情况下，夹具零件的制造公差可以适当放宽。

为便于理解上述第 2 点，现举例说明。如工件两孔中心距尺寸为 $180^{+0.06}_{0}$ mm，在设计夹具时，如果将夹具尺寸及公差标注为 180mm ± 0.01mm 就不正确了，因为此时夹具孔距的下极限尺寸为 179.99mm，显然已经超出工件的公差范围。正确的标注应该是先将工件尺寸及公差转换为对称公差，即 180.03mm ± 0.03mm，以 180.03mm 作为夹具的公称尺寸，然后取其对称分布公差 ±0.03mm 的 1/3，即 ±0.01mm 作为夹具的制造公差，即 180.03mm ± 0.01mm，这样才能满足工件的精度要求。

3. 夹具总装配图上公差值的确定

夹具上尺寸公差和几何公差通常取工件上相应公差的 1/5 到 1/2。当生产规模较大、夹具结构复杂而加工精度要求不太高时，可以取得严格些，以延长夹具的使用寿命。而对于小批量生产或加工精度要求较高的情况，则可以取稍大些，以便于制造。当工件上相应的公差为未注公差时，夹具上的直线尺寸公差常取 ±0.1mm 或 ±0.05mm，角度尺寸公差常取 ±10′ 或 ±5′。确定夹具有关尺寸公差带时，还应注意保证夹具的平均尺寸与工件上相应的平均尺寸一致，即保证夹具上有关尺寸的公差带刚好落在工件上相应尺寸公差带的中间。

表 5-11 列出了各类机床夹具公差与工件相应公差的比例关系。表 5-12 和表 5-13 分别列出了按工件的直线尺寸公差和角度尺寸公差确定夹具相应直线尺寸公差和角度尺寸公差的参考数据。

表 5-11 各类机床夹具公差与工件相应公差的比例关系

夹具	工件被加工尺寸的公差/mm				
	0.03 ~ 0.10	0.10 ~ 0.20	0.20 ~ 0.30	0.30 ~ 0.50	自由尺寸
车床夹具	$\frac{1}{4}$	$\frac{1}{4}$	$\frac{1}{5}$	$\frac{1}{5}$	$\frac{1}{5}$
钻床夹具	$\frac{1}{3}$	$\frac{1}{3}$	$\frac{1}{4}$	$\frac{1}{4}$	$\frac{1}{5}$
镗床夹具	$\frac{1}{2}$	$\frac{1}{2}$	$\frac{1}{3}$	$\frac{1}{3}$	$\frac{1}{5}$

与工件被加工尺寸公差无直接关系的夹具公差并不是对加工精度没有影响，而是无法直接从相应的加工尺寸公差中确定。属于这类夹具公差的多为夹具中各组成部分的配合尺寸公差，如定位元件与夹具体、可换钻套与衬套、导向套与刀具的配合尺寸公差等，一般可根据经验，参考极限与配合的国家标准来确定。

表 5-14 列出了机床夹具常用配合种类和公差等级。该表中的配合种类和公差等级仅供参考；根据夹具的实际结构和功用要求，也可选用其他的配合种类和公差等级。

表 5-12　按工件的直线尺寸公差确定夹具相应直线尺寸公差的参考数据　（单位：mm）

工件直线尺寸公差		夹具直线尺寸公差	工件直线尺寸公差		夹具直线尺寸公差
由	至		由	至	
0.008	0.01	0.005	0.20	0.24	0.08
0.01	0.02	0.006	0.24	0.28	0.09
0.02	0.03	0.010	0.28	0.34	0.10
0.03	0.05	0.015	0.34	0.45	0.15
0.05	0.06	0.025	0.45	0.65	0.20
0.06	0.07	0.030	0.65	0.90	0.30
0.07	0.08	0.035	0.90	1.30	0.40
0.08	0.09	0.040	1.30	1.50	0.50
0.09	0.10	0.045	1.50	1.80	0.60
0.10	0.12	0.050	1.80	2.00	0.70
0.12	0.16	0.060	2.00	2.50	0.80
0.16	0.20	0.070	2.50	3.00	1.00

表 5-13　按工件的角度尺寸公差确定夹具相应角度尺寸公差的参考数据

工件角度尺寸公差		夹具角度尺寸公差	工件角度尺寸公差		夹具角度尺寸公差
由	至		由	至	
0°00′50″	0°01′30″	0°00′30″	0°20′	0°25′	0°10′
0°01′30″	0°02′30″	0°01′00″	0°25′	0°35′	0°12′
0°02′30″	0°03′30″	0°01′30″	0°35′	0°50′	0°15′
0°03′30″	0°04′30″	0°02′00″	0°50′	1°00′	0°20′
0°04′30″	0°06′00″	0°02′30″	1°00′	1°30′	0°30′
0°06′00″	0°08′00″	0°03′00″	1°30′	2°00′	0°40′
0°08′00″	0°10′00″	0°04′00″	2°00′	3°00′	1°00′
0°10′00″	0°15′00″	0°05′00″	3°00′	4°00′	1°20′
0°15′00″	0°20′00″	0°08′00″	4°00′	5°00′	1°40′

表 5-14　机床夹具常用配合种类和公差等级

	精度要求		示例
	一般	较高	
定位元件与工件定位基准间	$\frac{H7}{h6}$，$\frac{H7}{g6}$，$\frac{H7}{f7}$	$\frac{H6}{h5}$，$\frac{H6}{g5}$，$\frac{H6}{f5}$	定位销与工件基准孔
有引导作用并有相对运动的元件间	$\frac{H7}{h6}$，$\frac{H7}{g6}$，$\frac{H7}{f7}$ $\frac{H7}{h6}$，$\frac{G7}{h6}$，$\frac{F7}{h6}$	$\frac{H6}{h5}$，$\frac{H6}{g5}$，$\frac{H6}{f6}$ $\frac{H6}{h5}$，$\frac{G6}{h5}$，$\frac{F6}{h5}$	滑动定位件刀具与导套
无引导作用但有相对运动的元件间	$\frac{H7}{f9}$，$\frac{H9}{d9}$	$\frac{H7}{d8}$	滑动夹具底座板
没有相对运动的元件间	$\frac{H7}{n6}$，$\frac{H7}{p6}$，$\frac{H7}{r6}$，$\frac{H7}{s6}$，$\frac{H7}{u6}$，$\frac{H8}{t7}$，（无紧固件） $\frac{H7}{m6}$，$\frac{H7}{k6}$，$\frac{H7}{js6}$，$\frac{H7}{m7}$，$\frac{H8}{k7}$，（有紧固件）		固定支承钉定位销

表 5-15 列举了一些夹具常用元件的配合，可供夹具设计时参考。

表 5-15 夹具常用元件的配合

配合件名称与图例

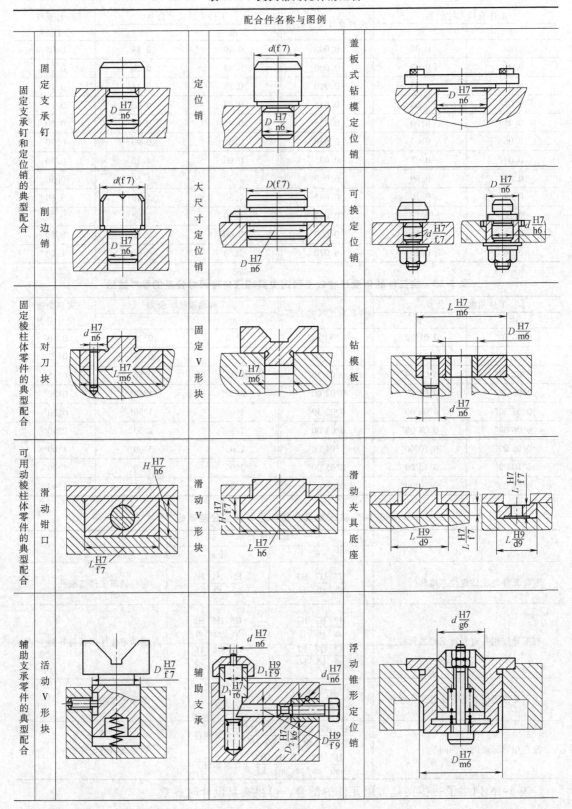

固定支承钉和定位销的典型配合	固定支承钉		定位销		盖板式钻模定位销	
固定支承钉和定位销的典型配合	削边销		大尺寸定位销		可换定位销	
固定棱柱体零件的典型配合	对刀块		固定V形块		钻模板	
可用动棱柱体零件的典型配合	滑动钳口		滑动V形块		滑动夹具底座	
辅助支承零件的典型配合	活动V形块		辅助支承		浮动锥形定位销	

配合件名称与图例

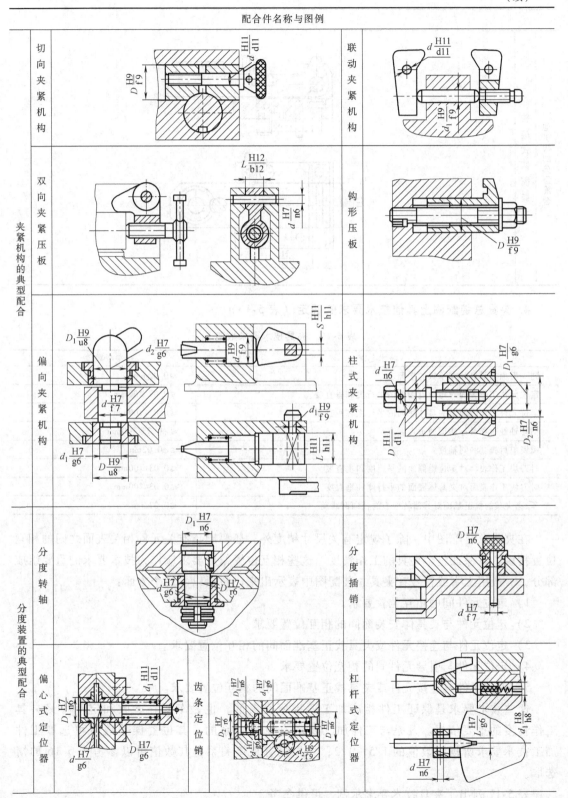

夹紧机构的典型配合	切向夹紧机构		联动夹紧机构
夹紧机构的典型配合	双向夹紧压板		钩形压板
夹紧机构的典型配合	偏向夹紧机构		柱式夹紧机构
分度装置的典型配合	分度转轴		分度插销
分度装置的典型配合	偏心式定位器	齿条定位销	杠杆式定位器

<table>
<tr><td colspan="2" align="center">配合件名称与图例</td></tr>
</table>

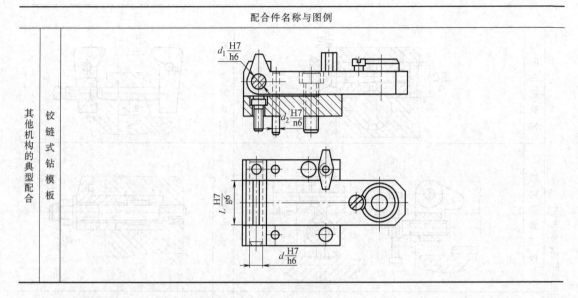

| 其他机构的典型配合 | 铰链式钻模板 | |

4. 夹具总装配图上其他技术要求的确定（表 5-16）

表 5-16 夹具技术要求数值

技术要求	参考数值
同一平面支承钉和支承板的平面度	≤0.02mm
定位元件工作表面对定位键侧面的平行度和垂直度	≤0.02∶100mm
定位元件工作表面对夹具体底面的平行度和垂直度	≤0.02∶100mm
钻套轴线对夹具体底面的垂直度	≤ϕ0.05∶100mm
镗模前后镗套的同轴度	≤ϕ0.02mm
对刀块工作表面对定位键侧面的平行度和垂直度	≤0.03∶100mm
对刀块工作表面对夹具体底面的平行度和垂直度	≤0.03∶100mm
车、磨夹具的找正基面对其回转中心的径向圆跳动	≤0.02mm

在夹具总装配图中，除了规定有关尺寸精度外，还要制订有关元件相关表面之间的相互位置精度，以保证整个夹具的工作精度。这些相互位置精度要求应作为技术要求的重要组成部分，一般用文字或符号在夹具总装配图中表示出来，包括以下几个方面：

1）定位元件间的相互位置要求。

2）定位元件与夹具体安装面间的相互位置要求。

3）定位元件与连接元件或夹具找正基准面间的相互位置要求。

4）定位元件与引导元件间的相互位置要求。

5）对刀元件与连接元件或夹具找正基准面间的相互位置要求。

这些技术要求是保证工件相应加工要求所必需的，也是车间在验收和定期检修夹具工作精度的重要依据。凡是与工件加工要求有直接关系的，其位置误差数值可选取工件加工技术要求所规定数值的 1/5 ~ 1/2；如果没有直接关系，其数值可以参考表 5-16 酌情选取。

表 5-17 列出了夹具技术要求示例，可供参考。

表 5-17 夹具技术要求示例

夹具简图	技术要求	夹具简图	技术要求
	1) A 面对 Z 面(锥面中心线或顶尖孔连线)的垂直度公差…… 2) B 面对 Z 面的同轴度公差……		1) A 面对 L 面的平行度公差…… 2) B 面对 D 面的平行度公差……
	1) A 面对 L 面的平行度公差…… 2) B 面对止口面 N 的同轴度公差…… 3) B 面对 A 面的垂直度公差…… 4) B 面对 C 面的同轴度公差……		1) B 面对 L 面的平行度公差…… 2) G 面对 L 面的垂直度公差…… 3) B 面对 A 面的垂直度公差…… 4) G 对 B 轴线的最大偏移量……
	1) A 面对 L 面的垂直度公差…… 2) K 面(找正孔)对止口面 N 的同轴度公差…		1) A 面对 L 面的平行度公差…… 2) G 面对 A 面的平行度公差…… 3) G 面对 D 面的平行度公差…… 4) B 面对 D 面的垂直度公差……

5.4 图样校对和审核及设计说明书的撰写

图样校对和审核是实际生产中必须进行的环节，是在主管部门、使用部门、制造部门等审查后确认无误的情况下，同意进入下一步骤前必须经历的手续。

会签与批准是对所有设计图样进行的最后一次检查，此时以前所发现的问题均应得到改正。只有全部图样审核通过后，才能进入制造环节。

专用机床夹具设计说明书的内容应包括以下几个部分：

1）熟悉设计任务、明确工序要求。

2）专用机床夹具种类或形式的确定。

3）定位方案的确定和定位元件的选取。

4）定位误差的计算和校核。

5）夹紧方案的确定和夹紧机构的设计。

6）夹具在机床上的对刀或引导元件以及分度装置的选择或设计。

7）夹具体类型选择。

8）其他元件的设计和选取。

9）夹具结构工艺性和方案经济性分析。

10）夹具上应标注的技术要求的确定。

5.5 夹具设计中的注意事项及常见错误

5.5.1 夹具设计中的注意事项

在确定夹具设计方案时，应当遵循的原则是：确保加工质量，结构尽量简单，操作省力高效，制造成本低廉。

定位元件选定后，应进行定位误差分析计算。如计算结果超差，则需改变定位方法或提高定位元件、定位表面的制造精度，以减少定位误差，提高加工精度。有时甚至要从根本上改变工艺路线的安排，以保证零件加工的顺利进行。

另外，定位元件设计时应满足以下几点：

1）要有与工件相适应的精度。

2）要有足够的刚度，不允许受力时发生变形。

3）要有良好的耐磨性，以便在使用时保持其工作精度，一般多采用低碳钢渗碳淬火或碳素工具钢淬火，硬度 58 ~ 62HRC。

另外，常用夹紧机构有螺旋机构、偏心机构和铰链机构等，设计时可以根据具体情况正确选用，并配合以手动、气动或液动等的动力源。

夹紧机构选定后，应进行夹紧力计算。计算时通常将夹具和工件看成一个刚性系统，根据工件受切削力、夹紧力（大型工件还应考虑重力，高速运动的工件还应考虑惯性力等）的状态，在处于静力平衡条件下，计算出理论夹紧力，再乘以安全系数 K，作为实际所需的夹紧力。根据生产经验，一般取 $K = 1.5 ~ 3$。粗加工时，取 $K = 2.5 ~ 3$；精加工时，取 $K = 1.5 ~ 2$。

应当指出，由于加工方法、切削刀具以及装夹方式千差万别，夹紧力的计算在某些情况下没有现成的公式可以套用，需要根据所学理论知识进行分析研究，选取合理的计算方法。

所设计的夹具不但机构要合理，结构也应当合理，否则都不能正常工作。

图 5-28a 所示为一个机构不合理的例子。一个圆柱形工件用 V 形块定位并用两个压板

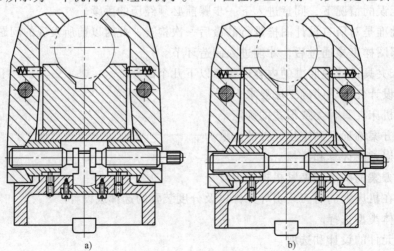

a)   b)

图 5-28　夹具机构合理性示例

a）机构不合理　b）机构合理

夹紧。由于这个夹具是用双向正反螺杆带动两个压板进行自定心夹紧，因此存在重复定位。图 5-28b 所示是经过修改后的设计，工件仍由 V 形块定位，双头螺杆-压板系统可以沿横向移动而只起压紧作用，从而解决了重复定位的问题。

图 5-29 所示为一个铰链夹紧机构，从机构学角度考虑是合理的。但当铰链机构中的滚子、销轴磨损或出现制造、装配误差时，滚子的移动就会超过死点而导致机构失效，因此这个夹具存在不合理之处。如果在拉杆上增加一个调整环节，那么这套夹具不管在机构上还是在结构上都是合理的，如图 5-30 所示。

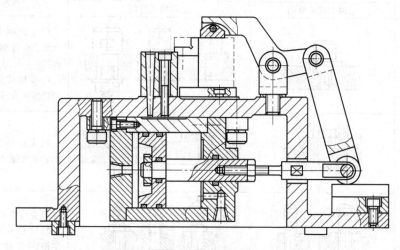

图 5-29　结构不合理的夹具示例

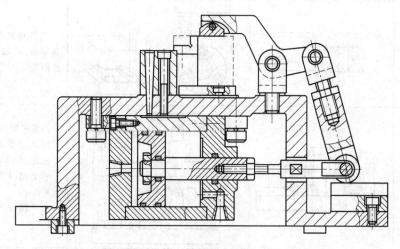

图 5-30　机构和结构都合理的夹具示例

要保证夹具与机床的相对位置及刀具与夹具的相对位置的正确性，即夹具上应具备定位键及对刀装置，这些可从手册中查得。

运动部件的运动要灵活，不能出现干涉和卡死现象。回转工作台或回转定位部件应有锁紧装置，不能在工作时松动。

夹具零件，尤其是夹具体的可加工性要好。

夹具中的运动零部件要有润滑措施，夹具的排屑要方便、畅通。

夹具中零件的选材、尺寸公差以及总装配图的技术要求应合理。为便于审查零件的加工工艺性及夹具的装配工艺性，各零部件应尽量不采用简化画法绘制。

5.5.2 夹具设计中的常见错误

表 5-18 列出了夹具设计中的常见错误及改正方法。

表 5-18 夹具设计中的常见错误及改正方法

项目	正误对比		简要说明
	错误的或不好的	正确的或好的	
定位销在夹具体上的定位与连接	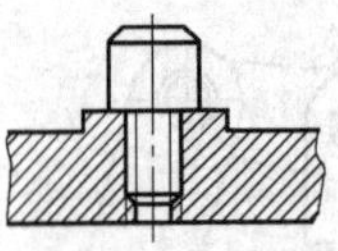	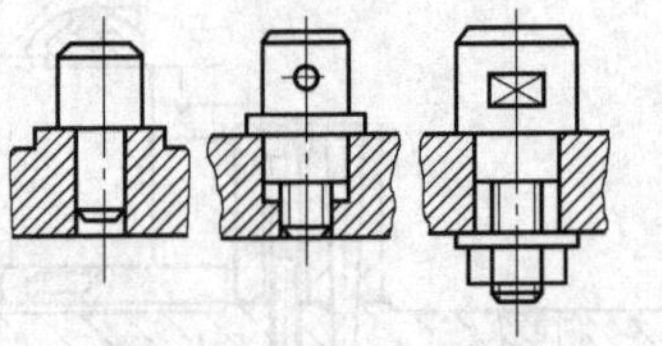	1) 定位销本身位置误差太大，因为螺纹不起定心作用 2) 带螺纹的销应有旋紧用的扳手孔或扳手平面
螺纹连接	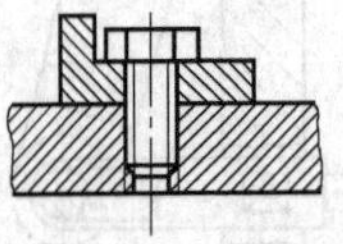	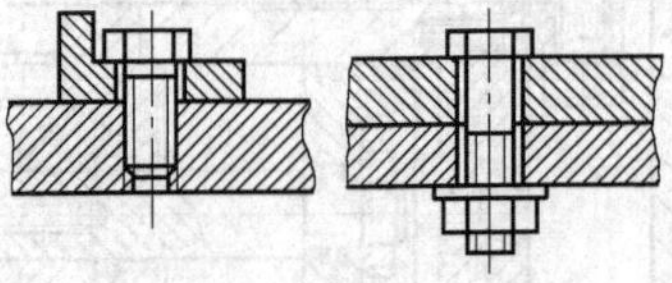	被连接件应为光孔。若两者都有螺纹，将无法拧紧
可调支承	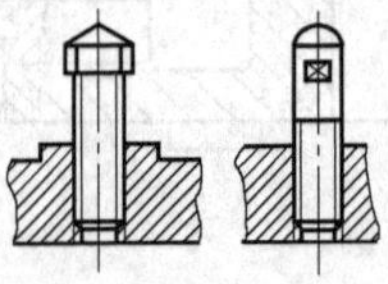	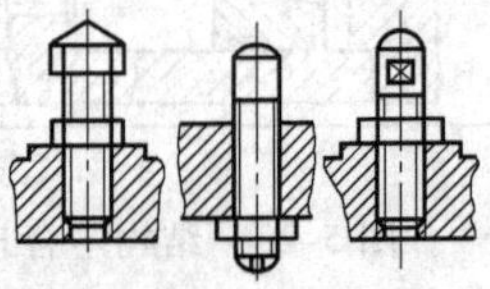	1) 应有锁紧螺母 2) 应有扳手孔(面)或一字槽(十字槽)
工件安放	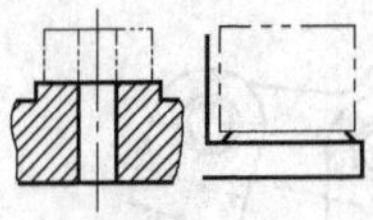	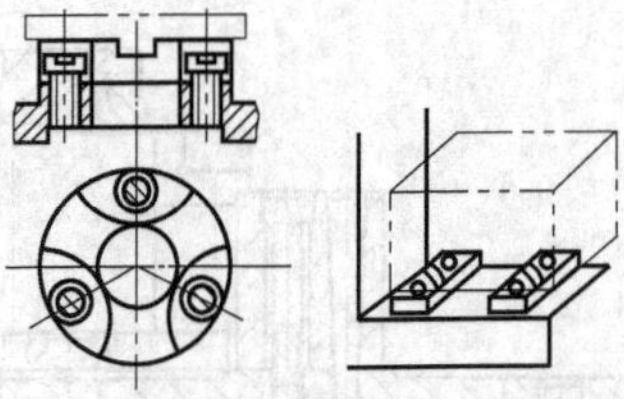	工件最好不要直接与夹具接触，应加支承板、支承垫圈等
机构自由度	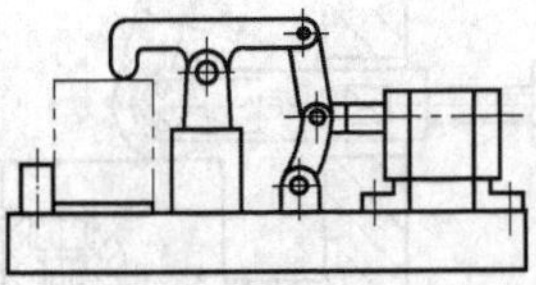	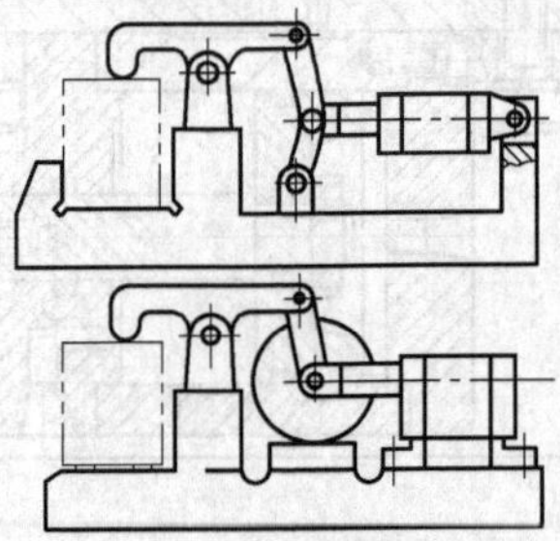	夹紧机构运动时不得发生干涉，应验算其自由度 $F \neq 0$ 左图：$F = 3 \times 4 - 2 \times 6 = 0$ 右上图：$F = 3 \times 5 - 2 \times 7 = 1$ 右下图：$F = 3 \times 3 - 2 \times 4 = 1$
铸造结构	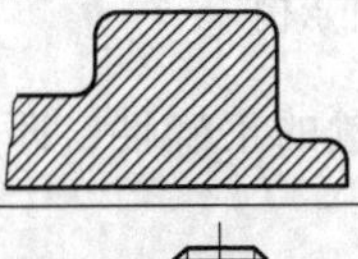	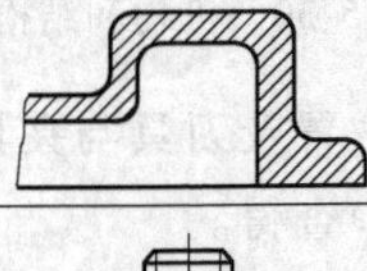	夹具铸造结构应壁厚均匀
使用球面垫圈	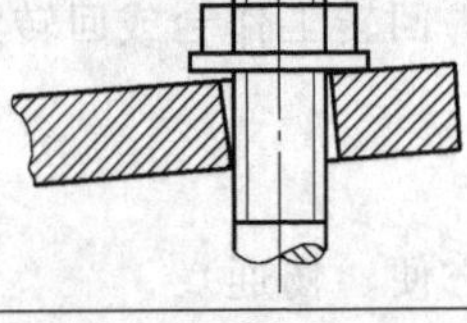	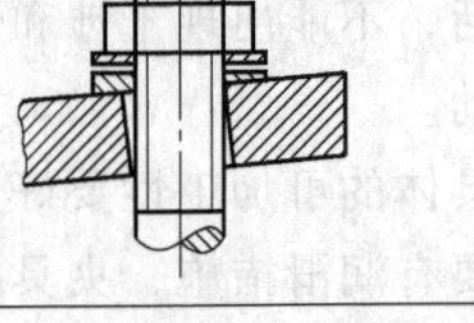	螺杆与压板有可能倾斜受力时，应采用球面垫圈，以免螺纹产生附加弯曲应力而破坏

项目	正误对比		简要说明
	错误的或不好的	正确的或好的	
菱形销安装方向			菱形销长轴应处于两孔连心线垂直方向上
考虑极限状态不卡死			摆动零件动作过程中不应卡死,应检查极限位置
联动机构的运动补偿			联动机构应操作灵活省力,不应发生干涉,可采用槽、长孔、高副等为补偿环节
摆动压块			压杆应能装入,并且当压杆上升时摆动压块不得脱落
可移动心轴			手轮转动时应保证心轴只移不转
移动 V 形架			1）V 形架移动副应便于制造、调整和维修 2）与夹具之间应避免大平面接触
耳孔方向			耳孔方向(即机床工作台面 T 形槽方向)应与夹具在机床上安放及刀具(机床主轴)之间协调一致,不应相互矛盾
加强筋的设置			加强筋应尽量放在使其承受压应力的方向

103

5.6 各类机床夹具设计要点

5.6.1 车床专用夹具

1. 车床专用夹具的基本类型

车床专用夹具主要是指安装在车床主轴上的夹具,加工时随车床主轴一起旋转,而切削刀具做进给运动。车床专用夹具有以下几种结构。

(1) 心轴类车床夹具 心轴类车床夹具适用于以工件内孔为定位基准、加工外圆柱面,如加工盘类、套类等回转体零件。心轴类车床夹具可分为锥柄式心轴和顶尖式心轴两种。锥柄式心轴以莫氏锥柄与机床主轴锥孔配合连接,用拉杆拉紧。顶尖式心轴以中心孔顶在车床前后顶尖上,由单拨盘配合鸡心夹头传递转矩。

(2) 角铁式车床夹具 角铁状的车床夹具称为角铁式车床夹具,也称为弯板夹具,其结构不对称,主要用于加工壳体、支座等非回转类零件上的回转面和端面。这种夹具应设置平衡块,以解决夹具旋转时的质量不平衡问题,必要时需设置防护罩,以确保工人操作安全。

(3) 卡盘类车床夹具 此类夹具适用于加工回转体或对称性零件,其结构基本上是对称的,回转时的质量不平衡影响较小。

(4) 花盘式车床夹具 花盘式车床夹具的基本特征是夹具体为一个大圆盘形零件,所装夹的工件一般形状都比较复杂。工件的定位基准大多是圆柱面和与圆柱面垂直的端面,因而工件大多是端面定位和轴向夹紧。

2. 车床专用夹具的设计要点

车床专用夹具的主要特点是夹具与车床主轴连接,工作时由车床主轴带动其回转。因此在设计车床专用夹具时应考虑以下几种因素。

1) 工件上加工表面的回转轴线应与车床主轴回转轴线同轴。当主轴出现高速转动、急制动等情况时,夹具与主轴之间的连接应该有防松装置。

2) 夹具一般在悬伸状态下工作,为保证车削时的稳定性,夹具的结构应尽量紧凑、轻便、悬臂尺寸短,重心靠近主轴。如对外廓直径小于150mm的夹具,其悬伸长度与直径之比应小于1.25。

3) 夹具上的各种元件或装置应安装可靠,尽量不要有径向凸出部分。

4) 只要结构空间允许,夹具设计都尽量兼顾安全操作防护措施,如必要的护板、护罩及封闭结构等。

5) 夹具应有必要的平衡措施,以消除旋转中的质量不平衡,减少主轴轴承的不正常磨损,避免产生振动和降低刀具使用寿命。平衡措施有设置质量和位置可调的平衡块或加工减重孔两种。在实际工作中,由于车床主轴的刚度较好,允许有一定程度的质量不平衡,常采用试配的方法来进行夹具的平衡工作。

6) 夹紧装置应夹紧迅速、可靠,产生的夹紧力必须足够大,自锁性能好。

车床专用夹具和圆磨床专用夹具有很多相似之处,两者都是装在机床主轴上,由主轴带动工件旋转,加工表面基本相同,夹具的主要类型也相似。因此,车床专用夹具的设计要点也适合于圆磨床专用夹具。

5.6.2　铣床专用夹具

1. 铣床专用夹具的主要类型

（1）直线进给的铣床专用夹具　这类夹具安装在铣床工作台上，加工中工作台按直线进给方式运动。为了提高夹具的工作效率，可采用联动夹紧机构和气动、液压传动装置以及多工位夹具等措施使加工的机动时间和装卸工件时间重合。

（2）圆周进给的铣床专用夹具　圆周铣削法是一种高效率的加工方法，其进给运动是连续的，能在不停车的情况下装卸工件，适用于大批量生产。圆周进给的铣床专用夹具一般在有旋转工作台的专用铣床上使用。在通用铣床上使用时，应增加回转工作台。

（3）机械仿形进给的靠模夹具　靠模夹具使主进给运动和由靠模获得的辅助运动合成为加工所需的仿形运动，用来加工各种直线曲面或空间曲面。按照进给运动的方式分为直线进给和圆周进给两种。采用靠模夹具可代替价格昂贵的靠模铣床，在一般的万能铣床、刨床上就能加工出所需要的成形面。

2. 铣床专用夹具的设计要点

因为铣削加工的切削用量和切削力一般较大，又是断续切削，切削力的大小和方向随时都在变化，所以夹具要有足够的刚度和强度，夹紧装置应有足够的夹紧力，自锁性能要好。夹具的重心要尽量低，其高度与宽度之比应为1∶1.25，并有足够的排屑空间。粗铣时振动较大，不宜采用偏心夹紧机构。在确定夹紧方案时，夹紧力作用点应作用在工件刚度较大的部位上。工件与主要定位元件的定位表面接触面积要尽可能大。

为了调整和确定夹具与机床工作台轴线的相对位置，在夹具体的底面应设有两个定位键，精度高的宜采用夹具体上的找正基准面。

为了调整和确定夹具与铣刀的相对位置，应正确选用对刀元件。对刀元件应设置在铣刀开始切入工件的一端，且使用塞尺方便和易于观察的位置。

切屑和切削液应能顺利排出，必要时应增设排屑装置。

夹具体上应设置耳座，以方便夹具在工作台上的固定。对于小型夹具体，可在两端各设置一个耳座；夹具体较宽时，可在两端各设置两个耳座。两耳座的距离应与铣床工作台的两个T形槽的距离一致。较大的铣床夹具的夹具体两端还应设置吊装孔或吊环。

刨床专用夹具的结构和工作原理与铣床专用夹具相近，其设计要点可参照上述内容。

5.6.3　钻床专用夹具

1. 钻床专用夹具的主要类型

在钻床上用于钻、扩、铰各种孔所使用的夹具，称为钻床专用夹具。这类夹具均装有钻套以及安装钻套用的钻模板，故习惯称为钻模。钻模的结构形式很多，根据特点可分为以下几类。

（1）固定式钻模　这种钻模固定在钻床工作台上，夹具体上设有专供夹压用的凸缘或凸边，钻孔或孔系精度比较高。在立式钻床上使用时一般只能加工单孔。加工前，可先将装在主轴上的定尺寸刀具或高精度的心轴伸入钻套中，以找正钻模的位置，然后将其压紧在钻床工作台上。若要加工一组平行孔系，需要在机床主轴上安装多轴传动头。固定式钻模用于摇臂钻床时，常用于加工位于同一钻削方向上的平行孔系。

（2）回转式钻模　在钻削过程中，回转式钻模使用较多，主要用于加工同一圆周上的平行孔系或分布在圆周上的径向孔。这类钻模可分为立轴、卧轴和斜轴回转三种基本形式，而钻套一般是固定的。由于回转工作台已标准化，并作为机床附件由专业厂供应，故回转式钻模常与标准回转工作台联合使用。

（3）翻转式钻模　这类钻模没有转轴和分度装置，使用时要手工翻转，故钻模连同工件的质量不能太重，一般为 8～10kg，以减轻工人的劳动强度。使用翻转式钻模可减少工件装夹次数，以利于保证工件上各孔之间的位置精度，主要用于加工分布在不同表面上的孔系的小型工件。

（4）盖板式钻模　这类钻模没有夹具体，实际上是一块钻模板。加工时钻模板像盖子一样覆盖在工件上，其上除钻套外，还装有定位元件，必要时还可设置夹紧装置。盖板式钻模结构简单，清除切屑方便，适用于加工大而笨重的工件，也适用于中小批生产中钻孔后立即进行倒角、锪面、攻螺纹等工步的情况。

（5）滑柱式钻模　滑柱式钻模是一种应用广泛的中小型通用夹具，能够在两个滑柱的引导下进行上下移动，在手动或者气、液动力作用下，能够快速压紧工作，具有工件装夹方便、夹紧动作迅速、操作简便、易于实现自动化控制等优点，尤其适合于一些小型工件的孔加工。所以，在专业化生产和小批量生产中，滑柱式钻模都得到了广泛的应用。

滑柱式钻模的结构已标准化，使用时可根据工件的形状、尺寸和加工要求等具体情况，专门设计制造相应的定位元件、夹紧装置和钻套等，安装在夹具体的平台或钻模板上的适当位置后，就可用于加工。

2. 钻床专用夹具的设计要点

（1）钻模类型的选择　钻模类型很多，在设计钻模时，首先需要根据工件的结构形状、尺寸大小、质量、加工要求和批量来选择钻模的类型，具体要注意以下几点：

1）孔或孔系加工精度较高或被钻孔直径大于 10mm，特别是加工钢件时，宜采用固定式钻模。

2）对于孔与端面的垂直度或孔中心距要求不高的中小型工件，宜采用滑柱式钻模。若孔与端面的垂直度公差小于 0.1mm，孔距位置公差小于 ±0.15mm 时，一般不宜采用滑柱式钻模。

3）钻模板和夹具体为焊接的钻模，因焊接应力不能彻底消除，精度不能长期保持，故一般在工件孔距公差要求不高（不小于 ±0.15mm）时才采用。

（2）钻模板的设计　钻模板供安装钻套用，大多装配在夹具体或支架上，也可与夹具体铸成一体。设计钻模板时应注意以下几点：

1）钻模板上用于安装钻套的孔与孔之间及孔与定位元件之间应有足够的位置精度，且与钻模板的结构形式和在夹具上的定位方式有关。对于装配式钻模板，容易保证钻套孔之间的位置精度；对于悬挂式钻模板，由于钻模板的定位采用滑动连接，被加工孔与定位基准之间的位置精度不高，只能达到 ±(0.15～0.25)mm。

2）钻模板应具有足够的刚度，以保证钻套位置的准确性，但不能太厚、太重，一般不宜承受夹紧力，必要时可布置加强筋以提高钻模板的刚度。

3）要保证加工的稳定性。如悬挂式钻模板导杆上的弹簧力必须足够，使钻模板在夹具

106

上能维持足够的定位压力。钻模板本身质量超过 80kg 时，导杆上可不加装弹簧。

（3）支脚设计　为保证钻模平稳可靠地放置在钻床工作台上，减少夹具体底面与工作台的接触面积，一般应在夹具体上设置支脚，尤其是翻转式钻模。支脚的截面可以是矩形或圆柱形。支脚可与夹具体制作成一体，也可制作成装配式。支脚必须设置四个，以及时发现支脚是否放正。注意支脚尺寸应大于 T 形槽的宽度，以免陷入槽中。钻模的重心和钻削进给力必须落在四个支脚所形成的支承面内，钻套轴线应与支脚所形成的支承面垂直或平行。

（4）钻套的选择和设计　钻套是钻模中的重要元件，用于引导刀具进行钻削，减少振动，保证加工精度，其选择和设计请见本章 5.2 节中引导元件部分。

5.6.4　镗床专用夹具

镗床专用夹具主要用于在镗床上加工箱体、支座等零件上的孔或孔系，多由镗套来引导镗杆和镗刀进行镗孔，简称镗模。在缺乏镗床的情况下，则通过使用镗模来扩大车床、摇臂钻床的工艺范围进行镗孔，所以镗床夹具在生产中应用较广泛。在一般情况下，镗模有钻模的特点，即孔或孔系的位置精度主要由夹具保证。由于箱体孔系的加工精度一般要求较高，因此镗模的制造精度要比钻模高得多。

1. 镗床专用夹具的主要类型

根据镗套的布置形式，镗床专用夹具分为以下几种。

（1）单支承导向　这类镗模只用一个位于刀具前面或后面的镗套引导，镗杆和机床主轴采用刚性连接，镗杆的一端直接插入机床主轴的莫氏锥孔中，以使镗套的中心与主轴轴线重合。机床主轴的回转精度会影响镗孔精度。由于镗套相对刀具的位置不同，有单支承前导向（图 5-31 所示）和单支承后导向（图 5-32）两种，适用的加工场合也有差异。

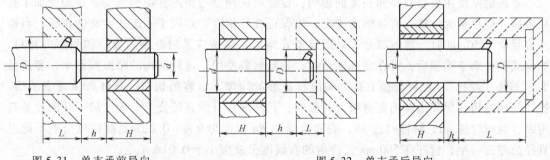

图 5-31　单支承前导向　　　　　　图 5-32　单支承后导向

单支承前导向即镗套布置在刀具前方，适用于加工孔径 $D > 60\text{mm}$、长径比 $L/D < 1$ 的通孔，在加工过程中便于观察和测量。单支承后导向即镗套布置在刀具的后方，具体又分为两种应用情况：加工 $L/D < 1$ 的短孔时，镗杆导向部分直径可大于所加工孔的直径，镗杆粗、刚度好、加工精度高；加工 $L/D > 1$ 的长孔时，镗杆导向部分直径应小于所加工孔的直径，使镗杆导向部分能够进入孔内，以减少镗杆在镗套与所加工孔端面之间的悬伸量。

（2）双支承导向　在这类镗模中，镗杆和机床主轴采用浮动接头连接，镗杆的旋转精度主要取决于镗杆与镗套的配合精度，所镗孔的位置精度主要取决于镗模板上镗套的位置精度。双支承导向有前后引导的双支承导向（图 5-33）和后引导的双支承导向（图 5-34）两种。

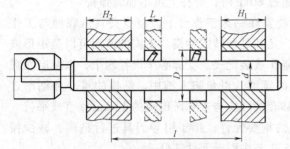

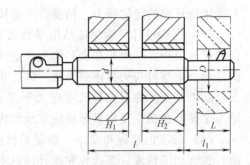

图 5-33　前后引导的双支承导向　　　　　　　图 5-34　后引导的双支承导向

前后引导的双支承导向即镗套分别安装在工件的两侧，主要适用于加工孔径较大、长径比 $L_孔/D > 1.5$ 的孔或一组同轴线的通孔，其缺点是镗杆较长，刚度差，更换刀具不方便。如果工件的前后孔相距较远，当镗套间的距离 $l > 10d$（d 为镗杆直径）时，应增加中间引导支承，以提高镗杆的刚度。当采用预先装好的几把单刃刀具同时镗削同一轴线上直径相同的一组通孔时，在镗模上应设置"让刀"机构，以使镗刀快速通过，待刀具通过后，再回复原位。

在某些情况下，因条件限制不能使用前后双引导时，可在刀具的后方布置两个镗套即后引导的双支承导向形式。这种方法既有前一种方法的优点，又避免了它的缺点。由于镗杆为悬臂梁，故镗杆伸出来的距离不得大于镗杆直径的 5 倍。它的优点是装卸工件方便，装卸刀具容易，加工过程中便于观察、测量。

2. 镗床专用夹具的设计要点

（1）镗孔工具的设计　镗孔工具包括切削刀具和辅助工具。镗床夹具的结构和尺寸与其所用的镗孔工具有密切的关系，一般在设计镗模结构前须先确定镗孔工具。

镗杆的刚度主要受直径和长度的影响，设计时需确定适当的直径和长度。直径受加工孔径限制，应尽量大一些，有足够的刚度，以保证镗孔精度。对用于固定式镗套的镗杆，当镗杆直径大于 50mm 时，导向部分常采用镶条式结构。镶条应采用摩擦因数小和耐磨的材料，如铜或钢。镶条磨损后，可在底部加垫片，重新修磨使用。这种结构的摩擦面积小，容屑量大，不易"咬死"。镗杆与加工孔之间应有足够的间隙，以容纳切屑，具体数值可查手册。镗杆的制造精度对其回转精度有很大的影响，其导向部分的直径公差一般比加工孔的公差高两级，粗镗时选 $g6$，精镗时选 $g5$，表面粗糙度 Ra 值选为 $0.4 \sim 0.2\mu m$，圆柱度公差不超过直径公差的一半，镗杆在 500mm 长度内的直线度公差应小于 0.01mm。

（2）支架和底座的设计　镗模支架和底座多为铸铁件，常分开制造，以利于夹具的加工、装配和时效处理。支架用来安装镗套和承受切削力。要求支架和底座有足够的刚度、强度和尺寸稳定性。

为了增加支架的刚度，支架和底座的连接要牢固。一般用圆柱销和螺钉紧固，尽量避免采用焊接结构，还应避免承受夹紧力。支架的厚度应根据高度来确定，一般取 15～25mm。为了增加底座的刚度，底座应采用十字形加强筋，底座上应有找正基准面，以便夹具的制造和装配。为了使镗模在机床上安装牢固，应设置适当数量的耳座。底座上还应有起吊用的吊环螺钉或起重螺栓，以便夹具的搬运。

（3）镗套的选择和设计　镗套是镗模中的重要元件，其选择和设计请见本章 5.2 节中引导元件部分。

第6章 数控编程

6.1 基于 Power MILL 的铣削加工数控编程

PowerMILL 是英国 Delcam Plc 公司出品的功能强大、加工策略丰富的数控加工编程软件系统。它采用全新的中文 Windows 用户界面，提供完善的加工策略，帮助用户产生最佳的加工方案，从而提高加工效率，减少手工修整，快速产生粗、精加工路径，并且任何方案的修改和重新计算几乎在瞬间完成，缩短 85% 的刀具路径计算时间，对 2 ~ 5 轴的数控加工包括刀柄、刀夹进行完整的干涉检查与排除，具有集成一体的加工实体仿真，方便用户在加工前了解整个加工过程及加工结果，节省加工时间。

PowerMILL 支持包括 IGES、VDA-FS、STEP、ACIS、Parasolid、Pro/E、CATIA、UG、IDEAS、SolidWorks、SolidEdge、Cimatron、AutoCAD、Rhino 3DM、Delcam DGK 和 Delcam Parts 在内的广泛的 CAD 系统数据资料的输入。它具有良好的容错能力，即使输入模型中存在间隙，也可产生出无过切的加工路径。如果模型中的间隙大于公差，PowerMILL 将提刀到安全 Z 高度；如果模型间隙小于公差，刀具则将沿工件表面加工，跨过间隙。

PowerMILL 用户界面，如图 6-1 所示。

图 6-2 所示凸形台的加工分为 3 个步骤，即粗加工、半精加工和精加工。每个加工步骤的加工方式、刀具类型、刀具参数、公差和加工余量，见表 6-1。

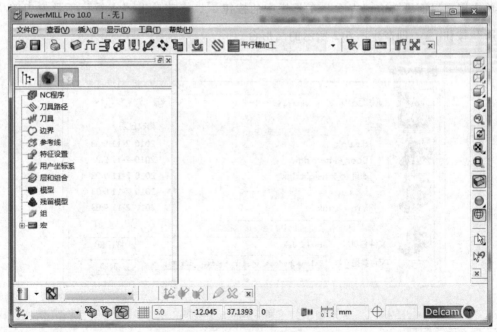

图 6-1　PowerMILL 用户界面

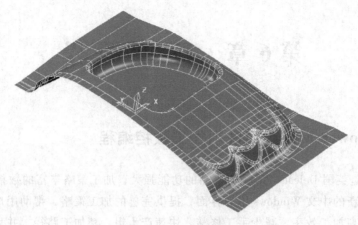

图 6-2　凸形台

表 6-1　工艺参数表

序号	加工步骤	加工方式	刀具类型	刀具参数	公差	加工余量
1	粗加工	偏置区域清除模型	刀尖圆角端铣刀[一]	D8R1	0.1	0.5
2	半精加工	等高精加工	刀尖圆角端铣刀	D8R0.5	0.05	0.2
3	精加工	平行精加工	球头刀	D8	0.01	0

6.1.1　模型输入

选择下拉菜单中的"文件"→"输入模型"命令，弹出图 6-3 所示的"输入模型"对话框。在此对话框内选择并打开 powermill 安装目录下 examples 目录下的模型文件 tacia.dgk。然后单击用户界面最右边"查看"工具栏中的按钮 ，接着单击"查看"工具栏中的"平面阴影"按钮 ，即产生图 6-2 所示的凸形台。

图 6-3　"输入模型"对话框

[一]　按照国家标准，应用面铣刀，但为与软件一致，本章仍用端铣刀。

6.1.2 毛坯定义

单击用户界面上部"主要"工具栏中的"毛坯"按钮 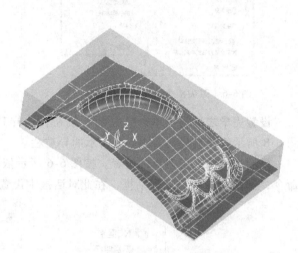，弹出图6-4所示的"毛坯"对话框。单击此对话框中的"计算"按钮，然后单击"接受"按钮，则绘图区变为图6-5所示的模型。

图6-4 "毛坯"对话框

图6-5 定义毛坯之后的模型

6.1.3 刀具定义

由表6-1可得，此模型的加工共需3把刀具，即2把刀尖圆角端铣刀和1把球头刀。

如图6-6所示，右击用户界面左边导航栏中的"刀具"，依次选择"产生刀具"→"刀尖圆角端铣刀"命令，弹出图6-7所示的"刀尖圆角端铣刀"对话框。

在此对话框中设置如下参数。

1）"名称"设置为T1D8R1。

2）"直径"设置为8。

3）"刀尖半径"设置为1。

设置完毕之后，单击"关闭"按钮。此时在用户界面左边的导航栏中将显示刚才设置的刀具，如图6-8所示。

上述步骤完成了粗加工使用刀具的设置。半精加工使用的刀具类型和粗加工相同，区别只是参数不同。按上述步骤再次产生图6-7所示的"刀尖圆角端铣刀"对话框，在此对话框中设置如下参数。

1）"名称"改为T2D8R0.5。

2）"直径"设置为8。

3）"刀尖半径"设置为0.5。

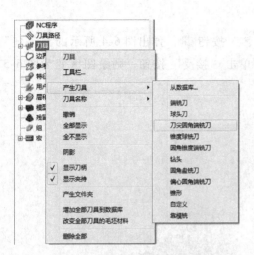

图 6-6　刀尖圆角端铣刀的选择

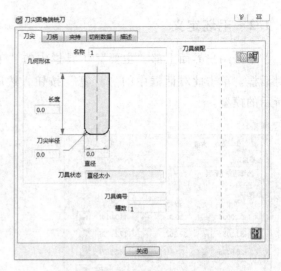

图 6-7　"刀尖圆角端铣刀"对话框

设置完毕之后再次单击"关闭"按钮，这样就完成了半精加工使用刀具的设置。此时图 6-8 所示的导航栏变为图 6-9 所示的导航栏。

最后进行精加工刀具的设置。按图 6-6 所示依次选择"刀具"→"产生刀具"→"球头刀"命令，弹出"球头刀"对话框，在此对话框中设置图 6-10 所示的参数。

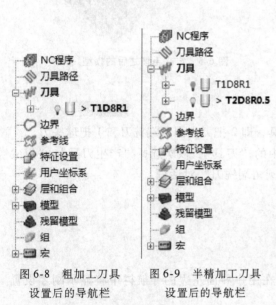

图 6-8　粗加工刀具　图 6-9　半精加工刀具
设置后的导航栏　　　设置后的导航栏

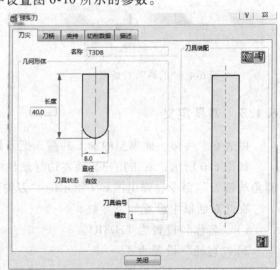

图 6-10　"球头刀"对话框

1）"名称"改为 T3D8。

2）"直径"设置为 8。

设置完毕之后单击"关闭"按钮，此时导航栏如图 6-11 所示。

6.1.4　进给和转速设置

单击用户界面上部"主要"工具栏中的"进给和转速"按钮 ⚙，弹出图 6-12 所示的

112

"进给和转速"对话框。

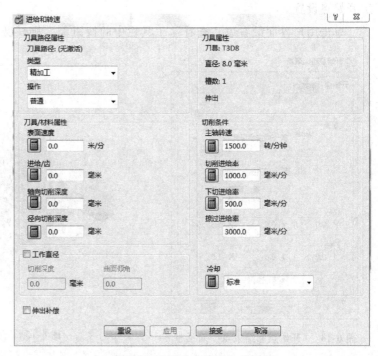

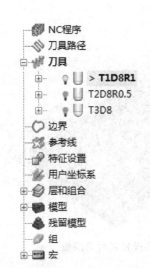

图 6-11 精加工设置后的导航栏　　图 6-12 "进给和转速"对话框

在此对话框中设置如下参数:

1)"主轴转速"设置为 1500。

2)"切削进给率"设置为 1000。

3)"下切进给率"设置为 500。

4)"掠过进给率"设置为 3000。

设置完毕之后,单击"接受"按钮,这样就完成了进给和转速的设置。

6.1.5　快进高度设置

单击用户界面上部"主要"工具栏中的"快进高度"按钮 ,弹出图 6-13 所示的"快进高度"对话框。

在此对话框中单击"按安全高度重设"按钮,然后再单击"接受"按钮,这样就完成了快进高度的设置。

6.1.6　加工开始点设置

单击用户界面上部"主要"工具栏中的"开始点"按钮 ,弹出图 6-14 所示的"开始点和结束点"对话框。单击"接受"按钮,这样就完成了加

图 6-13 "快进高度"对话框

工开始点设置。

单击用户界面最右边"查看"工具栏中的按钮 ⬚，则模型如图 6-15 所示。

图 6-14 "开始点和结束点"对话框

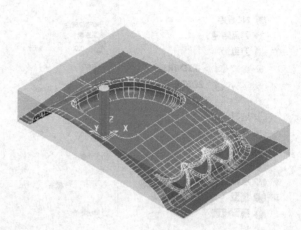

图 6-15 开始点设置之后的模型

6.1.7 粗加工刀具路径的生成

单击用户界面上部"主要"工具栏中的"刀具路径策略"按钮 🐾，弹出图 6-16 所示的"策略选取器"对话框。

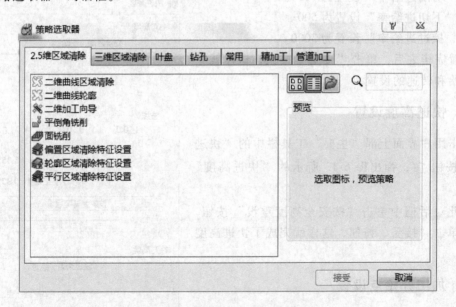

图 6-16 "策略选取器"对话框

单击"三维区域清除"选项卡，然后选择"偏置区域清除模型"，如图 6-17 所示，单击"接受"按钮将弹出图 6-18 所示的"偏置区域清除【模型加工】"对话框。

114

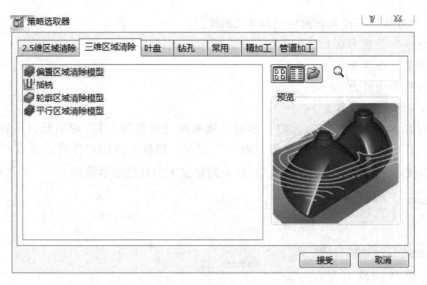

图 6-17 粗加工策略

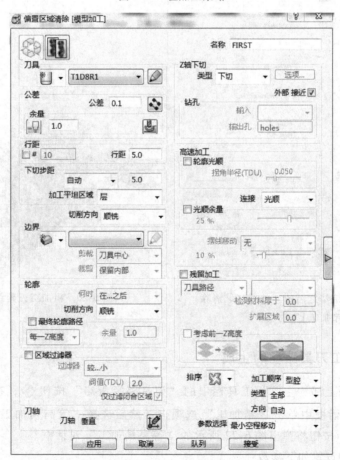

图 6-18 "偏置区域清除【模型加工】"对话框

在此对话框中设置如下参数：

1）"名称"设置为 FIRST。

2）在"刀具"下拉列表框中选择 T1D8R1。

3）"公差"设置为 0.1。

4）"余量"设置为 0.5。

5）"行距"设置为 5。

6）"下切步距"设置为 3。

图 6-19 所示为设置完毕之后的"偏置区域清除【模型加工】"对话框，然后单击"应用"按钮。刀具路径生成之后，单击"取消"按钮，接着单击用户界面最右边"查看"工具栏中的按钮 ，用户界面产生图 6-20 所示的粗加工刀具路径示意图。

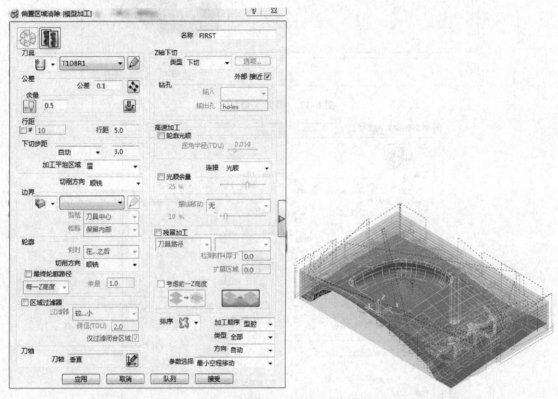

图 6-19　设置完毕之后的"偏置区域清除
【模型加工】"对话框

图 6-20　粗加工刀具路径示意图

6.1.8　半精加工刀具路径的生成

单击用户界面上部"主要"工具栏中的"刀具路径策略"按钮 ，在图 6-16 所示的"策略选取器"对话框中单击"精加工"选项卡，然后选择"等高精加工"，如图 6-21 所示。单击"接受"按钮将弹出图 6-22 所示的"等高精加工"对话框。

在此对话框中设置如下参数：

1）"名称"设置为 SECOND。

2）在"刀具"下拉列表框中选择 T2D8R0.5。

3）"公差"设置为 0.05。

116

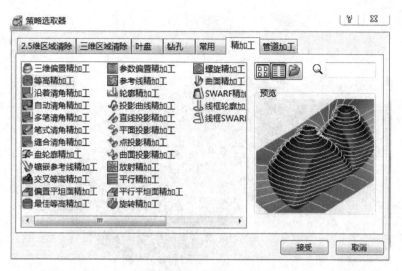

图 6-21 半精加工策略

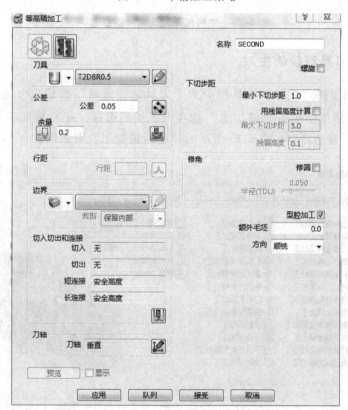

图 6-22 "等高精加工"对话框

4)"余量"设置为0.2。

5)"最小下切步距"设置为1.0。

参数设置完毕之后,单击"应用"按钮。刀具路径生成之后,单击"取消"按钮,再单击用户界面最右边"查看"工具栏中的按钮,用户界面产生图6-23所示的半精加工刀具路径示意图。

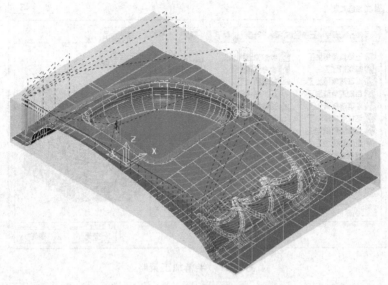

图 6-23　半精加工刀具路径示意图

6.1.9　精加工刀具路径的生成

　　单击用户界面上部"主要"工具栏中的"刀具路径策略"按钮 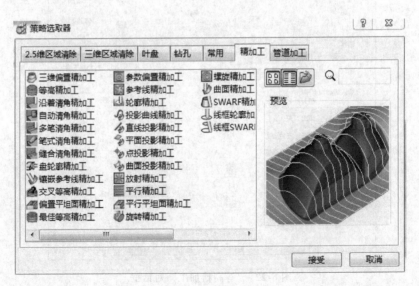，在图 6-16 所示的"策略选取器"对话框中单击"精加工"选项卡，然后选择"平行精加工"，如图 6-24 所示，单击"接受"按钮将弹出图 6-25 所示的"平行精加工"对话框。

图 6-24　精加工策略

　　在此对话框中设置如下参数：

1）"名称"设置为 THIRD。

2）在"刀具"下拉列表框中选择 T3D8。

3）"公差"设置为 0.01。

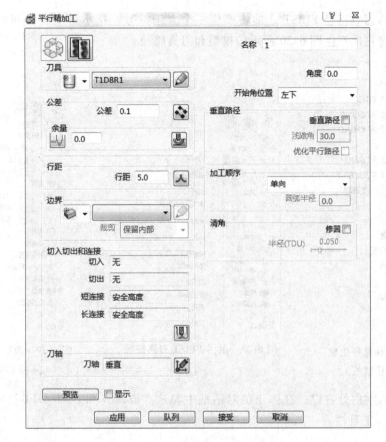

图 6-25 "平行精加工"对话框

4)"余量"设置为 0。

5)"行距"设置为 1.0。

6)"角度"设置为 45。

7)选择"垂直路径"。

8)"浅滩角"设置为 60。

参数设置完毕后,单击"应用"按钮。刀具路径生成后,单击"取消"按钮,接着单击用户界面最右边"查看"工具栏中的按钮 ⬚,用户界面产生图 6-26 所示的精加工刀具路径示意图。

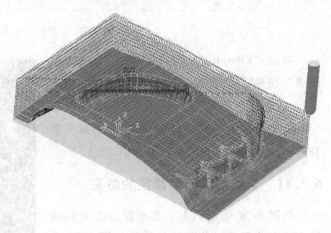

图 6-26 精加工刀具路径示意图

上述 3 个步骤生成了加工此模型的全部刀具路径,此时导航栏如图 6-27 所示。

6.1.10 粗加工刀具路径的仿真

将鼠标移至导航栏中"刀具路径"下的 FIRST,然后右击,选择"激活"命令,如图 6-28 所示。

激活之后的刀具路径 FIRST 之前将产生一个大于符号，指示灯变亮，如图 6-29 所示，同时用户界面将再次产生图 6-20 所示的模型和刀具路径。

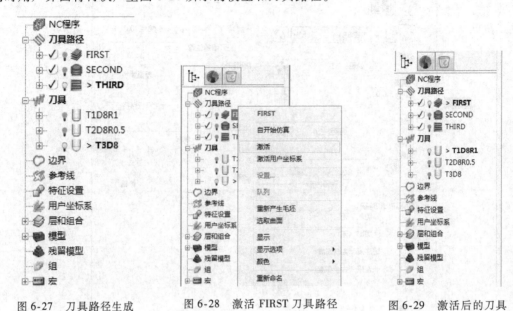

图 6-27　刀具路径生成　　　　图 6-28　激活 FIRST 刀具路径　　　图 6-29　激活后的刀具
　　　　之后的导航栏　　　　　　　　　　　　　　　　　　　　　　　　　　路径 FIRST

在工具栏的空白处右键，在弹出的对话框中勾选"仿真"和"ViewMill"，弹出图 6-30 所示的"仿真"工具栏。

图 6-30　"仿真"工具栏

单击"ViewMill"工具栏中的"普通阴影图像"按钮，此时用户界面将出现一个灰色的毛坯，最后单击"仿真"工具栏中的"开始/重新开始仿真"按钮 ▷ 进行粗加工刀具路径的仿真，仿真结果如图 6-31 所示。

6.1.11　半精加工刀具路径的仿真

按图 6-28 所示的方法将半精加工刀具路径 SECOND 激活，此时的导航栏如图 6-32 所示，同时用户界面将再次产生图 6-23 所示的模型和刀具路径。

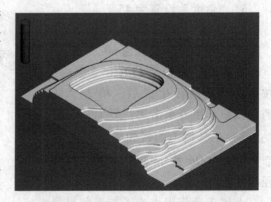

图 6-31　粗加工刀具路径的仿真结果

单击"ViewMill"工具栏中的"普通阴影图像"按钮，单击"仿真"工具栏中的"开始/重新开始仿真"按钮 ▷ 进行半精加工刀具路径的仿真。图 6-33 所示为半精加工刀具路径的仿真结果。

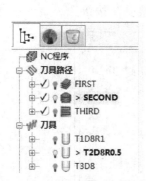

图 6-32　激活后的刀具路径 SECOND

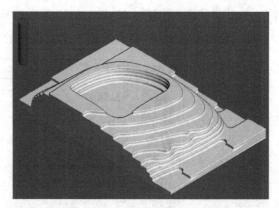

图 6-33　半精加工刀具路径的仿真结果

6.1.12　精加工刀具路径的仿真

按上述方法将精加工刀具路径 THIRD 激活，单击"ViewMill"工具栏中的"普通阴影图像"按钮，单击"仿真"工具栏中的"开始/重新开始仿真"按钮，这样就开始精加工刀具路径的仿真。图 6-34 所示为精加工刀具路径的仿真结果。

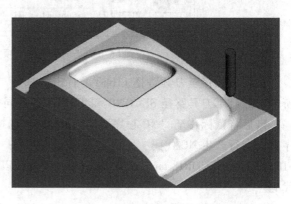

图 6-34　精加工刀具路径的仿真结果

6.1.13　NC 程序的生成

如图 6-35 所示，将鼠标移至导航栏中的"NC 程序"，然后右击，选择"参数选择……"命令，将弹出图 6-36 所示的"NC 参数选择"对话框。

图 6-35　NC 程序参数选择

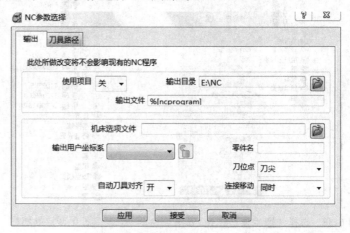

图 6-36　"NC 参数选择"对话框

在此对话框中单击"输出目录"右边的"浏览选取输出目录"按钮，选择路径 D：\TEMP（此文件夹必须存在），接着单击"机床选项文件"右边的"浏览选取读取文件"按钮 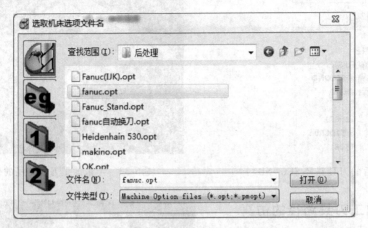，将弹出图 6-37 所示的"选取机床选项文件名"对话框，选择 fanuc.opt 文件
并打开。最后单击"NC 参数选择"对话框中的"应用"和"接受"按钮。

图 6-37 "选取机床选项文件名"对话框

再将鼠标移至刀具路径 FIRST，右击，选择"产生独立的 NC 程序"命令，如图 6-38
所示，然后对刀具路径 SECOND 和 THIRD 进行同样的操作。此时导航栏，如图 6-39 所示。

最后将鼠标移至"NC 程序"，然后右击，选择"全部写入"命令，如图 6-40 所示，程
序自动运行产生 NC 代码。完毕之后在文件夹 D：\ TEMP 下将产生 3 个 tap 格式的文件，即
FIRST.tap、SECOND.tap 和 THIRD.tap。读者可以通过记事本方式打开这 3 个文件查看 NC
代码。

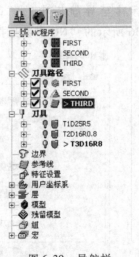

图 6-38 选择"产生独立的 NC 程序"命令　　图 6-39 导航栏　　图 6-40 写入 NC 程序

6.1.14 保存

单击用户界面上部"主要"工具栏中的"保存此 PowerMILL 项目"按钮 ![按钮]，弹出图

122

6-41所示的"保存项目为"对话框。在此对话框中，以文件名"1.1"保存项目在路径 D：\TEMP 下。

此时可以看到在文件夹 D：\ TEMP 下将存在 4个文件，即 FIRST. tap、SECOND. tap、THIRD. tap 和项目文件1.1。项目文件的按钮为，其功能类似于文件夹，在此项目的子路径中保存了这个项目的信息，包括毛坯信息、刀具信息和刀具路径信息等。

图 6-41 "保存项目为"对话框

6.2 基于 Caxa 数控车的车削加工数控编程

Caxa 数控车系统界面和其他 Windows 风格的软件一样，各种应用功能通过菜单栏和工具栏驱动；状态栏指导用户进行操作并提示当前状态和所处位置；绘图区显示各种绘图操作的结果。同时，绘图区和参数栏为用户实现各种功能提供数据的交互。Caxa 数控车界面，如图6-42所示。数控编程对象，如图 6-43 所示。

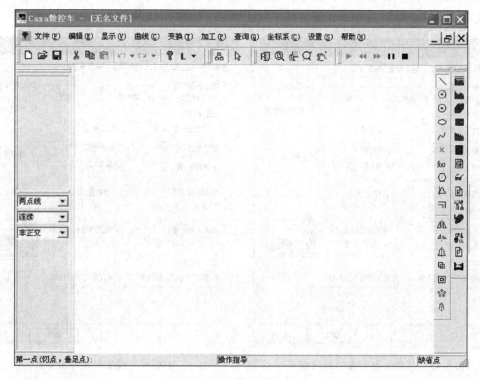

图 6-42 Caxa 数控车界面

6.2.1 绘制零件图和毛坯图

按照零件尺寸绘制零件图。零件图绘制完成后，再接着绘制毛坯外形，如图 6-44 所示。因为车床上的工件都是回转体，所以图形只需绘出一半即可。注意图形的线条，不能出现断点，交叉，重叠。否则会导致 Caxa 数控车软件无法生成刀具轨迹。

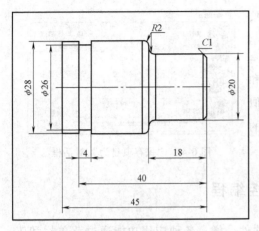

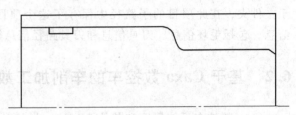

图 6-43 数控编程对象   图 6-44 绘制零件图和毛坯图

6.2.2 轮廓粗车

选择菜单中的"轮廓粗车"命令，出现"粗车参数表"对话框，如图 6-45 所示。

选择"加工参数"选项卡，设置粗车加工参数，如图 6-46 所示。

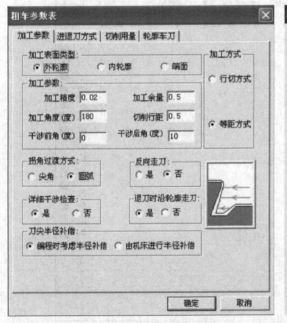

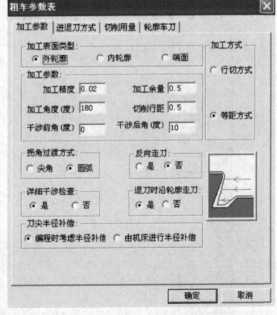

图 6-45 "粗车参数表"对话框   图 6-46 设置粗车加工参数

选择"轮廓车刀"选项卡，设置刀具参数，如图 6-47 所示。

选择"切削用量"选项卡，设置切削用量参数，如图 6-48 所示。

选择"进退刀方式"选项卡，设置进退刀方式参数，如图 6-49 所示。

6.2.3 轮廓精车

选择菜单中的"轮廓精车"命令，出现"精车参数表"对话框，如图 6-50 所示。

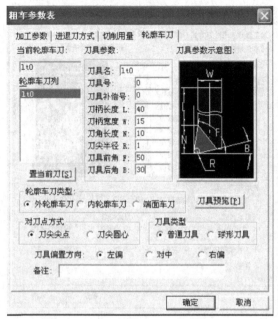

图 6-47 设置刀具参数

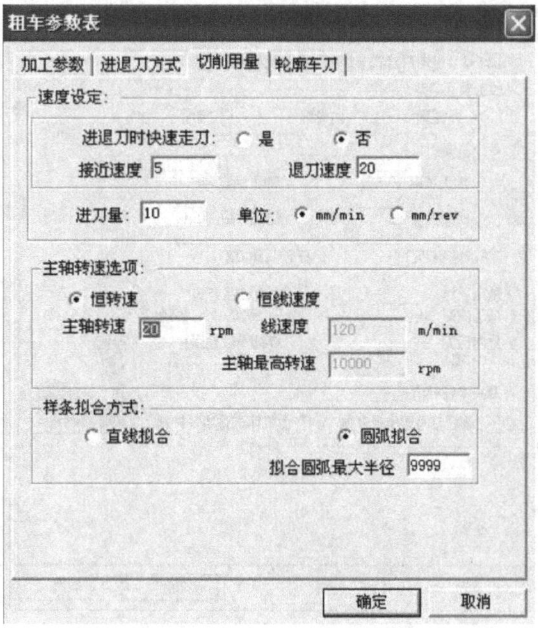

图 6-48 设置切削用量参数

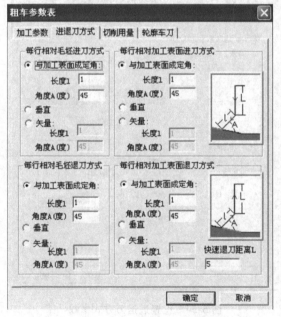

图 6-49 设置进退刀方式参数

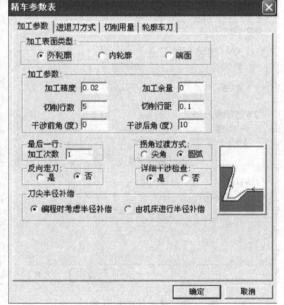

图 6-50 "精车参数表"对话框

选择"加工参数"选项卡，设置精车加工参数，如图 6-51 所示。

选择"轮廓车刀"选项卡，设置刀具参数，如图 6-52 所示。

选择"切削用量"选项卡，设置切削用量参数，如图 6-53 所示。

选择"进退刀方式"选项卡，设置进退刀方式参数，如图 6-54 所示。

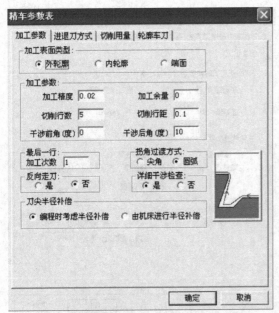

图 6-51 设置精车加工参数

图 6-52 设置刀具参数

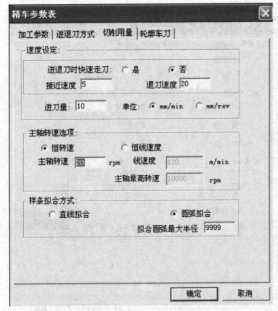

图 6-53 设置切削用量参数

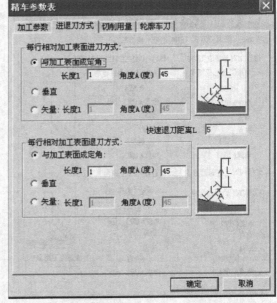

图 6-54 设置进退刀方式参数

6.2.4 拾取被加工工件表面轮廓、毛坯轮廓和进退刀点

拾取时，注意把左下角的链拾取方式改为单个拾取。拾取工件表面时要按照加工的方向拾取。右击表示拾取结束。拾取工件表面结束时，要注意左下角的文字提示。进退刀点要稍微远离工件，右击表示选择完毕，如图 6-55 所示。

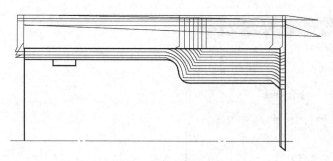

图 6-55　轮廓粗精车轨迹

6.2.5　切槽

选择菜单中的"切槽"命令，出现"切槽参数表"对话框，选择"切槽加工参数"选项卡，设置切槽加工参数，如图 6-56 所示。

选择"切槽刀具"选项卡，设置切槽刀具参数，如图 6-57 所示。

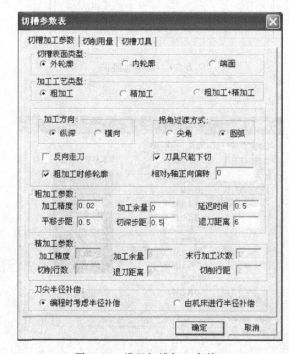

图 6-56　设置切槽加工参数 1

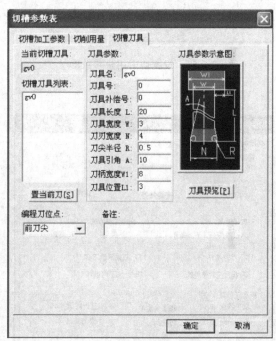

图 6-57　设置切槽刀具参数 1

选择"切槽用量"选项卡，设置切削用量参数，如图 6-58 所示。

拾取被加工工件槽表面轮廓，拾取进退刀点。生成切槽轨迹，如图 6-59 所示。

6.2.6　切断

选择菜单中的"切槽"命令，出现"切槽参数表"对话框，选择"切槽加工参数"选项卡，设置切槽加工参数，如图 6-60 所示。

选择"切槽刀具"选项卡，设置切槽刀具参数，如图 6-61 所示。

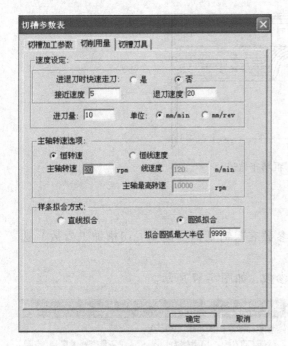

图 6-58 设置切削用量参数 1

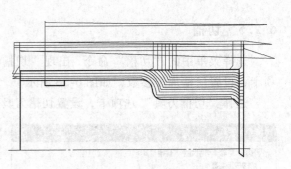

图 6-59 切槽轨迹图

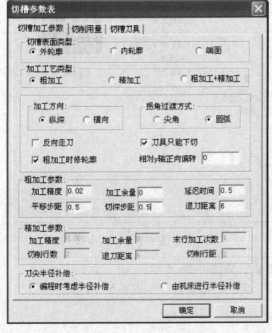

图 6-60 设置切槽加工参数 2

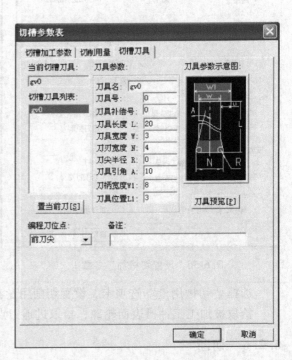

图 6-61 设置切槽刀具参数 2

选择"切削用量"选项卡,设置切削用量参数,如图 6-62 所示。

拾取被加工工件槽表面轮廓,拾取进退刀点。生成的切断轨迹,如图 6-63 所示。

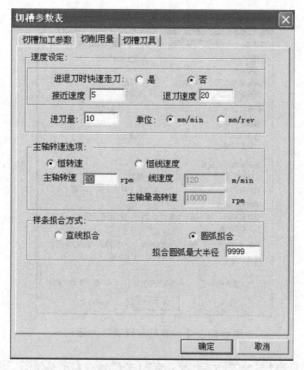

图 6-62　设置切削用量参数 2

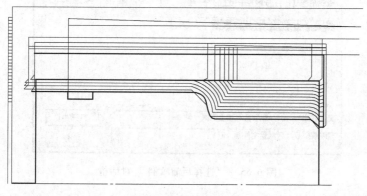

图 6-63　切断轨迹图

6.2.7　后置处理和生成程序

生成代码就是按照当前机床类型的配置要求，把已经生成的加工轨迹转化生成 G 代码数据文件，即 CNC 数控程序，有了数控程序就可以直接输入机床进行数控加工。选择菜单中的"后置处理"命令，设置"后置处理设置"对话框，如图 6-64 所示。

选择菜单中的"生成代码"命令，出现"选择后置文件"对话框，输入后置文件名，拾取刀具轨迹，如图 6-65 所示。

选择菜单中的"查看代码"命令，选择前面生成的 .cut 代码文件，将生成的".cut 文件"另存为".cnc 文件"，完成数控编程。打开记事本，选择保存的 cnc 文件，就可以查看代码了。

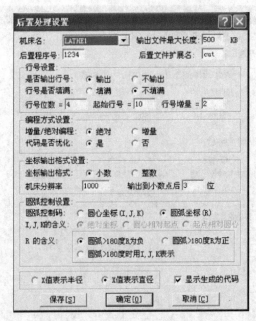

图 6-64　"后置处理设置"对话框

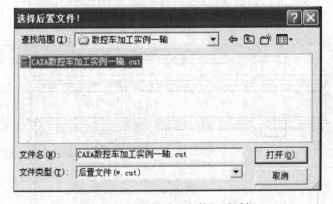

图 6-65　"选择后置文件"对话框

第7章 机械制造技术基础课程设计实例

7.1 泵盖零件课程设计实例

1. 设计说明书

机械制造技术基础课程设计说明书封面如图7-1所示。

机械制造技术基础

课程设计说明书

设计题目：泵盖零件的机械加工工艺规程及其夹具设计

系 ：_____

专　　业：_____

学生姓名：_____

班级/学号：_____

指导教师：_____

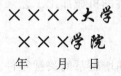

年　月　日

图7-1　机械制造技术基础课程设计说明书封面

2. 设计任务书

机械制造技术基础课程设计任务书如图7-2所示。

××××大学

机械制造技术基础课程设计任务书

机电工程学院　系：＿＿＿＿＿＿＿＿专业：＿＿＿＿＿＿＿

　　　　　　　学生姓名：＿＿＿＿＿＿＿班级/学号：＿＿＿＿＿＿

题目：年生产200件泵盖零件的机械加工工艺规程和典型夹具设计

课程设计主要内容：

（1）绘制零件图

（2）设计该零件的机械加工工艺规程并填写：

1）零件的机械加工工艺过程卡。

2）零件各加工工序的工序卡片。

（3）设计某工序的专用夹具一套，绘制总装配图。

（4）编制某数控机床上加工工序的数控程序，并进行仿真。

（5）编写设计说明书。

　　　　　　　　　　　　　　　　　　指导教师（签字）：＿＿＿＿＿＿＿

　　　　　　　　　　　　　　　　　　　　系主任（签字）：＿＿＿＿＿＿＿

　　　　　　　　　　　　　　　　　　　　　　　年　　　月　　　日

图7-2　机械制造技术基础课程设计任务书

3. 摘要

机械制造技术基础课程设计是在学习机械制造技术基础课程、专业基础课程和完成生产实习后进行的。这是在毕业设计之前对所学课程的一次深入综合性的实践。

本次课程设计主要进行泵盖零件的机械加工工艺规程设计和工序设计、数控程序编写，并完成了典型工序的机床夹具设计。

4. 零件的分析

泵盖如图7-3所示，是航空燃油增压泵的关键零件。由于泵盖在工作中承受高温高压，所以要求它具有足够的强度和刚度、良好的耐磨性和耐蚀性、良好的导热性、较小的热膨胀系数，并保证泵体内部空间密封。

（1）零件的作用与图样分析　飞机发动机的构造系统是一个非常复杂的系统，而燃油增压泵是这个系统中的一个关键部件。本设计所选的增压泵是一种装有前置诱导轮的离心泵，用来保持发动机主燃油泵、加力燃油泵和喷口油源泵进口所需的压力，并接收发动机燃

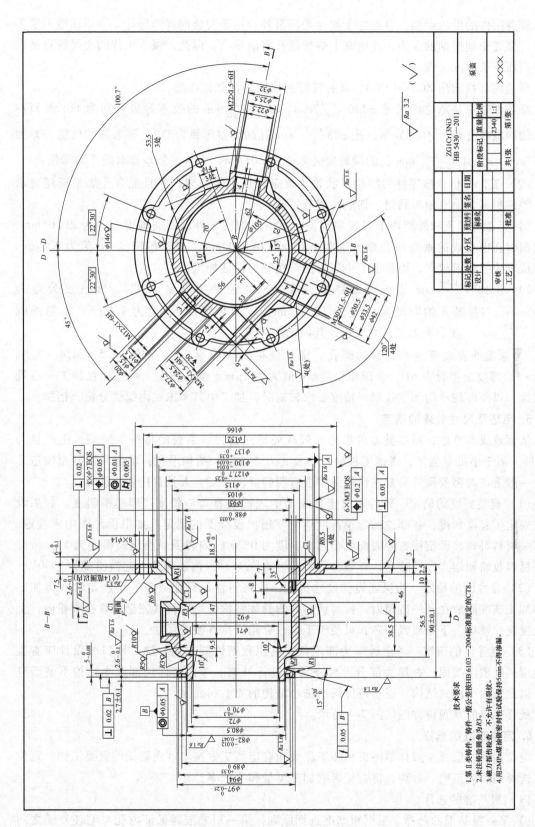

图 7-3 航空燃油增压泵的关键零件——泵盖（部分尺寸未标注）

133

油系统各附件的低压回油。泵盖位于燃油增压泵外,用于安装前置诱导轮。当燃油增压泵工作时,泵盖受到进油的压力,并由其上的排油孔将油导出。因此,泵盖工作的主要特点是在高温高压下长时间工作。

泵盖的材料选用 ZG2Cr17Ni3,具有良好的耐蚀和抗氧化性能。

泵盖两端安装部位的尺寸 $\phi130^{-0.014}_{-0.039}$ mm、$\phi82^{-0.012}_{-0.047}$ mm 的公差等级分别为 IT6 和 IT7;它们的同轴度公差为 $\phi0.05$mm;孔 $\phi88^{+0.035}_{0}$ mm 孔的公差等级为 IT7,要求其圆柱度公差为 0.005mm,与 $\phi130^{-0.014}_{-0.039}$ mm 孔的同轴度公差为 $\phi0.01$mm,为泵盖公差要求最严的部位。

(2)工艺分析 该零件的结构形状较为复杂,加工表面多,并且配合孔加工精度要求高。零件材料为航空用耐热钢,切削性能较差。

1)泵盖两端面和外圆用于安装和定位,其中两端安装外圆的同轴度公差为 $\phi0.05$mm,两端面对孔中心线的垂直度公差分别为 0.01mm 和 0.02mm,表面粗糙度 Ra 值为 $1.6\mu m$。由于位置公差要求较严,因此加工中需采用一次装夹保证加工。

2)孔 $\phi88^{+0.035}_{0}$ mm 用于安装稳流衬套,尺寸公差等级要求 IT7,圆柱度公差为 0.005mm,与基准 A 的同轴度公差为 $\phi0.01$mm,表面粗糙度 Ra 值为 $1.6\mu m$,需与外圆 $\phi130^{-0.014}_{-0.039}$ mm 一次装夹加工,方可保证其同轴度要求。

3)泵盖外表面有进、出油的螺孔,螺纹规格为 M22 × 1.5、M30 × 1.5、M24 × 1.5、M12 × 1,螺纹公差带为 6H,表面粗糙度 Ra 值为 $3.2\mu m$。螺孔较大,可选择在加工中心铣内螺纹,以获得较高的加工效率。精度要求较高时,加工中需考虑对内螺纹分粗、精铣。

5. 毛坯及尺寸公差的确定

从制造成本考虑,箱体类零件毛坯一般优先选用铸件。泵盖的材料为铸钢,生产量为200 件,属于小批量生产,考虑零件的材料及其力学性能、结构形状,确定采用砂型铸造工艺。一般毛坯类型及尺寸公差在设计图中会有明确要求,工艺人员直接使用即可。

(1)起模斜度的确定 铸件垂直于分型面的表面需有铸造斜度,即起模斜度。如果设计图规定了起模斜度,各部位的起模斜度均应不超出设计图的规定。如果设计图中未规定,查相关资料可知,砂型铸造外表面最小起模斜度为 0°30′,内表面最小起模斜度为 1°。考虑零件材料收缩和熔点高等特点,外表面最大起模斜度为 1°,内表面最大起模斜度为 1°30′。

(2)分型面的确定 为保证铸件尺寸精度,应将铸件尽可能放在一个砂箱内或将加工面和加工基准面放在同一砂箱内。针对该铸件的具体结构,可以将其完全放置在中箱内,上箱放置浇、冒口,下箱放置砂芯,可便于下芯、合箱及检查型腔尺寸。

(3)浇冒口的确定 考虑铸件为液压件,组织致密性要求高,浇、冒口的设计应着重于实现铸件顺序凝固,在厚大部分设置浇冒口进行补缩。考虑铸件局部细小结构不便于充型,因此采用顶注式结构,便于铸件局部细小结构的充型和凝固。

最终确定的泵盖铸件图如图 7-4 所示。

6. 定位基准的选择

定位基准的选择是拟订零件机械加工路线和确定加工方案中首先要做的重要工作。定位基准选择的是否正确、合理,将直接影响加工质量和生产率。

(1)粗基准的选择

1)第一粗基准的选择。根据粗基准选择原则,第一粗基准需保证内孔与毛坯外圆之间

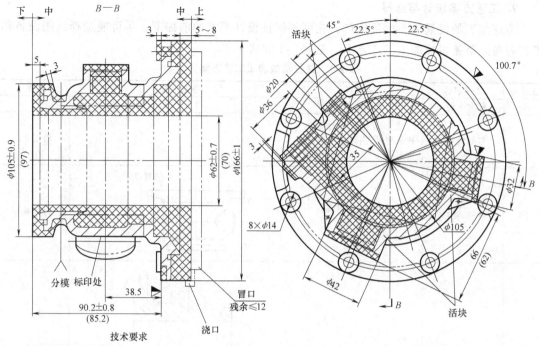

图 7-4 最终确定的泵盖铸件图

壁厚均匀，选择大端外圆或小端外圆均可。

2）第二粗基准的选择。为了保证端面壁厚均匀，同时考虑铸件浇、冒口的位置设置在大端面，因此选择小端面作为第二粗基准。

3）第三粗基准的选择。第三粗基准即角向基准，需保证泵盖外表面上的进、出油的螺孔壁厚均匀，选择其中最长的螺孔外圆作为基准。

（2）精基准的选择

1）第一、第二精基准的选择。选择 $\phi130_{-0.039}^{-0.019}$ mm 外圆及其端面作为基准，保证定位可靠，并与设计基准重合。

2）第三精基准的选择。选择大端面上任一小孔 $\phi7$mm，精加工至 $\phi7_{0}^{+0.022}$ mm。

7. 加工阶段的划分

由于泵盖采用铸件毛坯，内孔较大，尺寸公差和几何公差较严，加工中易变形，需分粗、半精、精加工阶段进行，在粗加工后安排去应力退火。将加工过程划分为粗加工、半精加工、精加工等几个阶段。

8. 热处理工序的安排

毛坯加工前应有充分的自然时效时间，必要时增加人工时效工序，以去除毛坯残余铸造应力。

粗加工后应安排一道去应力退火工序，以消除粗加工所产生的内应力，减少零件变形。

135

9. 工艺方案设计与选择

考虑加工的批量为小批量生产，在可靠保证设计要求的前提下，尽可能选择通用设备和工艺装备。泵盖机械加工工艺方案，见表 7-1 和表 7-2。

表 7-1　泵盖机械加工工艺方案 A

工序号	工序名称	工序内容	工 序 简 图	设备
0	领取毛坯	领取铸件毛坯		
5	打批次号	在标印处打零件批次顺序号,满足生产管理需要		钳工台
10	铣浇、冒口	铣去铸件上的浇、冒口	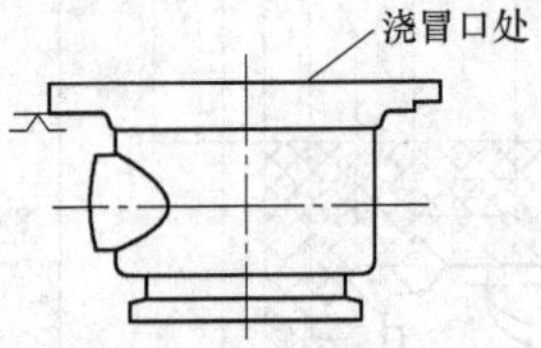 浇冒口处	台式铣床
15	车端面、外圆	车大端的端面、外圆	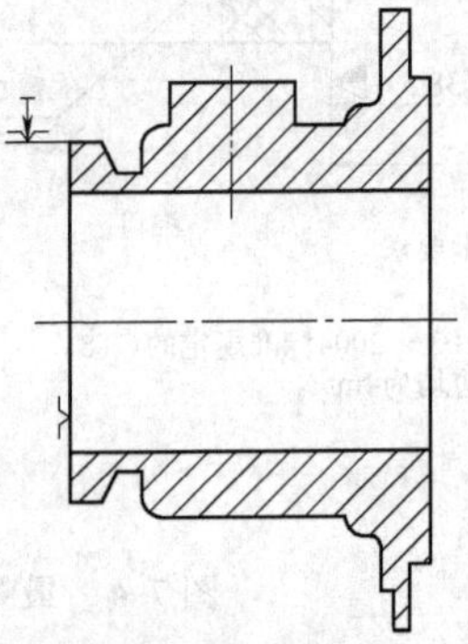	卧式车床
20	车端面、外圆、内孔	粗车小端的端面、外圆、内孔	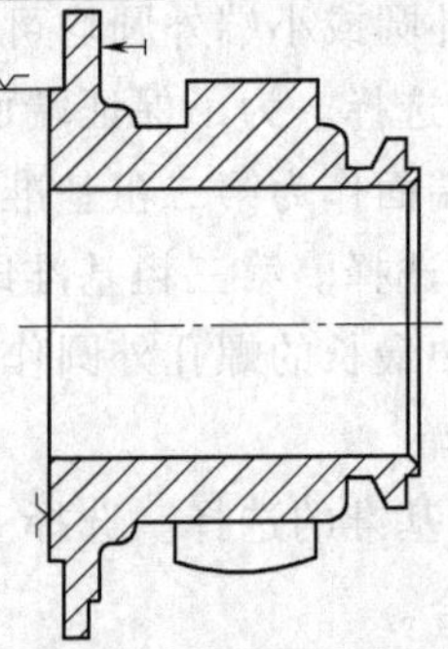	卧式车床
25	车端面、外圆和内孔,切槽	粗车大端的端面、外圆、内孔及粗切内槽	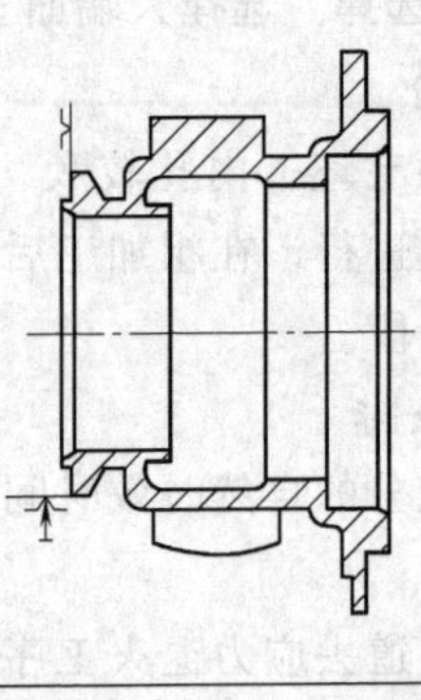	卧式车床

136

工序号	工序名称	工序内容	工 序 简 图	设备
30	稳定化处理	人工时效,消除应力		
35	车 端 面、外 圆、内孔	半精车大端的端面、外圆、内孔		数控车床
40	切槽	精切内槽		卧式车床
45	车 端 面、外 圆、内孔	半精车小端的端面、外圆、内孔		数控车床
50	钻镗孔	加工大端面上的 8 处 $\phi7\text{mm}$ 螺栓孔,其中一孔尺寸按 $\phi7^{+0.022}_{0}$ mm,加工,位置度公差要求 $\phi0.05\text{mm}$,便于后续工序用作角向定位基准	$A-A$　$\phi7^{+0.022}_{0}$　　$B-B$　$\phi7^{+0.09}_{0}$　7处	加工中心

工序号	工序名称	工序内容	工序简图	设备
55	铣螺纹	以端面、中孔和一个小孔定位,加工泵盖外表面 M24、M30、M22、M12 螺孔	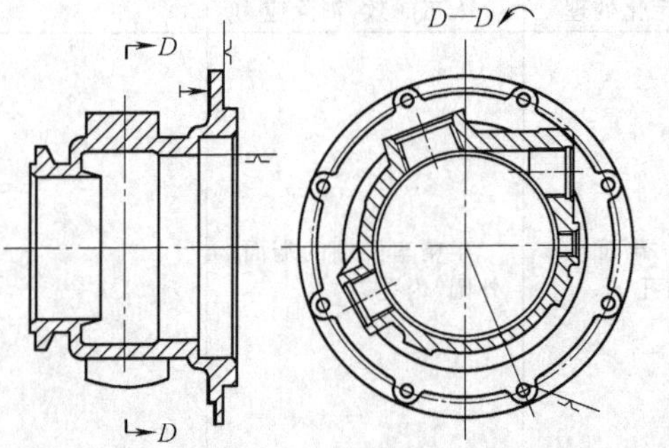	加工中心
60	铣平面	铣 8 处凸台平面,保证尺寸 $R73\text{mm}$(图中交叉网纹处为加工部位)	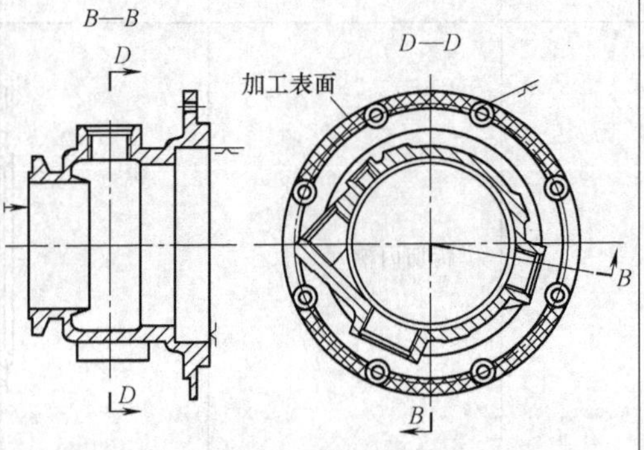	加工中心
65	去毛刺	去除机加工产生的所有毛刺		钳工台
70	密封性试验	试验工件的密封性	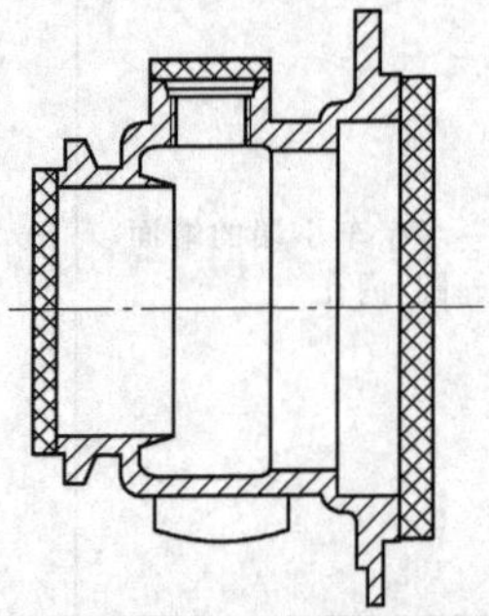	试验器
75	磁力无损检测	检查工件内部是否有裂纹		
80	车端面、外圆、内孔、槽	以小端面及外圆定位,精车大端的端面、外圆、内孔、槽	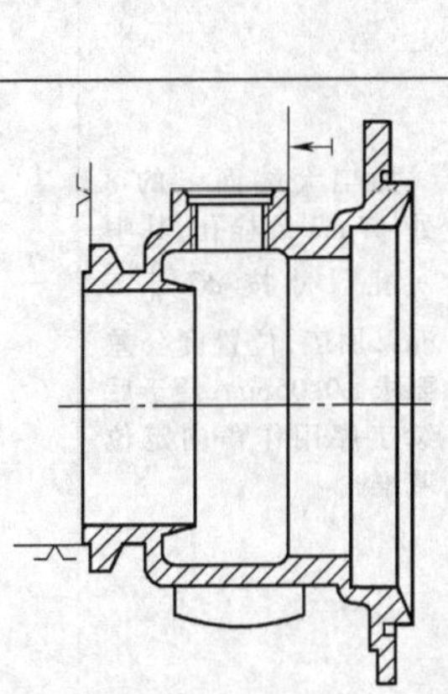	数控车床

工序号	工序名称	工序内容	工 序 简 图	设备
85	车端面、外圆、内孔、槽	精车小端端面、外圆、内孔、槽		数控车床
90	清洗	清洗		清洗槽
95	检验	检验外观、尺寸是否满足要求		检验台
100	防锈	防锈		油封槽
105	表面钝化	表面钝化处理		
110	涂漆	非加工表面涂漆保护		
115	油封入库			油封槽

表 7-2　泵盖机械加工工艺方案 B（与方案 A 相同的部分不再列出）

工序号	工序名称	工序内容	工 序 简 图	设备
40	车端面、外圆、内孔	半精车小端端面、外圆、内孔		数控车床
45	切槽	精切内槽		卧式车床

139

工序号	工序名称	工序内容	工序简图	设备
50	钻镗孔	加工大端面上的8处 $\phi 7mm$ 螺栓孔,其中两孔尺寸按 $\phi 7_0^{+0.022}mm$ 加工,便于后续工序作为角向定位基准	 $A\!-\!A$ $\phi 7_0^{+0.022}$ $B\!-\!B$ $\phi 7_0^{+0.09}$ 6处	加工中心
55	铣螺纹	以一面及两个 $\phi 7_0^{+0.022}mm$ 小孔定位,加工泵盖外表面上 M24、M30、M22、M12 螺孔		加工中心
80	车端面、外圆、内孔、槽	以小端内孔及端面定位,精车大端端面、外圆、内孔、槽		数控车床
85	车端面、外圆、内孔、槽	以一面及两个 $\phi 7_0^{+0.022}mm$ 小孔定位,精车小端端面、外圆、内孔、槽		数控车床

工艺方案的编制因人而异，不同的人有不同的理解，有时甚至会有较大的差异。虽是只要能满足设计图及技术条件的要求即可，但基于工厂现有设备、人员、技术水平等要素，总有相对较经济、合理的最佳方案。在评价阶段，定量计算每个方案的生产成本，不仅是非常复杂和困难的，而且也没有必要。由专家采用优缺点对照评价，既经济又可靠。上述两种方案的评价结果，见表7-3。

表7-3　工艺方案优缺点对照的评价结果

工序	方案A	方案B	优缺点
40	精切内槽	半精车小端端面、外圆、内孔	方案A切槽采用的基准为稳定化处理前的基准，定位基准存在变形的可能，导致定位误差加大；方案B采用稳定化处理后半精加工的基准，减小了零件变形和基准转换导致的误差
45	半精车小端端面、外圆、内孔	精切内槽	
50	加工大端面上的8处$\phi7$mm螺栓孔，其中一孔尺寸按$\phi7^{+0.022}_{0}$mm加工	加工大端面上的8处$\phi7$mm螺栓孔，其中两孔尺寸按$\phi7^{+0.022}_{0}$mm加工	为后续定位基准的选择做准备，差异仅为方案B多加工一个$\phi7H8^{+0.022}_{0}$的孔
55	以端面、中孔和一个小孔定位，加工泵盖外表面M24、M30、M22、M12螺孔	以一面及两个$\phi7^{+0.022}_{0}$mm小孔定位，加工泵盖外表面M24、M30、M22、M12螺孔	方案A的定位误差较小，方案B选择两个$\phi7^{+0.022}_{0}$mm小孔定位，有利于采用组合夹具，减少专用夹具的使用，从而降低成本
80	以小端端面及外圆定位，精车大端端面、外圆、内孔、槽	以小端内孔及端面定位，精车大端端面、外圆、内孔、槽	方案A以小端外圆定位，可采用软爪直接夹紧，无须专用夹具，但该零件为铸件，大端自重重，存在定位夹紧偏斜的风险；方案B采用组合或专用夹具定位，定位夹紧可靠
85	以大端端面及外圆定位，精车小端端面、外圆、内孔、槽	以一面及两个$\phi7^{+0.022}_{0}$mm小孔定位，精车小端端面、外圆、内孔、槽	方案A直接采用软爪定位夹紧，简单实用，但装夹定位的可靠性易受人为因素影响；方案B采用专用夹具，定位误差大，需单件找正与大外圆基准一次装夹加工出的中孔，成本高，但装夹的人为因素影响小

根据评价结果可以看出，方案A整体效果较好，但个别工序安排存在一些问题。最终选取方案B的40、45、80工序替代原方案A，得出较优方案。

10. 加工余量的确定

机械加工余量对工艺过程有一定的影响。余量不足，不能保证零件的加工质量；余量过大，不但增加机械加工劳动量，而且增加了材料、刀具、能源的消耗，从而增加了成本。所以必须合理安排加工余量。

加工余量采用查表修正法和经验估计法相结合确定。

（1）小端外圆表面加工余量　根据小端外圆尺寸$\phi97$mm查相关手册，选精车时直径加工余量1.5mm，再根据加工检验修正为1mm，公差等径选h12，得到粗车外圆尺寸为$\phi98^{0}_{-0.4}$mm；粗车时毛坯直径余量为7mm（查手册得出直径方向余量为8mm，再减去精车直径余量 1mm 得出）；毛坯外圆尺寸确定为 $\phi 105\text{mm} \pm 0.9\text{mm}$（公差值 1.8mm 查手册得出）。

小端 $\phi 82\text{mm}$ 外圆经过粗车、半精车、精车加工。精车、半精车时选直径余量 1mm，精车外圆尺寸为设计尺寸 $\phi 82_{-0.042}^{-0.012}\text{mm}$，半精车外圆尺寸为 $\phi 83_{-0.14}^{0}\text{mm}$，粗车外圆尺寸为 $\phi 84_{-0.14}^{0}\text{mm}$，粗车时直径余量由毛坯外圆尺寸减去粗车外圆尺寸得出，即 $105\text{mm} - 84\text{mm} = 21\text{mm}$。

（2）大端外圆表面加工余量　大端最大外圆 $\phi 166\text{mm}$ 为铸造表面，因此确定大端外圆铸造毛坯尺寸为 $\phi 166\text{mm} \pm 1\text{mm}$（公差值 2mm 查手册确定）。

大端外圆 $\phi 130\text{mm}$ 经过两次粗车、一次半精和精车加工。精车、半精车时选直径余量为 1mm，精车外圆尺寸为设计尺寸 $\phi 130_{-0.039}^{-0.014}\text{mm}$，半精车外圆尺寸为 $\phi 131_{-0.04}^{0}\text{mm}$，第二次粗车外圆尺寸为 $\phi 132_{-0.04}^{0}\text{mm}$；第二次粗车时选直径余量为 2mm，则第一次粗车外圆尺寸为 $\phi 134_{-0.5}^{0}\text{mm}$；第一次粗车时直径余量由毛坯外圆尺寸减去粗车外圆尺寸得出，即 $166\text{mm} - 134\text{mm} = 22\text{mm}$。

（3）轴向长度方向总加工余量　查手册得出左、右端面的加工余量 4mm，公差值选 1.6mm，再根据经验修正为 2mm。因此毛坯总长为 $(98.7 + 4 \times 2)\text{mm} \pm 1\text{mm}$，其中 98.7mm 为零件图中的设计总长尺寸。

（4）内孔表面总加工余量　同理，查手册选内孔加工余量 4mm，直径加工余量为 8mm。内孔精加工尺寸为 $\phi 70\text{mm}$，所以，内孔铸造毛坯尺寸为 $\phi 62\text{mm} \pm 0.7\text{mm}$（公差值 1.4mm 查手册确定）。

其余各表面加工余量的确定参照上述方法进行。

在实际工作中，加工余量的确定以经验估算法为主。一般制造企业经过长期经验积累，根据零件结构尺寸、材料、加工方法等形成了各自的加工余量确定规范或数据库，在编制工艺规程时直接选用即可。

11. 切削用量及工时定额的确定

切削用量应根据加工性质、加工要求、工件材料及刀具尺寸和材料等查阅切削手册、规范及企业标准等，并结合经验确定。

工时定额也称为时间定额，是指在一定的生产条件下，规定生产一件产品或完成一道工序所需消耗的时间。它是安排生产计划、计算生产成本的重要依据，还是新建或扩建工厂（或车间）时计算设备和工人数量的依据。它一般通过对实际操作时间的测定与分析计算相结合的方法确定。

完成一个零件的一道工序的工时定额，称为单件工时定额。它由基本时间 t_j、辅助时间 t_f、工作地服务时间 Ts（按照作业时间的 2%～7% 计算）、休息和自然需要时间 Tr（按照作业时间的 2% 计算）、准备终结时间 Te 组成。基本时间与辅助时间之和又称为作业时间。一道工序的工时计算为 $t_\text{d} = t_\text{j} + t_\text{f} + Ts + Tr + Te/n$，其中 n 为同批加工零件的数量。

（1）工序 10：铣浇冒口

1）设备：选用立式升降台铣床 X51。

2）刀具：盘铣刀 $d = 220\text{mm}$，粗齿数 $z = 6$，细齿数 $z = 10$。

3）背吃刀量 a_p：$a_\text{p} = 10\text{mm}$。

142

4）每齿进给量 f_z：参考手册，结合经验取 $f_z = 0.12\text{mm/r}$。

5）切削速度 v：取 $v = 55 \sim 120\text{m/min}$。

6）机床主轴转速 n：$n = \dfrac{1000v}{\pi d_0}$，$n = 80 \sim 174\text{r/min}$。查阅机床使用说明书，取 $n = 169\text{r/min}$。

7）实际切削速度 v'：$v' = 116.7\text{m/min}$。

8）工作台每分进给量 f_m：$f_m = f_z z n_w$。取 $f_z = 0.12\text{mm/r}$、$z = 6$、$n_w = n = 169\text{r/min}$ 代入 $f_m = f_z z n_w$ 得 $f_m = 0.12\text{mm/r} \times 6 \times 169\text{r/min} = 121.68\text{mm/min}$，取 $f_m = 120\text{mm/min}$。

9）被切削层长度 l：由于选取刀具直径大于毛坯尺寸，因此 $l = 220\text{mm}$。

10）刀具切入长度 l_1：$l_1 = 110\text{mm}$。

11）刀具切出长度 l_2：$l_2 = 2\text{mm}$。

12）走刀次数为 2 次。

基本时间 t_{j1}：$t_{j1} = \dfrac{l + l_1 + l_2}{f_m}$。取 $l = 220\text{mm}$、$l_1 = 110\text{mm}$、$l_2 = 2\text{mm}$、$f_m = 120\text{mm/min}$ 代入 $t_{j1} = \dfrac{l + l_1 + l_2}{f_m}$ 得 $t_{j1} = 2.77\text{min}$。故本工序基本时间为 $T = 2 \times 2.77\text{min} = 5.54\text{min}$。

依据上述计算结果，工序 10 的单件基本时间为 $t_j = T = 5.54\text{min}$。

辅助时间 t_f：查阅手册取工步辅助时间为 0.41min，根据经验取装卸工件时间为 0.1min，则 $t_f = 0.41\text{min} + 0.1\text{min} = 0.51\text{min}$。

作业时间：$t_j + t_f = 5.54\text{min} + 0.51\text{min} = 6.05\text{min}$。

工作地服务时间 Ts 按照经验选 $Ts = 6.05\text{min} \times 5\% = 0.3\text{min}$。

休息和自然需要时间 Tr：$Tr = 6.05\text{min} \times 2\% = 0.12\text{min}$。

准备终结时间 Te：根据经验估算为 60min。

10 工序的单件工时定额为（同批加工零件数量为 50 件）：$t_d = t_j + t_f + Ts + Tr + Te/n = 5.54\text{min} + 0.51\text{min} + 0.3\text{min} + 0.12\text{min} + 60\text{min}/50 = 7.67\text{min} \approx 8\text{min}$。

（2）工序 85：车端面、外圆、内孔、槽

设备：数控车床。

刀具：$\phi32\text{mm}$ 镗孔刀，切槽刀，外圆刀，端面槽刀。

1）车端面。

背吃刀量 a_p：$a_p = 1\text{mm}$。

进给量 f：参考手册，结合经验取 $f = 0.15\text{mm/r}$。

切削速度 v：取 $v = 140\text{mm/min}$。

机床主轴转速 n：$n = \dfrac{1000v}{\pi d_0}$，带入外圆直径 98mm，得出 $n = 455\text{r/min}$，实际取 $n = 420\text{r/min}$。

实际切削速度 v'：$v' = 129\text{mm/min}$。

进给量 f_m：$f_m = f_z z n_w$。取 $f_z = f = 0.15\text{mm}$、$n_w = n = 420\text{r/min}$ 代入 $f_m = f_z z n_w$ 得 $f_m = 0.15\text{mm/r} \times 420\text{r/min} = 63\text{mm/min}$，取 $f_m = 60\text{mm/min}$。

被切削层长度 l（$\phi98\text{mm}$ 外圆起至 $\phi70\text{mm}$ 内孔止的刀具轨迹尺寸）：根据 85 工序要求，

取 $l = 14\text{mm}$。

刀具切入长度 l_1：$l_1 = 14\text{mm}$。

刀具切出长度 l_2：$l_2 = 2\text{mm}$。

走刀次数为 2 次。

基本时间 t_{j1}：$t_{j1} = \dfrac{l + l_1 + l_2}{f_m}$。取 $l = 14\text{mm}$、$l_1 = 14\text{mm}$、$l_2 = 2\text{mm}$、$f_m = 60\text{mm/min}$ 代入

$t_{j1} = \dfrac{l + l_1 + l_2}{f_m}$ 得 $t_{j1} = 0.5\text{min}$。

以上为车一次端面基本时间，故本工步基本时间为 $T_1 = 2 \times t_{j1} = 1.0\text{min}$。

2）车端面。

背吃刀量 a_p：$a_p = 1\text{mm}$。

进给量 f：参考手册，结合经验取 $f = 0.15\text{mm/r}$。

切削速度 v：取 $v = 140\text{mm/min}$。

机床主轴转速 n：$n = \dfrac{1000v}{\pi d_0}$，代入外圆直径 98mm，得出 $n = 455\text{r/min}$，实际取 $n = 420\text{r/min}$。

实际切削速度 v'：$v' = 129\text{mm/min}$。

进给量 f_m：$f_m = f_z z n_w$。

取 $f_z = a_f = 0.15\text{mm/r}$、$n_w = n = 420\text{r/min}$ 代入 $f_m = f_z z n_w$ 得

$f_m = 0.15\text{mm/r} \times 420\text{r/min} = 63\text{mm/min}$，取 $f_m = 60\text{mm/min}$。

被切削层长度 l（$\phi 98\text{mm}$ 外圆起至 $\phi 82\text{mm}$ 外圆止的刀具轨迹尺寸）：根据 85 工序要求，取 $l = 8\text{mm}$。

刀具切入长度 l_1：$l_1 = 8\text{mm}$。

刀具切出长度 l_2：$l_2 = 2\text{mm}$。

走刀次数为 2 次。

基本时间 t_{j1}：$t_{j1} = \dfrac{l + l_1 + l_2}{f_m}$。取 $l = 8\text{mm}$、$l_1 = 8\text{mm}$、$l_2 = 2\text{mm}$、$f_m = 60\text{mm/min}$ 代入 $t_{j1} =$

$\dfrac{l + l_1 + l_2}{f_m}$ 得 $t_{j1} = 0.3\text{min}$。

以上为车一次端面基本时间，故本工步基本时间为 $T_2 = 2 \times t_{j1} = 0.6\text{min}$。

3）粗车外圆。

背吃刀量 a_p：$a_p = 0.4\text{mm}$。

进给量 f：参考手册，结合经验取 $f = 0.15\text{mm/r}$。

切削速度 v：取 $v = 140\text{mm/min}$。

机床主轴转速 n：$n = \dfrac{1000v}{\pi d_0}$，代入外圆直径 97mm，得出 $n = 459\text{r/min}$，实际取 $n = 420$ r/min。实际切削速度 v'：$v' = 128\text{mm/min}$。

进给量 f_m：$f_m = f_z z n_w$。取 $f_z = f = 0.15\text{mm/r}$、$n_w = n = 420\text{r/min}$ 代入 $f_m = f_z z n_w$ 得 $f_m =$ $0.15\text{mm/r} \times 420\text{r/min} = 63\text{mm/min}$，取 $f_m = 60\text{mm/min}$。

被切削层长度 l（根据零件毛坯实际情况，切削长度尺寸由小端端面至外槽中心）：根

据 85 工序要求，取 $l = 12.4\text{mm}$。

刀具切入长度 l_1：$l_1 = 12.4\text{mm}$。

刀具切出长度 l_2：$l_2 = 2\text{mm}$。

走刀次数为 1 次。

基本时间 t_{j1}：$t_{j1} = \dfrac{l + l_1 + l_2}{f_m}$。取 $l = 12.4\text{mm}$、$l_1 = 12.4\text{mm}$、$l_2 = 2\text{mm}$、$f_m = 60\text{mm/min}$ 代

入 $t_{j1} = \dfrac{l + l_1 + l_2}{f_m}$ 得 $t_{j1} = 0.45\text{min}$。

以上为车一次外圆基本时间，故本工步基本时间为 $T_3 = t_{j1} = 0.45\text{min}$。

4）粗车外圆。

背吃刀量 a_p：$a_p = 0.4\text{mm}$。

进给量 f：参考手册，结合经验取 $f = 0.15\text{mm/r}$。

切削速度 v：取 $v = 140\text{mm/min}$。

机床主轴转速 n：$n = \dfrac{1000v}{\pi d_0}$，代入外圆直径 82mm，得出 $n = 544\text{r/min}$，实际取 $n = 420\text{r/min}$。

实际切削速度 v'：$v' = 108\text{mm/min}$。

进给量 f_m：$f_m = f_z z n_w$。取 $f_z = f = 0.15\text{mm/r}$、$n_w = n = 420\text{r/min}$ 代入 $f_m = f_z z n_w$ 得 $f_m = 0.15\text{mm/r} \times 420\text{r/min} = 63\text{mm/min}$，取 $f_m = 60\text{mm/min}$。

被切削层长度 l（右端面至 ϕ97mm 右端面尺寸）：根据 85 工序要求，取 $l = 2.7\text{mm}$。

刀具切入长度 l_1：$l_1 = 2.7\text{mm}$。

刀具切出长度 l_2：$l_2 = 2\text{mm}$。

走刀次数为 1 次。

基本时间 t_{j1}：$t_{j1} = \dfrac{l + l_1 + l_2}{f_m}$。取 $l = 2.7\text{mm}$、$l_1 = 2.7\text{mm}$、$l_2 = 2\text{mm}$、$f_m = 60\text{mm/min}$ 代

入 $t_{j1} = \dfrac{l + l_1 + l_2}{f_m}$ 得 $t_{j1} = 0.12\text{min}$。

以上为车一次外圆基本时间，故本工步基本时间为 $T_4 = t_{j1} = 0.12\text{min}$。

5）粗镗孔及倒角。

背吃刀量 a_p：$a_p = 0.4\text{mm}$。

进给量 f：取 $f = 0.08\text{mm/r}$。

切削速度 v：取 $v = 140\text{mm/min}$，考虑修正系数 0.9，$v = 126\text{mm/min}$，实际取 $v = 100\text{mm/min}$。

机床主轴转速 n：$n = \dfrac{1000v}{\pi d_0}$，代入内孔直径 70mm，$n = 455\text{r/min}$，实际取 $n = 450\text{r/min}$。

实际车削速度 v'：$v' = 98.91\text{mm/min}$。

进给量 f_m：$f_m = f_z z n_w$、取 $f_z = f = 0.08\text{mm/r}$、$n_w = n = 450\text{r/min}$ 代入 $f_m = f_z z n_w$ 得 $f_m = 0.08\text{mm/r} \times 450\text{r/min} = 36\text{mm/min}$。

取 $f_m = 36\text{mm/min}$。

被切削层长度 l（ϕ70mm 孔长度及倒角的线性长度）：根据 85 工序要求，取

$l = 34.5\text{mm}$。

刀具切入长度 l_1：$l_1 = 34.5\text{mm}$。

刀具切出长度 l_2：$l_2 = 2\text{mm}$。

走刀次数为 2 次。

基本时间 t_{j1}：$t_{j1} = \dfrac{l + l_1 + l_2}{f_m}$。取 $l = 34.5\text{mm}$、$l_1 = 34.5\text{mm}$、$l_2 = 2\text{mm}$、$f_m = 36\text{mm/min}$ 代

入 $t_{j1} = \dfrac{l + l_1 + l_2}{f_m}$ 得 $t_{j1} = 1.97\text{min}$。

故本工步基本时间为 $T_5 = 2 \times 1.97\text{min} = 3.94\text{min}$。

6）车外槽。

背吃刀量 a_p：$a_p = 1.6\text{mm}$。

进给量 f：取 $f = 0.05\text{mm/r}$。

切削速度 v：取 $v = 125\text{mm/min}$，考虑工件刚性差等因素，取修正系数 0.5，则 $v = 62.5\text{mm/min}$。

机床主轴转速 n：$n = \dfrac{1000v}{\pi d_0}$，代入外圆直径 97mm，得 $n = 205\text{r/min}$，实际取 $n = 200\text{r/min}$。

实际切削速度 v'：$v' = 60.9\text{mm/min}$。

进给量 f_m：$f_m = f_z z n_w$。取 $f_z = f = 0.05\text{mm/r}$、$n_w = n = 200\text{r/min}$ 代入 $f_m = f_z z n_w$ 得 $f_m = 0.05\text{mm/r} \times 200\text{r/min} = 10\text{mm/min}$，取 $f_m = 10\text{mm/min}$。

被切削层长度 l（为外槽深度）：根据 85 工序要求，$l = 8.25\text{mm}$。

刀具切入长度 l_1：$l_1 = 8.25\text{mm}$。

刀具切出长度 l_2：$l_2 = 2\text{mm}$。

走刀次数为 2 次。

基本时间 t_{j1}：$t_{j1} = \dfrac{l + l_1 + l_2}{f_m}$。取 $l = 8.25\text{mm}$、$l_1 = 8.25\text{mm}$、$l_2 = 2\text{mm}$、$f_m = 10\text{mm/min}$ 代

入 $t_{j1} = \dfrac{l + l_1 + l_2}{f_m}$ 得 $t_{j1} = 1.85\text{min}$。

故本工步基本时间为 $T_6 = 2 \times 1.85\text{min} = 3.7\text{min}$。

7）精镗孔及倒角。

背吃刀量 a_p：$a_p = 0.1\text{mm}$。

进给量 f：选取经验值 $f = 0.05\text{mm/r}$。

机床主轴转速 n：根据加工经验与粗镗孔一致，$n = 450\text{r/min}$。

实际切削速度 v'：$v' = 98.91\text{mm/min}$。

进给量 f_m：$f_m = f_z z n_w$。取 $f_z = f = 0.05\text{mm/r}$、$n_w = n = 450\text{r/min}$ 代入 $f_m = f_z z n_w$ 得 $f_m = 0.05\text{mm/r} \times 450\text{r/min} = 22.5\text{mm/min}$，取 $f_m = 22.5\text{mm/min}$。

被切削层长度 l（$\phi70\text{mm}$ 孔长度及倒角的线性长度）：根据 85 工序要求，取 $l = 34.5\text{mm}$。

刀具切入长度 l_1：$l_1 = 34.5\text{mm}$。

刀具切出长度 l_2：$l_2 = 2\,\text{mm}$。

走刀次数为 1 次。

基本时间 t_{j1}：$t_{j1} = \dfrac{l + l_1 + l_2}{f_m}$。取 $l = 34.5\,\text{mm}$、$l_1 = 34.5\,\text{mm}$、$l_2 = 2\,\text{mm}$、$f_m = 22.5\,\text{mm/min}$

代入 $t_{j1} = \dfrac{l + l_1 + l_2}{f_m}$ 得 $t_{j1} = 3.16\,\text{min}$。

故本工步基本时间为 $T_7 = 3.16\,\text{min}$。

8）精车外圆。

背吃刀量 a_p：$a_p = 0.1\,\text{mm}$。刀具选涂层硬质合金车刀。

进给量 f：根据实际加工经验修正为 $f = 0.05\,\text{mm/r}$。

切削速度 v：取 $v = 167\,\text{mm/min}$。

机床主轴转速 n：$n = \dfrac{1000v}{\pi d_0}$，代入外圆直径 97 mm，得出 $n = 548\,\text{r/min}$，实际取 $n = 420\,\text{r/min}$。

实际切削速度 v'：$v' = 128\,\text{mm/min}$。

进给量 f_m：$f_m = f_z z n_w$。取 $f_z = f = 0.05\,\text{min/r}$、$n_w = n = 420\,\text{r/min}$ 代入 $f_m = f_z z n_w$ 得 $f_m = 0.05\,\text{mm/r} \times 420\,\text{r/min} = 21\,\text{mm/min}$。

取 $f_m = 21\,\text{mm/min}$。

被切削层长度 l（外槽已加工，切削长度为外圆长度）：根据 85 工序要求，取 $l = 5\,\text{mm}$。

刀具切入长度 l_1：$l_1 = 5\,\text{mm}$。

刀具切出长度 l_2：$l_2 = 2\,\text{mm}$。

走刀次数为 1 次。

基本时间 t_{j1}：$t_{j1} = \dfrac{l + l_1 + l_2}{f_m}$。

取 $l = 12.3\,\text{mm}$、$l_1 = 12.3\,\text{mm}$、$l_2 = 2\,\text{mm}$、$f_m = 21\,\text{mm/min}$ 代入 $t_{j1} = \dfrac{l + l_1 + l_2}{f_m}$ 得 $t_{j1} = 0.57\,\text{min}$。

以上为车一次外圆基本时间，故本工步基本时间为 $T_8 = 0.57\,\text{min}$。

9）精车 $\phi 82\,\text{mm}$ 外圆。

背吃刀量 a_p：$a_p = 0.1\,\text{mm}$。刀具选涂层硬质合金车刀。

进给量 f：根据实际加工经验修正为 $f = 0.05\,\text{mm/r}$。

切削速度 v：取 $v = 167\,\text{mm/min}$，

机床主轴转速 n：$n = \dfrac{1000v}{\pi d_0}$，带入外圆直径 82 mm，得出 $n = 648.6\,\text{r/min}$，实际取 $n = 420\,\text{r/min}$。

实际切削速度 v'：$v' = 108\,\text{mm/min}$。

进给量 f_m：$f_m = f_z z n_w$。取 $f_z = f = 0.05\,\text{mm/r}$，$n_w = n = 420\,\text{r/min}$ 代入 $f_m = f_z z n_w$ 得 $f_m = 0.05\,\text{mm/r} \times 420\,\text{r/min} = 21\,\text{mm/min}$，取 $f_m = 21\,\text{mm/min}$。

被切削层长度 l（由小端端面起至端面槽底）：根据 85 工序要求，$l = 5.3\,\text{mm}$。

刀具切入长度 l_1：$l_1 = 5.3\,\text{mm}$。

刀具切出长度 l_2：$l_2 = 2\text{mm}$。

走刀次数为 1 次。

基本时间 t_{j1}：$t_{j1} = \dfrac{l + l_1 + l_2}{f_m}$。取 $l = 5.3\text{mm}$、$l_1 = 5.3\text{mm}$、$l_2 = 2\text{mm}$、$f_m = 21\text{mm/min}$ 代

入 $t_{j1} = \dfrac{l + l_1 + l_2}{f_m}$ 得 $t_{j1} = 0.6\text{min}$。

故本工步基本时间为 $T_{10} = 0.6\text{min}$。

10）车端面槽。

背吃刀量 a_p：$a_p = 2.6\text{mm}$。

车削端面槽时由于刀具刚性差、工件结构差异较大，同时考虑本例中表面粗糙度 Ra 要求 $1.6\mu\text{m}$ 等因素，切削参数根据实际加工经验选取较小值。

进给量 f：取 $f = 0.03\text{mm/r}$。

选机床主轴转速 $n = 80\text{r/min}$。

机床主轴转速 n：$n = \dfrac{1000v}{\pi d_0}$。

实际切削速度 v'：$v' = 22.4\text{mm/min}$。

进给量 f_m：$f_m = f_z z n_w$。取 $f_z = f = 0.03\text{mm/r}$、$n_w = n = 80\text{r/min}$ 代入 $f_m = f_z z n_w$ 得 $f_m = 0.03\text{mm/r} \times 80\text{r/min} = 2.4\text{mm/min}$，取 $f_m = 2.4\text{mm/min}$。

被切削层长度 l：由毛坯尺寸可知，$l = 2.6\text{mm}$。

刀具切入长度 l_1：根据 85 工序要求，$l_1 = 2.6\text{mm}$。

刀具切出长度 l_2：$l_2 = 2\text{mm}$。

走刀次数为 2 次。

基本时间 t_{j1}：$t_{j1} = \dfrac{l + l_1 + l_2}{f_m}$。取 $l = 2.6\text{mm}$、$l_1 = 2.6\text{mm}$、$l_2 = 2\text{mm}$、$f_m = 2.4\text{mm/min}$ 代

入 $t_{j1} = \dfrac{l + l_1 + l_2}{f_m}$ 得 $t_{j1} = 3\text{min}$。

以上为车一次的基本时间，故本工步基本时间为 $T_{10} = 2 \times 3\text{min} = 6\text{min}$。

工时定额的确定。依据上述计算结果，工序 85 的单件基本时间为 $t_j = T_1 + T_2 + T_3 + T_4 + T_5 + T_6 + T_7 + T_8 + T_9 + T_{10} = 1.0\text{min} + 0.6\text{min} + 0.45\text{min} + 0.12\text{min} + 0.57\text{min} + 3.94\text{min} + 3.16\text{min} + 3.7\text{min} + 6\text{min} + 0.6\text{min} = 20.14\text{min}$

辅助时间 t_f：查阅手册取工步辅助时间为 0.41min，根据经验取装卸工件时间为 0.1min，则 $t_f = 0.41\text{min} + 0.1\text{min} = 0.51\text{min}$。

作业时间：$t_j + t_f = 20.14\text{min} + 0.51\text{min} = 20.65\text{min}$。

工作地服务时间 Ts：按照经验选 5%，$Ts = 20.65\text{min} \times 5\% = 1.03\text{min}$。

休息和自然需要时间 Tr：$Tr = 20.65\text{min} \times 2\% = 0.41\text{min}$。

准备终结时间 Te：根据经验估算为 60min。

85 工序的单件工时定额为（同批加工零件数量为 50 件）：$t_d = t_j + t_f + Ts + Tr + Te/n = 20.65\text{min} + 0.51\text{min} + 1.03\text{min} + 0.41\text{min} + 60\text{min}/50 = 23.8\text{min} \approx 24\text{min}$。

其他工序的算法依此类推。

12. 85 工序的程序编制

85 工序为精车泵盖小端外圆、端面、内孔和槽等，安排在数控车床 TNA400 上，其控制系统为 FANUC 系统。85 工序简图，如图 7-5 所示。

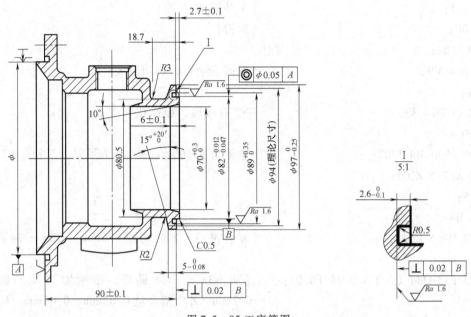

图 7-5　85 工序简图

1）程序零点的选择。选取小端面和中孔的孔中心交点为程序零点。

2）刀具选择。根据加工特征，选用粗、精车外圆刀各 1 把，镗孔刀 1 把，粗、精车外槽刀 1 把，端面槽刀 1 把，刀具材质为带涂层的硬质合金。

为减少切削振动，刀具装夹时伸出长度应尽可能短。

3）数控程序编制。根据工序图的要求，依据确定的加工顺序及进给路线、加工刀具及切削用量，编制加工程序。

O0001；	（程序号）
G10 L2 P1 XO Z0；	（设置程序零点）
G30.4；	（退回安全点，先退 Z，后退 X）
N1（PM）；	（N1 程序段，粗车外圆，端面）
G97 S500 M4 T101；	（主轴转速 500r/min，换 1 号刀，刀补号 01）
G0 X100 Z100；	（快进至 X100，Z100）
Z15；	（Z 向快进）
Z2 M8；	（Z 向快进，切削液开）
G1 Z－2.6 F10；	（Z 向切削进给，10mm/r，端面留余量 0.1mm）
X83 F0.1；	（X 向切削进给，0.1mm/r）
U1 W0.5；	（X 向增量 1mm，Z 向增量 0.5mm）
Z0.1 F10；	
X68 F0.1；	
Z0.05；	

X82. 3, C0. 5;   （倒角 C0. 5）

Z – 2. 65;

X97, C0. 5;   （φ97mm 外圆倒角 C0. 5）

Z – 15;   （车外圆 φ97mm）

X100;   （退刀）

G0 Z100;

G30. 4 M9;   （退回安全点，切削液关）

M1;

N2（CTK – 32）;   （N2 程序段，粗镗孔）

G30. 4;

G97 S500 M4 T707;   （主轴转速 500r/min，换 7 号刀，刀补号 07）

G0 X67. 5 Z100;

Z15;

Z2 M8;

G71 U0. 5 R0. 2;   （复合循环，X 向切深 0.5mm，0.2mm 的退刀间
隙）

G71 P33 Q44 U0. 2 W0. 05 F0. 08; （从 N33 至 N44 循环，给精加工 X 向留余量
            0. 2mm，Z 向留余量 0. 05mm，0. 08mm/r）

N33;

G0 X72. 28;

G1 Z0 F0. 05;

X70. 15 A10;   （倒角 10°）

Z – 36;

X67. 5;

N44;

G0 Z100;

G30. 4 M9;

M1;

N3（CWC – W3. 1）   （N3 程序段，粗车外槽，刀宽 3.1mm）

G30. 4;

G97 S200 M4 T505;

G0 X120 Z100;

Z15;

Z2 M8;

G1 Z – 15. 4 F10;

X80. 6 F0. 02;

G0 X120;

Z – 15. 6;

G72 W1. 6 R0;   （切端面循环，Z 向切深 1.6mm，退刀间隙 0）

G72 P123 Q456 U0.05 W0.1 F0.05；　　（从 N123 至 N456 循环，给精加工 X 向留余量
　　　　　　　　　　　　　　　　　　　0.05mm，Z 向留余量 0.1mm，0.05mm/r）

N123；
G0 Z - 18.8；
G1 X86.5 F0.05；
X80.5，R3 F0.05；
Z - 15.6；
N456；
G1 X120 F5；
X100 F5；
G1 Z - 15.7 F5；
G72 W1.6 R0；
G72 P147 Q258 U0.05 W0.1 F0.05；
N147；
G0 Z - 10.047；
G1 X80.5 A74.833，R2；
Z - 15.7；
N258；
G1 X100 F5；
G0 Z100；
G30.4 M9；
M1；
N4（JWC - W3）；　　　　　　　　　（N4 程序段，精车外槽，刀宽 3mm）
G30.4；
G97 S250 M3 T303；
G0 X100 Z100；
Z15；
Z2 M8；
G1 Z - 9.847 F10；
X80.5 A74.833，R2 F0.05；
Z - 18.8，R3；
X105；
G0 X120；
Z100；
G30.4 M9；
M0；
N77（JTK）；　　　　　　　　　　　（N77 程序段，精镗孔）
G30.4；

G97 S500 M4 T707;

G0 X67 Z100;

Z15;

Z2 M8;

G70 P33 Q44;　　　　　　　　　　　　（精车循环，调用 N33 至 N44 循环）

G0 Z100;

G30.4 M9;

M1;

N5（JPM）;　　　　　　　　　　　　（N5 程序段，精车外圆、端面）

G30.4;

G97 S400 M4 T202;

G0 X67 Z100;

Z15;

Z5 M8;

G1 Z0 F0.1;

X82.1, C0.6 F0.05;

Z - 2.7;

X96.87;

Z - 11;

X98;

G0 Z100;

G30.4 M9;

M1;

N11（DMC - W2.41）;　　　　　　　（N11 程序段，车端面槽，刀宽 2.41mm）

G30.4;

G97 S80 M3 T1111;

G0 X84.2 Z100;

Z15;

G1 Z - 2.5 F2 M8;

Z - 5.23 F0.03;

G0 Z2;

S150;

G0 X82;

G1 Z - 2.5 F0.05;

X84.2;

Z - 2.5;

G0 Z100;

G30.4 M9;

M30;　　　　　　　　　　　　（结束）

13. 55 工序铣螺纹夹具设计

实现工艺过程所必需的刀具、夹具、模具、辅具、计量器具和工位器具等，统称为工艺装备。因此工艺装备的选用与设计是工艺规程设计必不可少的一个环节。夹具、模具以自主设计为主，其余以选用标准及通用工艺装备为主。

由于泵盖加工要素以旋转体为主，加工工序主要以车削为主。因此在泵盖的工艺过程中，车工工序以使用自定心卡盘等通用夹具进行夹持。专用夹具主要有加工中心夹具、试验夹具等。选取 55 工序铣螺纹，设计专用加工中心夹具。

55 工序装夹定位示意图，如图 7-6 所示。

工厂常用工艺装备设计任务书以工艺装备制造订货单的形式下发。55 工序铣螺纹夹具的工艺装备制造订货单，如图 7-7 所示。

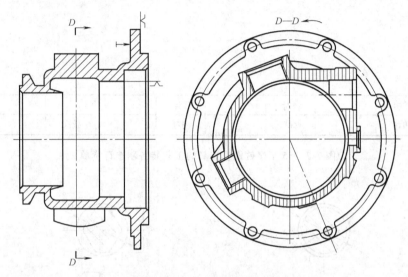

图 7-6　55 工序装夹定位示意图

（1）定位基准的选择　55 工序铣螺纹时以台肩端面、中孔和一个小孔 $\phi 7^{+0.022}_{0}$ 定位，保证工序要求以及装夹准确、可靠、方便。

（2）夹具结构设计　对 55 工序加工内容进行初步分析，可知该工序使用四轴加工中心，加工零件外形上有一圈螺纹孔系，夹具采用一面两孔定位。这种结构中为了防止过定位，一般采用圆柱销与菱形销作为两孔定位元件。由于加工的内容较多，设计中需重点关注压板的高度和位置，以避免与加工部位干涉。

（3）定位元件设计及误差分析　定位误差的大小与需要加工保证的位置精度有关，一般不应超过零件位置公差的 1/3。55 工序中加工部位的位置精度要求不高，Z 方向即垂直方向精度最高，其公差为 ±0.15mm，X、Y 方向的公差为 ±0.2mm，角度方向公差为 ±30′（即 ±0.5°）。

本工序选用一面两孔定位，因此进行定位元件的设计主要是对圆柱销和菱形销进行设计，两孔中心距 $L_D = 76$mm，公差 ±0.025mm。

两销分析图，如图 7-8 所示。

圆柱销和菱形销的设计计算过程如下。

××厂	工艺装备制造订货单		申请单位编号	ZD2015 - 001
车间			设计单位编号	QJ033 - 001
产品号	离心泵	零件号	工序号	55
设备	四轴加工中心	缓急程度	一般	工装图号	
制造数量	1	工装名称	加工中心夹具	图纸性质	D
技术要求： 以台肩端面、中孔 $\phi 87^{+0.05}_{0}$ mm 和小孔 $\phi 7^{+0.022}_{0}$ 定位，加工零件周围螺纹孔系。 				
编制		校对		设计		
审核		批准		校对		批准	

图 7-7 55 工序铣螺纹夹具的工艺装备制造订货单

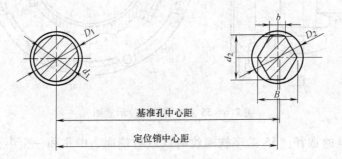

图 7-8 两销分析图

1）确定两定位销中心距尺寸 L_d 及其公差 δ_{Ld}。销中心距公称尺寸与孔中心距公称尺寸相同，$L_d = L_D = 76$ mm，其尺寸公差一般取孔中心距公差的 1/3 ~ 1/5，此处取 1/5，即

$$\delta_{Ld} = 1/5\delta_{LD} = 1/5 \times 0.05\,\text{mm} = 0.01\,\text{mm}$$

式中　δ_{LD}——两孔中心距公差；

　　　δ_{Ld}——两销中心距公差。

2）确定圆柱销直径 d_1 及其公差 δ_{d1}。$d_1 = D_1$（基准孔最小直径）$= 87$ mm；δ_{d1} 取 g7。所以圆柱销尺寸为 $\phi 87^{-0.012}_{-0.047}$ mm。

3）菱形销的直径及公差配合。查《机械加工工艺及设备》，菱形销的 $b = 3$ mm、$B = D_2 - 1\,\text{mm} = 6$ mm。

给定装卸时的补偿量 $a = \dfrac{\delta_{LD} + \delta_{Ld}}{2} = \dfrac{0.05\,\text{mm} + 0.01\,\text{mm}}{2} = 0.03\,\text{mm}$。

154

求出菱形销与基准孔的最小配合间隙 $X_{2\min}$，即

$$X_{2\min} = \frac{2ab}{D_{2\min}} = \frac{2 \times 0.03\text{mm} \times 3\text{mm}}{7\text{mm}} = 0.026\text{mm}$$

式中　$D_{2\min}$——基准孔最小直径。

求出菱形销的最大直径：$d_{2\max} = D_{2\min} - X_{2\min} = 7\text{mm} - 0.026\text{mm} = 6.974\text{mm}$。

按定位销一般经济制造精度，其直径公差等级选 IT6，则菱形销的定位圆柱部分定位直径尺寸为 $\phi 6.974\,^{0}_{-0.009}\text{mm}$；也可选取标准公差 $\phi 7e6\,^{-0.025}_{-0.034}\text{mm}$，此时会有 0.001mm 的误差，可以忽略不计。

4）定位误差分析。计算定位误差，检查是否满足要求。

Z 方向定位误差：$\Delta_Z = 0$，定位不影响此尺寸。

移动时基准位移误差 $\Delta_{j \cdot y}$：由于定位基准与设计基准重合，零件定位的位移误差即大定位孔和定位销的间隙误差，即

$$\begin{aligned}
\Delta_{j \cdot y} &= \Delta d_1 + \Delta D_1 + X_{1\min} \\
&= 0.035\text{mm} + 0.05\text{mm} + 0.012\text{mm} \\
&= 0.097\text{mm} < 0.4\text{mm}，满足要求。
\end{aligned}$$

转角误差

$$\begin{aligned}
\tan\Delta\theta &= \frac{\Delta d_1 + \Delta D_1 + X_{1\min} + \Delta d_2 + \Delta D_2 + X_{2\min}}{2L} \\
&= \frac{0.035\text{mm} + 0.05\text{mm} + 0.012\text{mm} + 0.009\text{mm} + 0.022\text{mm} + 0.026\text{mm}}{2 \times 76\text{mm}} = 0.001
\end{aligned}$$

求得 $\theta = 0.06° < 0.5°$，满足要求。

（4）切削力的计算与夹紧力分析　夹紧力的大小直接影响夹具的可靠性、安全性及工件的变形量。夹紧力的大小除了与工件重力、切削力、惯性力、离心力等有关外，还与工艺系统的刚性、夹紧机构的力传递效率等因素有关。切削力在切削过程中又是一个变量，切削力计算公式都为粗略计算，那么夹紧力的大小也只能进行粗略计算。夹紧力大小根据具体使用情况进行估算，可采用类比法、估算法、试验法等方式确定夹紧力。

$$F_J = F K_{\text{计}}$$
$$K = K_0 K_1 K_2 K_3 K_4 K_5 K_6$$

式中　　　　　　　　F_J——实际需要的夹紧力；

$K_{\text{计}}$——按静力平衡原理计算出的理论夹紧力；

K——安全系数；

K_0、K_1、K_2、K_3、K_4、K_5、K_6——各种因素的安全系数。

本工序主要完成螺纹孔系的加工，由铣端面、钻孔、铣孔及铣螺纹组成。其中钻孔、铣孔及铣螺纹加工产生的切削力相对较小，铣端面产生的切削力较大，其夹紧力计算可以铣端面进行计算。

切削力与夹紧力的计算可查阅相关手册，按照计算公式进行。

（5）夹具最终设计　确定了夹具的基本结构和公差后，对夹具进行具体结构设计，如图 7-9 所示。

（6）夹具操作的简要说明　夹具通过螺栓固定在机床工作台上，在紧固前找正夹具侧

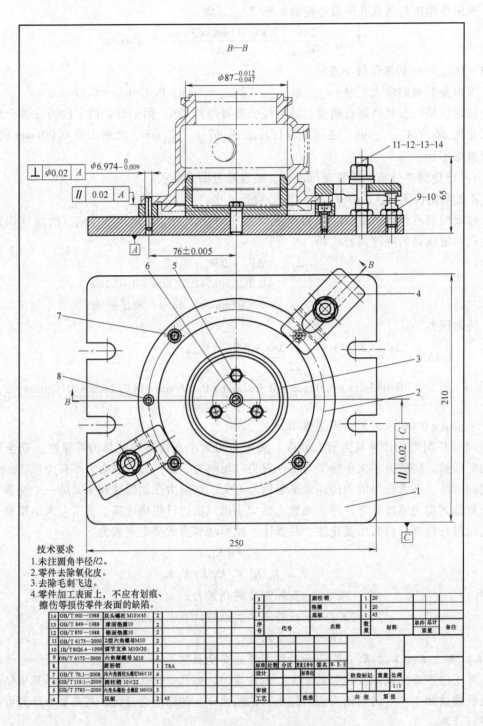

技术要求
1. 未注圆角半径 R2。
2. 零件去除氧化皮。
3. 去除毛刺飞边。
4. 零件加工表面上，不应有划痕、
   擦伤等损伤零件表面的缺陷。

3			圆柱销	1	20			
2			垫圈	1	20			
1			底板	1	45			
序号		代号	名称	数量	材料	单件 总计 重量		备注
14	GB/T 900—1988	双头螺柱 M10×45	2					
13	GB/T 849—1988	球面垫圈10	2					
12	GB/T 850—1988	锥面垫圈10	2					
11	GB/T 6175—2000	2型六角螺母M10	2					
10	JB/T 8026.4—1999	调节支承 M10×30	2					
9	GB/T 6172—2000	六角薄螺母M10	2					
8			菱形销	1	T8A			
7	GB/T 70.1—2008	内六角圆柱头螺钉M6×10	2		设计		标准化	阶段标记 重量 比例
6	GB/T 119.1—2000	圆柱销 10×22	2					
5	GB/T 5783—2000	六角头螺栓-全螺纹 M6×6	3		审核			1:1
4			压板	2	45	工艺	批准	共 张 第 张

图 7-9 55 工序夹具结构图

面，其误差不大于 0.02mm。紧固后找正圆柱销以确定零件中心。

装夹零件之前将夹具及零件定位面清理干净，保证零件基准面完整贴合，最后用扳手紧固螺母，尽量均匀使用夹紧力，保证零件定位准确，夹紧可靠。

156

14. 泵盖加工工艺路线

泵盖的加工工艺路线以工序目录的形式给出，如图 7-10 和图 7-11 所示。

××单位			工序目录		产品号		共 2 页
××车间					零组件号		第 1 页
材料		技术条件	品类	供应状态	零件毛料尺寸		零组件名称
ZG2Cr17Ni3				铸件			泵盖
协作单位	特性类别	工序号	工序名称		设备	准结工时	基本工时
		0	领取毛坯				
		5	打批次号		钳工台	5	3
		10	铣浇冒口		X 51	10	6
		15	车端面外圆		C620	60	30
		20	车端面外圆		C620	60	25
		25	车端面切槽		C620	40	30
	热处理	30	稳定化处理				
		35	车端面镗孔		数控车	60	40
		40	切槽		C620	30	30
		45	车外圆端面		数控车	60	40
编制		50	钻镗孔		DMC64V	60	40
校对		55	钻孔、铣螺纹		MAH0800C	60	60
审核		60	划平面		DMC64V	60	60
审定		65	去毛刺		钳工台	5	5
批准							

图 7-10 工序目录(一)

157

艺表 105

××单位	工序目录	产品号		共 2 页
××车间		零组件号		第 2 页

材料	技术条件	品类	供应状态	零件毛料尺寸	零组件名称
ZG2Cr17Ni3			铸件		泵盖

	协作单位	特性类别	工序号	工序名称	设备	准结工时	基本工时
			70	密封性试验	试验器		
	冶金		75	磁力探伤			
			80	车外圆端面	数控车	60	60
			85	车外圆端面	数控车	60	60
			90	清洗	清洗槽	5	3
			95	检验	检验台		
			100	防锈	油封槽		
			105	表面钝化			
			110	涂漆			
			115	油封入库	油封槽		
编制							
校对							
审核							
审定							
批准							

图 7-11　工序目录（二）

15. 泵盖 85 工序卡

85 工序卡，如图 7-12 所示。

单位	机械加工工序卡		产品号	零组件名称	零组件号	材料	硬度	设备	工序名称	工序号	共1页	版次
				泵盖		ZG1Cr17Ni3		TNA400	车端面、外圆、内孔、槽	85	第1页	A

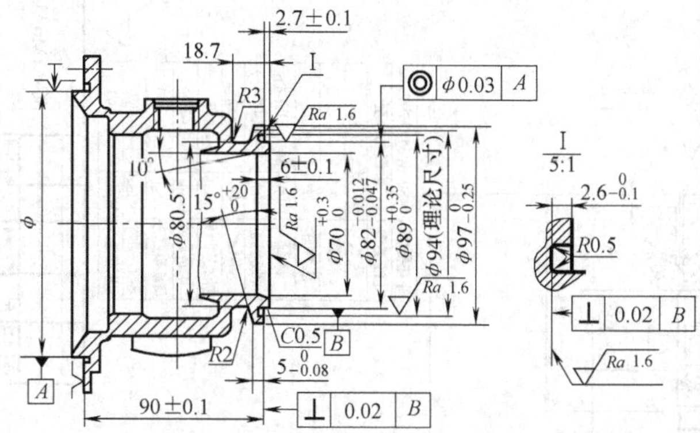

序号	技术要求	夹具
1	所有角度尺寸首件计量合格后由程序保证	专用夹具

工步号	工步内容	刀具	量具	走刀长度/mm	走刀次数	主轴转数/(r/min)	切削速度/(m/min)	进给量/(mm/r)	背吃刀量/mm	工步时间
1	车端面，保证 2.7mm±0.1mm、90mm±0.1mm	外圆刀	深度尺、卡尺	14+8	2	420	129	0.15	1	
2	粗车 φ97mm、φ82mm 外圆	外圆刀	卡尺	12.4+2.7	1	420	128+108	0.15	0.4	
3	精车 φ97mm 外圆	外圆刀	卡尺	12.3	1	420	128	0.05	0.1	
4	粗镗 φ70mm 内孔及倒角	镗孔刀	内径表	34.5	2	450	100	0.08	0.4	
5	精镗 φ70mm 内孔及倒角	镗孔刀	内径表	34.5	1	450	100	0.05	0.1	
6	车外槽	外槽刀	深度尺、卡尺	8.25	2	200	60.9	0.05	8	
7	车端面槽	端面槽刀	专用量具	2.6	2	80	22.4	0.03	2.6	
8	精车 φ82mm 外圆	端面槽刀	卡尺	5.3	1	420	108	0.05	0.1	

编制　校对　审核　会签　批准

图 7-12　85 工序卡

7.2　传动轴的机械加工工艺规程设计

作为重要的支承、传动件，在机械产品中大多数零件属于轴类零件。其中常用的传动轴用于连接的有共同回转中心的零组件和需要相对滑动的同轴件。渐开线花键由于可承受较大载荷、定心精度高、互换性好、使用寿命长等优点得到了广泛应用。

图 7-13 所示为某机械产品中的传动轴，其三处花键齿廓为渐开线，加工工艺与齿轮加工工艺相同。

要确定零件的加工工艺，首先需要对设计图样进行分析，明确合理的技术要求，然后进行工艺分析，制订加工路线，在既定生产规模与生产条件下达到经济、优质、高效的目的。

1. 图样分析

零件材料为合金结构钢 38CrMoAlA，调质 28~35HRC；花键 Ⅰ、Ⅱ、Ⅲ 及 D_1、D_2、D_3 表面渗氮 0.25~0.45mm，硬度不小于 650HV，脆性 Ⅰ 或 Ⅱ 组，允许全部渗氮，使传动轴既有一定的韧性，又具有较高的耐磨性。

尺寸公差、几何公差要求高。φ35f7、φ50k6、φ55h9 外圆对轴线同轴度公差为 φ0.015mm，三处花键对轴线圆跳动公差为 0.025mm。

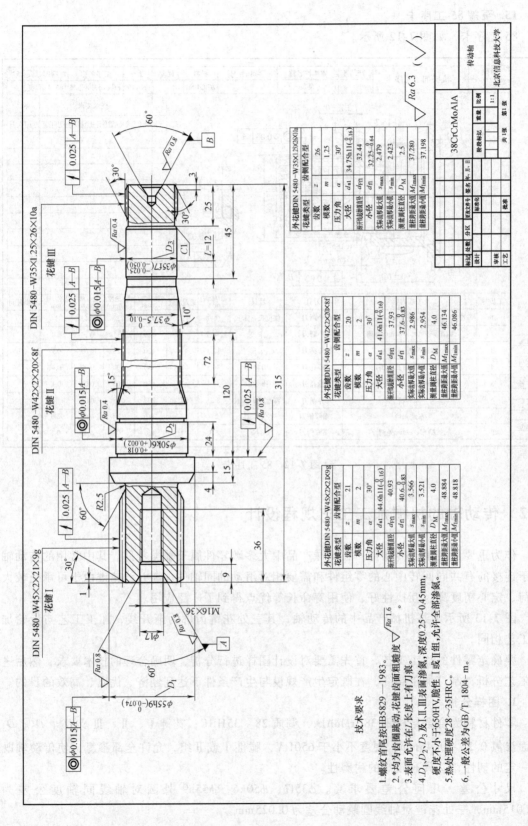

技术要求

1. 螺纹首尾按HB5829—1983。
2. *均为齿圈跳动,花键齿面粗糙度 $\sqrt{Ra\ 1.6}$ 。
3. 表面允许在L长度上有刀痕。
4. D_1、D_2、D_3 及Ⅰ、Ⅱ、Ⅲ表面渗氮,深度0.25~0.45mm,硬度不小于650HV,脆性Ⅰ或Ⅱ组,允许全部渗氮。
5. 热处理硬度28~35HRC。
6. 一般公差为GB/T 1804-m。

外花键DIN 5480-W35X1.25X26X10a

花键类型		齿侧配合型
齿数	z	26
模数	m	1.25
压力角	α	30°
渐开线起始直径	d_{a1}	34.75h11($^{0}_{-0.16}$)
大径		32.44
小径	d_{n}	32.25$^{0}_{-0.64}$
实际齿厚最大值	s_{max}	2.479
实际齿厚最小值	s_{min}	2.423
测量圆柱直径	D_{M}	2.5
量柱跨距最大值	M_{1max}	37.280
量柱跨距最小值	M_{1min}	37.198

外花键DIN 5480-W42X2X20X8f

花键类型		齿侧配合型
齿数	z	20
模数	m	2
压力角	α	30°
渐开线起始直径	d_{a1}	41.6h11($^{0}_{-0.16}$)
大径	d_{n}	37.93
小径		37.6$^{0}_{-0.83}$
实际齿厚最大值	s_{max}	2.986
实际齿厚最小值	s_{min}	2.954
测量圆柱直径	D_{M}	4.0
量柱跨距最大值	M_{1max}	46.134
量柱跨距最小值	M_{1min}	46.086

外花键DIN 5480-W45X2X21X9g

花键类型		齿侧配合型
齿数	z	21
模数	m	2
压力角	α	30°
渐开线起始直径	d_{a1}	44.6h11($^{0}_{-0.16}$)
大径	d_{n}	40.93
小径		40.6$^{0}_{-0.83}$
实际齿厚最大值	s_{max}	3.566
实际齿厚最小值	s_{min}	3.521
测量圆柱直径	D_{M}	4.0
量柱跨距最大值	M_{1max}	48.884
量柱跨距最小值	M_{1min}	48.818

$\sqrt{Ra\ 6.3}$ ($\sqrt{}$)

	38CrMoAlA	
		传动轴
比例	1:1	北京信息科技大学
第 张	共1张	

图7-13 某机械产品中的传动轴

零件结构较复杂，有三处不同规格渐开线花键，左侧有内螺纹 M16×36。

2. 工艺分析

支承轴颈 D_2 与滚动轴承相配，D_3 表面与转子组件相配，这两个主要表面为传动轴的装配基准，它们的制造精度直接影响整个部件的旋转精度。此三处轴颈不同轴时，会引起传动轴径向圆跳动和斜向圆跳动，因此应对其提出较高的精度与表面粗糙度要求，并规定较高的同轴度要求。轴颈 D_2 左侧端面为定位基准面，要求端面与基准轴线圆跳动公差不大于 0.025mm，避免产生定位误差，影响部件的定位精度。D_1 表面安装端面轴封组件。此外圆的同轴度要求是为了保证部件的密封性能。

三处不同规格渐开线花键承担转矩传递任务，为保证部件的传动稳定，根据相应的标准给定恰当的要求，并要求各花键外圆对基准轴线圆跳动误差不大于 0.025mm，避免高速转动时，传动件产生振动和噪声影响传动精度。

3. 毛坯的选定

鉴于传动轴直径相差不大，因此零件毛坯选用合金结构钢 38CrMoAlA 热轧棒料。

4. 定位基准的选择

为保证零件各部位形状和相互位置精度，均采用两中心孔作为定位基准，与设计基准、测量基准保持一致，同时也符合"基准统一"的原则。

中心孔是轴类零件加工时最常用的定位基准，其形状、位置误差都直接影响零件的加工精度。磨削外表面时，为保证零件精度应修研中心孔，并保证中心孔的清洁。中心孔与顶尖之间的松紧程度要适宜，并保证良好的润滑。

粗加工时由于切削余量大，采用"一夹一顶"的定位方式，即采用一个外圆表面和另一端中心孔共同作为定位基准。

插、滚花键和内表面等加工时，选择一或两端轴颈、端面作为定位基准。

5. 加工阶段的划分

由于传动轴为一端带内螺纹孔的台阶轴，毛坯选用热轧棒料，当去除大量金属后零件内应力发生变化而导致零件变形，因此将粗、精加工分开。将加工阶段划分为粗加工、半精加工、精加工阶段。在粗加工及半精加工阶段完成部分辅助表面及非工作表面的精加工，主要表面的精加工放在最后完成。

6. 热处理及表面处理工序的安排

在粗加工阶段之后安排调质处理，作为渗氮前的预备热处理，其目的在于消除加工产生的应力，减少渗氮变形、改善组织，获得均匀的回火索氏体组织和必要的心部组织及硬度。

在半精加工后安排渗氮热处理，获得高氮表层，使零件表面具有高硬度（不小于 65HV），从而具备高的耐磨性、疲劳强度以及抗咬合性。

非渗氮表面（内螺纹）的防护采用涂料法，价格便宜，涂刷简单。

7. 其他工序的安排

在插齿及滚齿工序之后、检验工序之前安排去毛刺工序，消除毛刺对于下道工序装夹和测量的影响。

在切削加工过程中产生的金属屑和使用的切削液等会对零件产生污染，因此在加工工序中安排有清洗工序，一般在检验工序之前安排清洗工序；由于热处理是在专业化生产单位进行，因此在调质处理和渗氮热处理前安排防锈工序；全部加工完毕，在加工过程的最后安排

161

油封包装工序。

由于传动轴结构较复杂，加工工序较多，因此在各加工阶段基本完成后均安排有中间检验工序，以便及时发现并剔除不合格品，减少损失；全部加工完毕安排最终检验工序。

8. 加工顺序的确定

综上所述，传动轴的加工顺序安排如下。

下料——粗车全部（其中内螺纹一端及外圆空刀槽精加工）——调质——半精磨外圆——插两端花键——粗车中间部位花键顶径及相邻外圆——半精磨外圆——滚花键——渗氮——精磨各外圆及端面、锥面。

9. 加工工艺过程

综上所述，传动轴的加工工艺过程可分为以下几个阶段，即下料、粗加工、调质、半精加工、切齿、渗氮、精加工，见表7-4。

表7-4 传动轴加工工艺过程

工序号	工序名称	工序内容	加工设备
0	下料	棒料 ϕ65mm×322mm	锯床
5	车外圆	车一端外圆至 ϕ60mm×150mm 作为粗基准	卧式车床
10	车全部	掉头，以 ϕ60mm 外圆夹持工件车带内螺纹一端内、外形，花键顶径及 ϕ55mm 外圆，留磨削余量	数控车床
15	车外圆及槽	掉头以 ϕ55mm 外圆及端面为基准车外形面及中心孔，最大直径外圆按 ϕ60mm 加工，与工序5所车出的外圆相接	数控车床
20	车外圆	以内螺纹一端花键顶径及第一个台阶面为基准，另一侧中心孔支承，车 $\phi50.6_{-0.05}^{\ 0}$mm（设计图中 ϕ50k6）×183mm 槽及两处空刀槽，ϕ50.6mm 左侧端面尺寸按 16.65mm±0.03mm（设计图中为15mm，留磨削余量），此工序是为右侧花键加工留定位面	数控车床
25	清洗	将零件清洗干净（由于前述工序为车工工序，加工时已将毛刺一并去除，因此，此处不安排去毛刺工序）	
30	检验	按以上加工内容要求检查	
35	防锈	转工前涂防锈油	
40	调质	调质 28～35HRC	
45	研中心孔	修研两端中心孔	卧式车床
50	磨外圆	以两端中心孔为基准，磨中部长槽至 $\phi50.2_{-0.04}^{\ 0}$mm 并见光槽右侧端面，加工表面对轴线圆跳动不大于0.01mm（此外圆及槽右端面为右侧花键加工基准）	数控外圆万能磨床
55	磨外圆	以两端中心孔为基准，磨右端花键顶径，加工表面对轴线圆跳动不大于0.01mm，留精加工余量 0.16～0.2mm	数控外圆万能磨床
60	磨外圆	以两端中心孔为基准，磨左端花键顶径，加工表面对轴线圆跳动不大于0.01mm，留精加工余量 0.16～0.2mm	数控外圆万能磨床
65	插花键	以中部长槽 $\phi50.2_{-0.04}^{\ 0}$mm 及槽右侧端面为基准，插右端花键（$m=1.25$，$z=26$）	数控插齿机
70	插花键	以中部长槽 $\phi50.2_{-0.04}^{\ 0}$mm 及槽右侧端面为基准，插左端花键（$m=2$，$z=21$）	数控插齿机

工序号	工序名称	工序内容	加工设备
75	去毛刺	去除磨削及插齿产生的毛刺	
80	车外圆	以内螺纹一端花键顶径及第一个台阶面为基准，另一侧中心孔支承，车右端除花键及 ϕ50k6 外圆外其余外形，ϕ50k6 外圆、ϕ35f7 外圆及中部花键顶径留磨削余量 0.3~0.4mm	数控车床
85	磨外圆	以两端中心孔为基准，磨 ϕ35f7 外圆至 ϕ35.15$_{-0.04}^{0}$mm，加工表面对轴线圆跳动不大于 0.01mm	数控外圆万能磨床
90	磨外圆及锥面	以两端中心孔为基准，磨中段花键顶径及 10° 锥面，加工表面对轴线圆跳动不大于 0.01mm，留精加工余量 0.16~0.2mm	数控外圆万能磨床
95	磨外圆	以两端中心孔为基准，磨 ϕ55h9 外圆至 ϕ55.12$_{-0.02}^{0}$mm，加工表面对轴线圆跳动不大于 0.01mm	数控外圆万能磨床
100	滚花键	以内螺纹一端花键顶径及另一端中心孔为基准，滚中部花键（$m=2$,$z=20$）	数控滚齿机
105	去毛刺	去除滚花键产生的毛刺	
110	清洗	将零件清洗干净	
115	检验	按工序 45~110 加工内容要求检查	
120	防锈	转工前涂防锈油	
125	渗氮	外圆 D_1、D_2、D_3 和花键表面渗氮，内螺纹保护不渗，其余表面任意；渗层深度 0.25~0.45mm，硬度不小于 650HV，脆性Ⅰ或Ⅱ组	
130	研中心孔	修研两端中心孔	卧式车床
135	磨外圆	以两端中心孔为基准，磨右端花键顶径达要求，加工表面对轴线圆跳动不大于 0.025mm	数控外圆万能磨床
140	磨外圆	以两端中心孔为基准，磨 ϕ55h9 外圆达要求，加工表面对轴线同轴度不大于 ϕ0.015mm	数控外圆万能磨床
145	磨外圆及端面	以两端中心孔为基准，磨 ϕ50k6 外圆及其左端面达要求，加工外圆对轴线同轴度不大于 ϕ0.015mm，端面对轴线圆跳动不大于 0.025mm	数控外圆万能磨床
150	磨外圆及锥面	以两端中心孔为基准，磨中段化键顶径及 10° 锥面达要求，加工表面对轴线圆跳动不大于 0.025mm	数控外圆万能磨床
155	磨外圆	以两端中心孔为基准，磨 ϕ35f7 外圆达要求，加工表面对轴线同轴度不大于 ϕ0.015mm	数控外圆万能磨床
160	磨外圆	以两端中心孔为基准，磨左端花键顶径达要求，加工表面对轴线圆跳动不大于 0.025mm	数控外圆万能磨床
165	去毛刺	去除零件全部毛刺	
170	清洗	将零件清洗干净	
175	检验	按工序 130~170 加工内容要求检查	
180	油封	按照防锈工艺说明书进行清洗、油封包装入库	

因生产批量与加工条件的不同，加工工艺过程会有所差异，但加工的工艺流程基本是一致的。当连续生产时，中间的防锈工序可以取消；当大批量生产时，为了保证生产节拍，需要进行能力平衡，对工序进行集中或分散；过程控制稳定后，中间检验工序可以取消或减少

检验项目。

工序号以 5 为间隔按顺序进行编号，便于后续修订与完善。

10. 工艺规程详细设计

编制工艺规程时，每一道工序均应选择适当的工序卡，详细说明该工序的全部工作内容，绘制工序简图并列出使用的刀具、夹具、量具及辅助工具等。图 7-14 所示为传动轴插花键工序卡。

单位	机械加工工序卡		产品号	零组件名称	零组件号	材料	硬度	设备	工序名称	工序号	共1页	版次
				传动轴		38CrMoAlA	28～35HRC	GP300S	插花键	65	第1页	A

外花键标准规格

花键类型	齿侧配合型
模数	$m=1.25$
齿数	$z=26$
压力角	$\alpha=30°$
渐开线起始圆直径	$d=\phi32.44$
实际齿厚最大值	$S_{max}=2.479$
实际齿厚最小值	$S_{min}=2.423$

序号	技术要求	夹具
1	所加工花键对中心孔的齿圈跳动	专用夹具
	$Fr=0.03$	

$\phi32^{\ 0}_{-0.5}$

$Ra\,1.6$

工步号	工步内容	刀具	量具	走刀长度	走刀次数	主轴转数	切削速度	进给量	背吃刀量	工步工时
		插齿刀	综合量规							

编制	
校对	
审核	
会签	
批准	

图 7-14 传动轴插花键工序卡

11. 传动轴的加工工序安排应注意的几个问题

（1）中心孔的修研 中心孔是轴类零件加工常用的定位基准。如前所述，传动轴加工时选定两端中心孔作为加工时的定位基准，因此在调质和渗氮工序之后、半精磨和精磨工序之前，应安排修研中心孔的工序，以提高中心孔的形状与位置精度、降低其表面粗糙度值、提高被加工表面的精度。中心孔常用修研方法，见表7-5。

表 7-5 中心孔常用修研方法

修研工具	设备	修研方法	特点
油石或橡胶砂轮	磨床或车床	工件顶在油石（橡胶砂轮）顶尖上,手持工件连续缓慢转动	质量好、效率高,为目前常用方法,但工具易磨损
铸铁顶尖	磨床或车床	工件顶在铸铁顶尖上,手持工件连续缓慢转动,需加研磨液	精度高但效率较低
硬质合金顶尖	磨床或车床	用带等宽刃硬质合金顶尖修研中心孔	效率高但精度较低

修研工具	设备	修研方法	特 点
顶尖状砂轮	中心孔磨床	工件装夹在工作台上,砂轮高速旋转,同时砂轮轴绕着工件中心以偏心距 e 为半径做行星运动并沿斜导轨作 30°往返上下滑动	精度好、效率高,适用于批量生产

（2）插两端花键时定位基准的加工　由于受零件结构限制,两端花键必须采用插齿方式进行加工。为了确保插齿时定位稳定、可靠,在插花键之前将工件加工成图 7-15 所示结构。插左端花键时以外圆 $\phi50.2\text{mm}$ 及左端面定位,插右端花键时以外圆 $\phi50.2\text{mm}$ 及右端面定位。待插齿完成后再安排车削工序,车去右端台肩部分并对中间部位进行粗车。为了保证加工精度,对于插花键,定位基准为外圆 $\phi50.2\text{mm}$ 及左、右两个端面,以中心孔为基准进行磨削,保证定位外圆与端面对基准轴线的圆跳动误差不大于 0.01mm。

（3）花键的检验　传动轴上三处外花键选用了标准的直齿圆柱渐开线花键。按照国家标准规定,外花键的基本检验项目有两项。

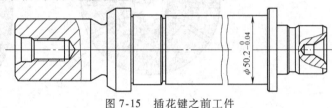

图 7-15　插花键之前工件

1）用综合量规控制外花键的作用齿厚最大值,从而控制作用侧隙的最小值。

2）测量跨棒距或公法线平均长度以控制外花键实际齿厚最小值。当设计图对齿厚测量未规定时,根据模数 m 的大小确定测量方法:当模数 $m\leqslant0.8\text{mm}$ 时,测量跨棒距;当模数 $m>0.8\text{mm}$ 时,两种方法都可用,优选测量跨棒距。

跨棒距及公法线平均长度的计算方法可参考相关齿轮设计及制造手册。

（4）磨削缺陷的预防　为使传动轴获得高几何尺寸精度,主要表面需进行磨削加工。但经表面渗氮的表面硬度高,进行磨削加工时易产生磨削裂纹和磨削烧伤等缺陷。

磨削时由于切削用量过大、操作不当或砂轮磨钝等原因产生的高温,超过材料的回火温度,引起表面层（一般在几十微米到几百微米深度内）的不均匀回火或局部二次淬火,使表层金相组织改变、硬度降低,这种现象称为磨削烧伤。磨削烧伤的表面将严重影响传动轴的工作寿命,并大大降低其承载能力。

在磨削时,一旦表面应力超过材料强度极限时,表面上就会出现裂纹。磨削裂纹又往往是由于被磨削表面层内的应力过大和材质不良等综合作用的结果。

因此,在传动轴的磨削加工过程中,应选择适当硬度和粒度的砂轮,砂轮厚度不易过宽,严格控制磨削工艺参数,减少磨削应力的产生,尤其背吃刀量要小,加工中冷却要充分,避免磨削裂纹与烧伤的产生。

7.3　叶轮的机械加工工艺规程设计

叶轮类零件是机械装备行业重要的典型零件,在能源动力、航空航天、石油化工、冶金等领域应用广泛。叶轮即装有动叶的轮盘,其作用就是将机械能转换为流体的势能和动能。

叶轮的造型涉及空气动力学、流体力学等多个学科。叶轮所采用的加工方法、加工精度和加工表面质量对其最终的性能参数有很大的影响。随着数控技术、CAM 技术的发展，叶轮的加工技术也日新月异。

图 7-16 所示的叶片为非曲面的叶轮。该零件的工艺设计采用基于模型的三维工艺设计。

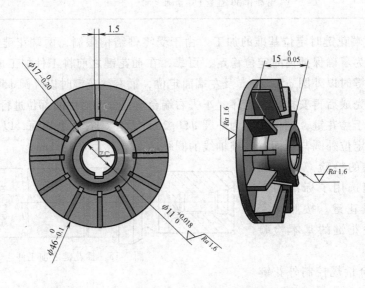

技术要求

1.零件材料2A70。

2. $\phi11^{+0.018}_{0}$mm 孔两端面对其中心线的垂直度公差为0.05mm。

图 7-16　叶片为非曲面的叶轮

1. 模型分析

该叶轮在使用中受力较小，为了减重，零件材料选用铝合金 2A70。该材料经热处理强化后，有较好的力学性能、强度高、切削性能良好。

尺寸公差、几何公差要求一般。中孔 $\phi11$mm 用于配合，公差较严，为 H7 级，两端面对其中心线的垂直度公差为 0.05mm。

叶轮叶片的结构简单，但叶片壁厚较薄，仅为 1.5mm。

2. 工艺分析

该叶轮叶片形状简单，可采用三轴加工中心完成叶片的加工。

叶片壁厚仅 1.5mm，加工不当易引起叶片变形。在靠近轮毂处叶片之间的距离相对较小，加工时刀具易发生过切，需采用小直径刀具。整个零件的高度有限，只要合理控制刀具的伸出长度，小直径刀具的刚性能得到保证。

3. 毛坯的选定

在满足设计性能要求的同时，考虑经济性，毛坯采用棒料，原材料采购容易。

4. 定位基准的选择

工艺基准包括定位基准、工序基准和测量基准。该叶轮的基准选择中，考虑基准统一和易于装夹原则，为了一次装夹加工所有的叶片，选择零件大端面和中孔定位。

166

5. 加工阶段及加工顺序的确定

叶轮在实际加工时需去除大量的材料，为了确保加工精度、降低制造成本、提高生产效率，在进行工序安排时要遵守工序集中、基准先行、先粗后精的工艺原则，一般可将叶轮的加工分为粗加工和精加工两个阶段。

（1）传统的数控加工方案　传统的数控加工是指基于普通数控加工机床，受设备结构、特点限制，一般采用较大切深、低转速的切削参数，加工过程中会产生较大的热量，切削残余应力高，对叶轮这样的薄壁零件，易产生变形。

叶轮的加工顺序为粗铣外形——稳定化去应力——精铣外形。

（2）基于高速切削的加工方案　高速切削能有效地提高切削效率、降低切削刀具与零件的温度、减小残余应力，从而使零件减少变形。对于该零件，通过选择合理的走刀轨迹，将铣叶片的过程分粗铣、精铣两个阶段，可一次装夹加工到最终尺寸，中间无须消除残余应力。

本实例中采用高速切削。

6. 加工工艺过程

叶轮的加工主要在数控设备上完成，较为适合采用基于模型的三维工艺设计，见表 7-6。

表 7-6　叶轮加工工艺过程

工序号	工序名称	工序内容	加工设备
0	下料	棒料 $\phi50mm \times 17mm$	锯床
5	车端面、镗孔	以外圆及端面定位，车另一端面保证总高 16mm；钻镗中孔 $\phi11mm$、车外圆 $\phi17mm$ 及端面凹槽达图样要求	数控车床
15	车外形	掉头，以工序 5 精车的外圆和中孔定位，车叶轮外圆 $\phi46mm$ 和端面达图样要求	数控车床
20	铣叶片	采用高速机床，分粗、精铣叶片达图样要求	三轴立式加工中心（高速机床）
25	插槽	插削键槽	插床
30	去毛刺	采用光整加工，去除零件外形毛刺，减低加工接痕处粗糙度	振动光饰机
35	清洗	将零件清洗干净	
40	检验	基于设计模型编制三坐标测量程序进行检验	三坐标测量机
45	阳极化	表面阳极发蓝处理	

7. 工艺规程详细设计

叶轮的工艺规程采用三维工艺设计方式进行。以 25 工序铣叶片为例，说明该数控程序的编制过程。

（1）建立工序模型　工序模型的建立可分别采用顺序建模法或逆向建模法，主要目的是用于工序结果的显示和工序数控程序的编制、仿真。

叶片在加工前，零件的内孔和最大外形已加工到最终尺寸，20 工序的毛坯模型，如图 7-17 所示。

20 工序的工序模型，如图 7-18 所示。

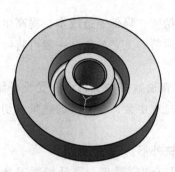

图 7-17　20 工序的毛坯模型

图 7-18　20 工序的工序模型

（2）数控程序的编制

1）定位和压紧点的选择。为了一次装夹加工所有叶片，以零件大端面和中孔定位，小端面压紧。

2）程序零点的选择。选取大端面和中孔的孔中心交点为程序零点。

3）刀具的选择。由于零件材料铝合金 2A70 硬度低，切削性能好，对刀具材料无特殊要求。叶片底面为平面部位，粗、精加工均选择 $\phi 5mm \sim \phi 6mm$ 立铣刀。

为减少切削振动，刀具装夹时伸出长度应尽可能短。

4）数控程序编制。在数控程序编制中，需注意以下几点。

① 一次装夹加工时，需分粗铣外形、精铣外形两个阶段。粗加工给精加工留余量 0.2mm 左右。

② 在参数选择上，按高速切削参数确定原则，采取高转速、小切深的加工参数。本实例中机床的最高转速为 16000r/min。实际加工中选择机床的主轴转速为 12000r/min，进给速度为 8000mm/min，背吃刀量为 0.2mm。

③ 为使叶片两侧均匀受力，刀轨选择上采用整体逐层铣削，如图 7-19 所示。粗加工时为减少空走刀，也可分段铣削，如图 7-20 所示。

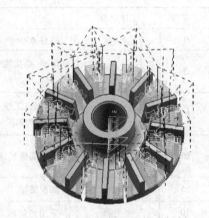

图 7-19　叶片铣削刀具轨迹规划

图 7-20　叶片分段铣削刀具轨迹规划

图 7-21　刀轨仿真检查

（3）程序仿真检查 编制的程序应进行仿真检查。仿真分为刀轨仿真和机床仿真。刀轨仿真检查程序的切削轨迹是否正确，有没有过切或欠切；机床仿真主要检查刀具是否与夹具、机床等发生干涉。编制程序完成后，检查无问题后进行首件试切。图 7-21 所示为刀轨仿真检查。

（4）后处理输出加工程序 仿真检查正确的数控程序，经过机床后置处理软件转换为机器可以识别的 NC 程序。程序的编号需与工艺卡中规定的编号相同，一般在程序首段字节中予以标示。

20 工序输出加工程序如下。

% OP00001（yelun – 123 – 25 – C01）；	（程序编号）
G17；	（XY 平面）
G90；	（绝对尺寸编程）
G54；	（程序零点设置）
T01；	（选择 01 号刀）
M06；	（换刀）
S12000 M03；	（主轴转速 12000r/min，顺时针）
G00；	
X11.6631 Y – 11.7004；	（快速进给）
Z25；	
H00；	
G00；	
Z15；	
G01 Z12. F8000；	（进给速度 8000mm/min）
G01 X10.2512 Y – 10.284；	
G03 X11.3015 Y – 9.1172 Z12 I – 10.2512 J10.284；	
G02 X9.0591 Y – 7.453 Z12 I – .1946 J2.0807；	
⋯	（按点位加工，逐层铣削，此处省略）
⋯	
G01 Z7；	
G00；	
Z25；	
M30；	（程序结束）

（5）检测程序的编制 根据工序模型及检测的相关要求，编制 20 工序三坐标测量机的数控检测程序，并作为工艺的组成部分输出。

（6）输出车间工艺文件 由于采用基于模型的工艺设计，其车间工艺文件的输出不同于二维工艺，除需要表明零件加工相关信息的工序卡外，其余为电子数据。车间工艺文件主要包括以下几项。

1）工序卡。表明加工的零件、工序、加工的部位、程序零点、数控程序编号等内容，还含有夹具、刀具清单、检测方法等信息。

2）数控加工程序。

169

3）数控检测程序。

4）数控程序仿真轨迹演示文档。为操作者提供加工刀轨的演示，便于操作者对数控加工程序的正确理解，方便程序调试与加工。

电子数据存放在指定的服务器中，加工前由管理人员下传至规定的加工及检测设备，供操作者调用。

第8章 常用金属切削机床的技术参数

8.1 车床的技术参数

8.1.1 数控车床

数控车床的主要技术参数，见表8-1。

表 8-1 数控车床的主要技术参数

技术参数		机床型号			
		CK6108A	CK6125	CK6140	CK3263
盘类零件最大车削直径/mm		80	250	400	630
轴类零件最大车削直径/mm		80	250	240	400
工件最大长度/mm		—	—	1000	250/900
主轴孔径/mm		26	38	75	125
主轴锥孔		30°	莫氏 5 号	—	—
主轴转速级数		无级	无级	无级	无级
主轴转速范围/(r/min)		50~5000	50~3000	20~2000	19~1500
溜板最大行程/mm	横向	200	370	—	—
	纵向	250	1000	—	—
刀架快移速度/(m/min)	横向	8	—	—	—
	纵向	8	—	—	—
主电动机功率/kW		1.1	5.5	11	37
控制轴数		3	2	—	—
联动轴数		2	2		

8.1.2 卧式车床

卧式车床的主要技术参数，见表8-2。

表 8-2 卧式车床的主要技术参数

技术参数		机床型号					
		CM6125	C6132	C620-1	C620-3	CA6140	C630
加工最大直径/mm	在床身上	250	320	400	400	400	615
	在刀架上	140	160	210	220	210	345
	棒料	23	34	37	37	48	68
加工最大长度/mm		350	750	650	610	650	1210
				900	900	900	2610
				1300	1300	1400	
				1900		1900	

技术参数		机床型号					
		CM6125	C6132	C620-1	C620-3	CA6140	C630
中心距/mm		350	750	750	710	750	1400
				1000	1000	1000	2800
				1400	1400	1500	
				2000		2000	
加工螺纹	米制/mm	0.2~6	0.25~6	1~192	1~192	1~192	1~224
	英制/(牙/in)	21~4	112~4	24~2	14~1	24~2	28~2
主轴孔径/mm		26	30	38	38	48	70
主轴锥孔		莫氏4号	莫氏5号	莫氏5号	莫氏5号	莫氏5号	米制80号
主轴转速	正转/(r/min)	25~3150	22.4~1000	12~2000	12.5~2000	10~1400	14~750
	反转/(r/min)	—	—	18~1520	19~2420	14~1580	22~945
刀架最大纵向行程/mm		350	750	650	640	650	1310
				900	930	900	2810
				1300	1330	1440	
				1900		1900	
最大横向行程/mm		350	280	260	250	260	390
最大回转角度/(°)		±60	±60	±45	±90	±60	±60
进给量	纵向/(mm/r)	0.02~0.4	0.06~1.71	0.08~1.59	0.07~4.16	0.028~6.33	0.15~2.65
	横向/(mm/r)	0.01~0.2	0.03~0.85	0.027~0.52	0.035~2.08	0.014~3.16	0.05~0.9
尾座顶尖套移动量/mm		80	100	150	200	150	205
顶尖套孔锥度		莫氏3号	莫氏3号	莫氏4号	莫氏4号	莫氏4号	莫氏3号
横向移动量/mm		±10	±6	±15	±15	±15	±15
主电动机功率/kW		15	3	7	7.5	7.5	10

卧式车床刀架进给量，见表 8-3。

表 8-3　卧式车床刀架进给量

型号	刀架进给量/(mm/r)
CM6125	纵向:0.02,0.04,0.08,0.10,0.20,0.40
	横向:0.01,0.02,0.04,0.05,0.10,0.20
C6132	纵向:0.06,0.07,0.08,0.09,0.10,0.11,0.12,0.13,0.15,0.16,0.17,0.18,0.20,0.23,0.25,0.27, 0.29,0.32,0.36,0.40,0.46,0.49,0.53,0.58,0.64,0.67,0.71,0.80,0.91,0.98,1.07,1.06,1.28, 1.35,1.42,1.60,1.71
	横向:0.03,0.04,0.05,0.06,0.07,0.08,0.09,0.10,0.11,0.12,0.13,0.15,0.16,0.17,0.18,0.20, 0.23,0.25,0.27,0.29,0.32,0.34,0.36,0.40,0.46,0.49,0.53,0.58,0.64,0.67,0.71,0.80,0.85

型号	刀架进给量/（mm/r）
C620-1	纵向：0.08，0.09，0.10.0.11，0.12，0.13，0.14，0.15，0.16，0.18，0.20，0.22，0.24，0.26，0.28，0.30，0.33，0.35，0.40，0.45，0.48，0.50，0.55，0.60，0.65，0.71，0.81，0.91，0.96，1.01，1.11，1.21，1.28，1.46，1.59
	横向：0.027，0.029，0.033，0.038，0.04，0.042，0.046，0.05，0.054，0.058，0.067，0.075，0.078，0.084，0.092，0.10，0.11，0.12，0.13，0.15，0.16，0.17，0.18，0.20，0.22，0.23，0.27，0.30，0.32，0.33，0.37，0.40，0.41，0.48，0.52
C620-3	纵向：0.07，0.074，0.084，0.097，0.11，0.12，0.13，0.14，0.15，0.17，0.195，0.21，0.23，0.26，0.28，0.30，0.34，0.39，0.43，0.47，0.52，0.57，0.61，0.70，0.78，0.87，0.95，1.04，1.14，1.21，1.40，1.56，1.74，1.90，2.08，2.28，2.42，2.80，3.12，3.48，3.80，4.16
	横向：为纵向进给量的一半
CA6140	纵向：0.028，0.032，0.036，0.039，0.043，0.046，0.050，0.08，0.09，0.10，0.11，0.12，0.13，0.14，0.15，0.16，0.18，0.20，0.23，0.24，0.26，0.28，0.30，0.33，0.36，0.41，0.46，0.48，0.51，0.56，0.61，0.66，0.71，0.81，0.91，0.94，0.96，1.02，1.03，1.09，1.12，1.15，1.22，1.29，1.47，1.59，1.71，1.87，2.05，2.16，2.28，2.56，2.92，3.16，3.42，3.74，4.11，4.32，4.56，5.14，5.87，6.33
	横向：0.014，0.016，0.018，0.019，0.021，0.023，0.025，0.027，0.040，0.045，0.050，0.055，0.060，0.065，0.070，0.08，0.09，0.10，0.11，0.12，0.13，0.14，0.15，0.16，0.17，0.20，0.22，0.24，0.25，0.28，0.30，0.33，0.35，0.40，0.43，0.45，0.47，0.48，0.50，0.51，0.54，0.56，0.57，0.61，0.64，0.73，0.79，0.86，0.94，1.02，1.08，1.14，1.28，1.46，1.58，1.72，1.85，2.04，2.16，2.28，2.56，2.92，3.16
C630	纵向：0.15，0.17，0.19，0.21，0.24，0.27，0.30，0.33，0.38，0.42，0.45，0.54，0.6，0.65，0.75，0.84，0.96，1.07，1.2，1.33，1.5，1.7，1.9，2.15，2.4，2.65
	横向：0.05，0.06，0.065，0.07，0.08，0.09，0.10，0.11，0.12，0.14，0.16，0.18，0.20，0.22，0.25，0.28，0.32，0.36，0.40，0.45，0.5，0.56，0.64，0.72，0.81，0.9

卧式车床主轴转速，见表8-4。

表8-4 卧式车床主轴转速

型号	主轴转速/（r/min）
CM6125	正转：25，63，125，160，320，400，500.630，800，1000，1250，2000，2500，3150
C6132	正转：22.4，31.5，45，65，90，125，180，250，350，500，700，1000
C620-1	正转：12，15，19，24，30，38，46，58，76，90，120，150，185，230，305，370，380，460，480，600，610，760，955，1200 反转：18，30，48，73，121，190，295，485，590，760，970，1520
C620-3	正转：12.5，16，20，25，31.5，40，50，63，80，100，125，160，200，250，315，400，500，630，800，1000，1250，1600，2000 反转：19，30，48，75，121，190，302，475，755，950，1510，2420
CA6140	正转：10，12.5，16，20，25，32，40，50，63，80，100，125，160，200，250，320，400，450，500，560，710，900，1120，1400 反转：14，22，36，56，90，141，226，362，565，633，1018，1580
C630	正转：14，18，24，30，37，47，57，72，95，119，149，188，229，288，380，478，595，750 反转：22，39，60，91，149，234，361，597，945

8.2 铣床的技术参数

8.2.1 立式铣床

立式铣床示意图，如图 8-1 所示。

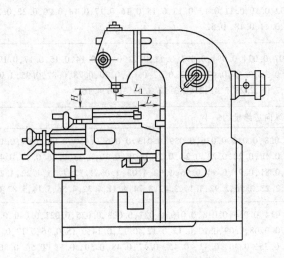

图 8-1　立式铣床示意图

立式铣床的主要技术参数，见表 8-5。

表 8-5　立式铣床的主要技术参数

技术参数			型号				
			X5012	X51	X52K	X53K	X53T
主轴端面至工作台的距离 H/mm			0 ~ 250	30 ~ 380	30 ~ 400	30 ~ 500	0 ~ 500
主轴轴线至床身垂直导轨面距离 L_1/mm			150	270	350	450	450
工作台至床身垂直导轨面距离 L/mm			—	40 ~ 240	55 ~ 300	50 ~ 370	—
主轴孔锥度			莫氏 3 号	7:24	7:24	7:24	7:24
主轴孔径/mm			14	25	29	29	69.85
刀杆直径/mm			—	—	32 ~ 50	32 ~ 50	40
立铣头最大回转角度/(°)			—	—	±45	±45	±45
主轴转速/(r/min)			130 ~ 2720	65 ~ 1800	30 ~ 1500	30 ~ 1500	18 ~ 1400
主轴轴向移动量/mm			—	—	70	85	90
工作台尺寸(长×宽)/mm			500×125	1000×250	1250×320	1600×400	2000×425
工作台最大行程/mm	纵向	手动 机动	250	$\frac{620}{620}$	$\frac{700}{680}$	$\frac{900}{880}$	$\frac{1260}{1260}$
	横向	手动 机动	100	$\frac{190}{170}$	$\frac{255}{240}$	$\frac{315}{300}$	$\frac{410}{400}$
	升降	手动 机动	250	$\frac{370}{350}$	$\frac{370}{350}$	$\frac{385}{365}$	$\frac{410}{400}$
工作台进给量 /(mm/min)	纵向		手动	35 ~ 980	23.5 ~ 1180	23.5 ~ 1180	10 ~ 1250
	横向		手动	25 ~ 765	15 ~ 786	15 ~ 789	10 ~ 1250
	升降		手动	12 ~ 380	8 ~ 394	8 ~ 394	2.5 ~ 315

174

技术参数		型号				
		X5012	X51	X52K	X53K	X53T
工作台快速移动速度 /（mm/min）	纵向	手动	2900	2300	2300	3200
	横向	手动	2300	1540	1540	3200
	升降	手动	1150	770	770	800
工作台 T 形槽	槽数	3	3	3	3	3
	槽宽/mm	12	14	18	18	18
	槽距/mm	35	50	70	90	90
主电动机功率/kW		1.5	4.5	7.5	10	10

立式铣床主轴转速，见表 8-6。

表 8-6　立式铣床主轴转速

型号	主轴转速/（r/min）
X5012	130,188, 263,355,510,575,855,1180,1585,2720
X51	65,80,100,125,160,210,255,300,380,490,590,725,1225,1500,1800
X52K、X53K	30,37.5,47.5,60,75,95,118,150,190,235,375,475,600,750,950,1180,1500
X53T	18,22,28,35,45,56,71,90,112,140,180,224,280,355,450,560,710, 900,1120,1400

立式铣床工作台进给量，见表 8-7。

表 8-7　立式铣床工作台进给量

型号	工作台进给量/（mm/min）
X51	纵向:35,40,50,65,85,105,125,165,205,250,300,390,510,620,755,980
	横向:25,30,40,50,65,80,100,130,150,190,230,320,400,480,585,765
	升降:12,15,20,25,33,40,50,65,80,95,115,160,200,290,380
X52K X53K	纵向:23.5,30,37.5,47.5,60,75,95, 118,150,190,235,300,375,475,600,750,950,1180
	横向:15,20,25,31, 40,50,63,78, 100,126,156,200,250,516, 400,500,634,786
	升降:8,10, 12.5,15.5, 20,25,31.5,39,50,63,78, 100,125,158,200,250,317,394
X53T	纵向及横向:10,14,20,28,40,56,80,110,160,220,315,450,630,900, 1250
	升降:2.5,3.5,5.5,7, 10,14,20, 28.5,40,55,78.5,112.5,157.5,225,315

8.2.2　卧式（万能）铣床

卧式（万能）铣床示意图，如图 8-2 所示。

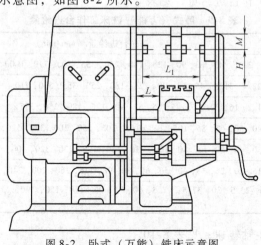

图 8-2　卧式（万能）铣床示意图

卧式（万能）铣床的主要技术参数，见表8-8。

表 8-8　卧式（万能）铣床的主要技术参数

技术参数		型号		
		X60（X60W）	X61（X61W）	X62（X62W）
主轴轴线至工作台面距离 H/mm		0～300	30～360 （30～330）	30～390 （30～350）
床身垂直导轨面至工作台后面距离 L/mm		80～240	40～230	55～310
主轴轴线至悬梁下平面的距离 M/mm		140	150	155
主轴端面至支臂轴承端面的最大距离 L_1/mm		447	470	700
主轴孔锥度		7:24	7:24	7:24
主轴孔径/mm		—	—	29
刀杆直径/mm		16,22,27,32	22,27,32,40	22,27,32,40
主轴转速/(r/min)		50～2240	65～1800	30～1500
工作台尺寸(长×宽)/mm		800×200	1000×250	1250×320
工作台最大 行程/mm	纵向 $\dfrac{手动}{机动}$	500	$\dfrac{620}{620}$	$\dfrac{700}{680}$
	横向 $\dfrac{手动}{机动}$	160	$\dfrac{190(185)}{170}$	$\dfrac{255}{240}$
	升降 $\dfrac{手动}{机动}$	320	$\dfrac{330}{330(300)}$	$\dfrac{360(320)}{340(300)}$
工作台进给量 /(mm/min)	纵向	22.4～1000	35～980	23.5～1180
	横向	16～710	25～765	23.5～1180
	升降	8～355	12～380	为纵向进给量的1/3
工作台快速移动速度 /(mm/min)	纵向	2800	2900	2300
	横向	2000	2300	2300
	升降	1000	1150	770
工作台T形槽	槽数	3	3	3
	槽宽/mm	14	14	18
	槽距/mm	45	50	70
工作台最大回转角度/(°)		无(±45)	无(±45)	无(±45)
主电动机功率/kW		2.8	4	7.5

注：( ) 内为万能铣床与卧式铣床的不同数据，其余相同。

卧式（万能）铣床工作台进给量，见表8-9。

表 8-9　卧式（万能）铣床工作台进给量

型号	工作台进给量/(mm/min)
X60 （X60W）	纵向:22.4、31.5、45、63、90、125、180、250、355、500、710、1000
	横向:16、22.4、31.5、45、63、90、125、180、250、355、500、710
	升降:8、11.2、16、22.4、31.5、45、63、90、125、180、250、355
X61 （X61W）	纵向:35、40、50、65、85、105、125、165、205、250、300、390、510、620、755、980
	横向:25、30、40、50、65、80、100、130、150、190、230、320、400、480、585、765
	升降:12、15、20、25、33、40、50、65、80、98、115、160、200、240、290、380
X62 （X62W）	纵向及横向:23.5、30、37.5、47.5、60、75、95、118、150、190、235、300、375、475、600、750、950、1180

卧式（万能）铣床主轴转速，见表8-10。

表 8-10 卧式（万能）铣床主轴转速

型号	主轴转速/（r/min）
X60（X60W）	50,71,100,140,200,400,560,800,1120,1600,2240
X61（X61W）	65,80,100, 125. 160, 210, 255, 300,380,490,590,725,945, 1225, 1500,1800
X62（X62W）	30,37. 5,47. 5,60,75,95,118,150,190,235,300,375,475,600,750,950,1180,1500

卧式（万能）铣床工作台尺寸，见表 8-11。

表 8-11 卧式（万能）铣床工作台尺寸

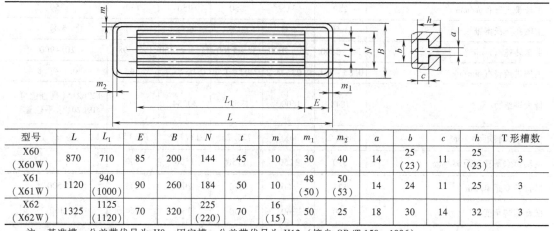

型号	L	L_1	E	B	N	t	m	m_1	m_2	a	b	c	h	T 形槽数
X60 （X60W）	870	710	85	200	144	45	10	30	40	14	25 （23）	11	25 （23）	3
X61 （X61W）	1120	940 （1000）	90	260	184	50	10	48 （50）	50 （53）	14	24	11	25	3
X62 （X62W）	1325	1125 （1120）	70	320	225 （220）	70	16 （15）	50	25	18	30	14	32	3

注：基准槽 a 公差带代号为 H8，固定槽 a 公差带代号为 H12（摘自 GB/T 158—1996）。

8.3 钻床的技术参数

8.3.1 摇臂钻床

摇臂钻床示意图，如图 8-3 所示。

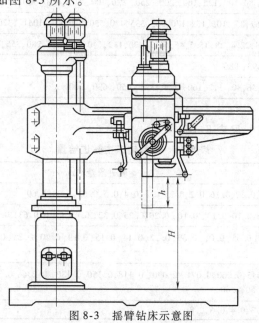

图 8-3 摇臂钻床示意图

177

摇臂钻床的主要技术参数，见表 8-12。

表 8-12　摇臂钻床的主要技术参数

技术参数	型号					
	Z3025	Z3040	Z35	Z37	Z32K	Z35K
最大钻孔直径/mm	25	40	50	75	25	50
主轴端面至底座工作面的距离 H/mm	250～1000	350～1250	470～1500	600～1750	25～870	—
主轴最大行程 h/mm	250	315	350	450	130	350
主轴孔莫氏圆锥	3 号	4 号	5 号	6 号	3 号	5 号
主轴转速/(r/min)	50～2500	25～2000	34～1700	11.2～1400	175～980	20～900
主轴进给量/(mm/r)	0.05～1.6	0.03～3.2	0.03～1.2	0.037～2	—	0.1～0.8
最大进给力/N	7848	16000	19620	33354		12262.5(垂直位置) 19620(水平位置)
主轴最大转矩/N·m	196.2	400	735.75	1177.2	95.157	—
主轴箱水平移动距离/mm	630	1250	1150	1500	500	—
横臂升降距离/mm	525	600	680	700	845	1500
横臂回转角度/(°)	360	360	360	360	360	360
主电动机功率/kW	2.2	3	4.5	7	1.7	4.5

注：Z32K、Z35K 为移动式万向摇臂钻床，主要在三个方向上都能回转360°，可加工任何倾斜度的平面。

摇臂钻床主轴转速，见表 8-13。

表 8-13　摇臂钻床主轴转速

型号	主轴转速/(r/min)
Z3025	50,80,125,200,250,315,400,500,630,1000,1600,2500
Z3040	25,40,63,80,100,125,160,200,250,320,400,500,630,800,1250,2000
Z35	34,42,53,67,85,105,132,170,265,335,420,530,670,850,1051,1320,1700
Z37	11.2,14,18,22.4,28,35.5,45,56,71,90,112,140,180,224,280,355,450,560,710.900,1120,1400
Z32K	175,432,693,980
Z35K	20,28,40,56,80,112,160,224,315,450,630,900

摇臂钻床主轴进给量，见表 8-14。

表 8-14　摇臂钻床主轴进给量

型号	主轴进给量/(mm/r)
Z3025	0.05,0.08,0.12,0.16,0.2,0.25,0.3,0.4,0.5,0.63,1.00,1.60
Z3040	0.03,0.06,0.10,0.13,0.16,0.20,0.25,0.32,0.40,0.50,0.63,0.80,1.00,1.25,2.00,3.20
Z35	0.03,0.04,0.05,0.07,0.09,0.12,0.14,0.15,0.19,0.20,0.25,0.26,0.32,0.40,0.56,0.67,0.90,1.2
Z37	0.037,0.045,0.060,0.071,0.090,0.118,0.150,0.180,0.236,0.315,0.375,0.50,0.60,0.75,1.00,1.25,1.50,2.00
Z35K	0.1,0.2,0.3,0.4,0.6,0.8

8.3.2 立式钻床

立式钻床示意图，如图8-4所示。

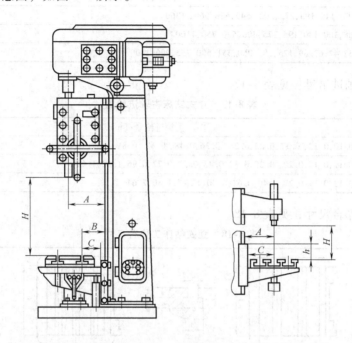

图8-4 立式钻床示意图

立式钻床的主要技术参数，见表8-15。

表 8-15 立式钻床的主要技术参数

技术参数	型号		
	Z525	Z535	Z550
最大钻孔直径/mm	25	35	50
主轴端面至工作台面距离 H/mm	0～700	0～750	0～800
从工作台T形槽中心至导轨面距离 B/mm	155	175	350
主轴轴线至导轨面距离 A/mm	250	300	350
主轴行程/mm	175	225	300
主轴莫氏圆锥	3	4	5
主轴转速/(r/min)	97～1360	68～1100	32～1400
主轴进给量/(mm/r)	0.1～0.81	0.11～1.6	0.12～2.64
主轴最大转矩/N·m	245.25	392.4	784.8
最大进给力/N	8829	15696	24525
工作台行程/mm	325	325	325
工作台尺寸/mm	500×375	450×500	500×600
从工作台T形槽中心到凸肩距离 C/mm	125	160	320
主电动机功率/kW	2.8	4.5	7.5

179

立式钻床主轴转速，见表8-16。

表 8-16　立式钻床主轴转速

型号	主轴转速/（r/min）
Z525	97，140，195，272，392，545，680，960，1360
Z535	68，100，140，195，275，400，530，750，1100
Z550	32.47，63.89，125，185，250，351，500，735，996，1400

立式钻床主轴进给量，见表8-17。

表 8-17　立式钻床主轴进给量

型号	主轴进给量/（mm/r）
Z525	0.10，0.13，0.17，0.22，0.28，0.36，0.48，0.62，0.81
Z535	0.11，0.15，0.20，0.25，0.32，0.43，0.57，0.72，0.96，1.22，1.60
Z550	0.12，0.19，0.28，0.40，0.62，0.90，1.17，1.80，2.64

立式钻床工作台尺寸，见表8-18。

表 8-18　立式钻床工作台尺寸

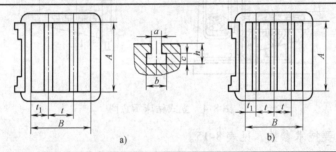

型号	A	B	t	t_1	a	b	c	h	T形槽数
Z525	500	375	200	87.5	14H11	24	11	26	2
Z535	500	450	240	105	18H11	30	14	32	2
Z550	600	500	150	100	22H11	36	16	35	3

注：Z525、Z535 按图 a 选取，Z550 按图 b 选取。

8.3.3　台式钻床

台式钻床示意图，如图8-5所示。

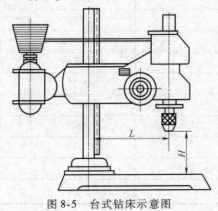

图 8-5　台式钻床示意图

180

台式钻床的主要技术参数，见表 8-19。

表 8-19　台式钻床的主要技术参数

技术参数	型号			
	Z4002	Z4006A	Z512(Z515)	Z512-1(Z512-2)
最大钻孔直径/mm	2	6	12(15)	13
主轴行程/mm	20	75	100	100
主轴轴线至立柱表面距离 L/mm	80	152	230	190(193)
主轴端面至工作台面距离 H/mm	5 ~ 120	180	430	0 ~ 335
主轴莫氏圆锥	—	1	1	2
主轴转速/(r/mm)	3000 ~ 8700	1450 ~ 5800	460 ~ 4250 (320 ~ 2900)	480 ~ 4100
主轴进给方式	手动进给			
工作台尺寸/mm	110 × 110	250 × 250	350 × 350	265 × 265
工作台绕立柱回转角度(°)	—	—	—	360
主电动机功率/kW	0.1	0.25	0.6	0.6

注：括号内为 Z515 与 Z512-2 的数据。

台式钻床主轴转速，见表 8-20。

表 8-20　台式钻床主轴转速

型号	主轴转速/(r/min)
Z4002	3000, 4950, 8700
Z4006A	1450, 2900, 5800
Z512	460, 620, 850, 1220, 1610, 2280, 3150, 4250
Z515	320, 430, 600, 835, 1100, 1540, 2150, 2900
Z512-1(Z512-2)	480, 800, 1400, 2440, 4100

8.4　镗床的技术参数

8.4.1　卧式铣镗床

卧式铣镗床的主要技术参数，见表 8-21。

表 8-21　卧式铣镗床的主要技术参数

技术参数		型号				
		T616	T68	T611	T612	T611H
最大加工孔径/mm	镗孔(用镗杆)	240	240	240	550	240
	(用平旋盘)	350	—	—	—	—
	钻孔	50	65	80	60	80
用平旋盘最大加工外径/mm		350	450	—	700	—
用平旋盘最大加工端面/mm		400	450	—	800	—
用镗杆最大加工孔的深度/mm		—	600	600	1000	600
主轴直径/mm		63	85	110	125	110

技术参数		型号				
		T616	T68	T611	T612	T611H
主轴孔锥度		莫氏 4 号	莫氏 5 号	莫氏 6 号	米制 80 号	莫氏 6 号
主轴最大行程/mm		560	600	600	1000	600
主轴中心线至工作台面距离/mm		0 ~ 710	30 ~ 800	30 ~ 800	0 ~ 1400	1061 ~ 2661（至底座面）
主轴转速/(r/min)		13 ~ 1160	20 ~ 1000	20 ~ 1000	7.5 ~ 1200	20 ~ 1000
主轴进给量/(mm/r)		0.026 ~ 4.5	0.05 ~ 16	0.05 ~ 16	0.04 ~ 14.4	0.05 ~ 16
主轴最大转矩/N·m		392.4	107.91	107.91	3433.5	107.91
主轴最大抗力/N(切削抗力)		7848	12753	12753	19620	12753
进给抗力/N		9810	12753	12753	29430	12753
主轴箱最大升降行程/mm		710	755	755	1400	1600
主轴箱进给量/(mm/r)		与主轴进给量相同	0.025 ~ 8	0.025 ~ 8	0.025 ~ 8	0.015 ~ 5
工作台尺寸/mm		900 × 700	1000 × 800	1000 × 800	1600 × 1250	—
工作台 T 形槽	槽数	5	7	7	7	—
	槽宽/mm	22	22	22	28	—
	槽距/mm	120	115	115	170	—
工作台最大行程/mm	纵向	900	1140	1225	1600	—
	横向	750	850	800	1400	—
工作台进给量/(mm/r)		与主轴进给量相同	与主轴进给量相同	0.025 ~ 8	0.025 ~ 8	—
平旋盘 T 形槽	槽数	2	1	—	2	—
	槽宽/mm	12	18	—	22	—
	槽距/mm	265	—	—	—	—
刀架沿平旋盘移动行程/mm		135	170	—	—	—
平旋盘刀架 T 形槽	槽数	2	1	—	—	—
	槽宽/mm	12	18	—	—	—
	槽距/mm	112	—	—	—	—
平旋盘转速/(r/min)		13 ~ 134	10 ~ 200	—	4.5 ~ 250	—
平旋盘刀架进给量/(mm/r)		与主轴进给量相同	与主轴进给量相同	—	0.025 ~ 8	—
主电动机功率/kW		4	6.5	5.2/7	10	6.5/7

注：T611H 为移动卧式铣镗床。

卧式铣镗床主轴转速，见表 8-22。

表 8-22　卧式铣镗床主轴转速

型号	主轴转速/(r/min)
T616	13,19,28,43,64,93,113,134,168,245,370,550,810,1160
T68 T611 T611H	20,25,32,40,50,64,80,100,125,160,200,250,315,400,500,630,800,1000
T612	（正、反转）7.5,9.5,12,15,19,24,30,38,48,60,75,96,128,160,205,250,320,414,460,600,750,950,1200

卧式铣镗床主轴进给量，见表8-23。

表 8-23　卧式铣镗床主轴进给量

型号	主轴进给量/（mm/r）
T616	0.026，0.037，0.053，0.072，0.1，0.145，0.2，0.28，0.41，0.58，0.8，1.13，1.6，2.25，3.25，4.5
T68 T611 T611H	0.05，0.07，0.1，0.13，0.19，0.27，0.37，0.52，0.74，1.03，1.43，2.05，2.9，4，5.7，8，11.1，16
T612	0.04，0.06，0.08，0.12，0.17，0.24，0.33，0.47，0.66，0.92，1.37，1.83，2.6，3.64，5.2，7.23，10.2，14.4

卧式铣镗床主轴箱进给量，见表8-24。

表 8-24　卧式铣镗床主轴箱进给量

型号	主轴箱进给量/（mm/r）
T68 T611 T612	0.025，0.035，0.05，0.07，0.09，0.13，0.19，0.26，0.37，0.52，0.72，1.03，1.42，2，2.9，4，5.6，8

卧式铣镗床工作台进给量，见表8-25。

表 8-25　卧式铣镗床工作台进给量

型号	工作台进给量/（mm/r）
T611 T612	0.025，0.035，0.05，0.07，0.09，0.13，0.19，0.26.0，37，0.52，0.72，1.03，1.42，2，2.9，4，5.6，8

卧式铣镗床平旋盘刀架进给量，见表8-26。

表 8-26　卧式铣镗床平旋盘刀架进给量

型号	刀架进给量/（mm/r）
T612	0.025，0.035，0.05，0.07，0.09，0.13，0.19，0.26，0.37，0.52，0.72，1.03，1.42，2，2.9，4，5.6，8

8.4.2　坐标镗床

坐标镗床的主要技术参数，见表8-27。

表 8-27　坐标镗床的主要技术参数

技术参数		型号				
		TS4132	T4163	T4240	T42100	TA4280
最大加工孔径/mm		70	250	150	250	300
	镗孔	钢16	40	钢20	60	40
	钻孔	铸铁25		铸铁25		
主轴中心线至立柱表面距离/mm		320	700	—	—	—
主轴端面至工作台面距离/mm		100～500	260～740	10～510	1000	970
立柱间距离/mm		—	—	600	1450	1100
水平主轴中心线至工作台面距离/mm		—	—	—	80～880	—
最大铣刀直径/mm						180
主轴孔锥度		莫氏2号	特殊的	莫氏3号	3:20	莫氏4号
主轴最大行程/mm		100	250	145	300	300

（续）

技术参数		型号				
		TS4132	T4163	T4240	T42100	TA4280
主轴转速/(r/min)		125～2500（无级）	55～2000（无级）	45～1250	垂直主轴:40～2000 水平主轴:40～1000	40～2000
主轴进给量/(mm/r)		0.02～0.12	0.03～0.16（无级）	0.02～0.18	0.025～0.3	0.0425～0.356
主轴箱最大行程/mm		—	240	350	垂直主轴箱1020 水平主轴箱800	800
主轴箱进给量/(mm/min)（无级）		—	—	—	垂直主轴箱25～150 水平主轴箱55～220	30～180
工作台尺寸/mm		450×320	1100×630	560×400	1600×1020	1100×840
工作台最大行程/mm:纵向		350	1000	500	1420	950
横向		240	600	—	—	—
工作台移动速度/(mm/min)		—	36,1000	—	0～300（无级）	0～1800（无级）
工作台T形槽	槽数	—	—	—	10	8
	槽宽/mm	—	—	—	18	18
	槽距/mm	—	—	—	—	106
横梁升降速度/(mm/min)		—	—	—	370	500
坐标读数精度/mm		0.001	0.001	0.001	0.001	0.001
坐标定位精度/mm		0.004	0.006	0.004	0.008	0.005
主电动机功率/kW		1	4.5	1	3	3

坐标镗床主轴转速，见表8-28。

表8-28　坐标镗床主轴转速

型号	主轴转速/(r/min)
T4240	45,75,125,210,300,480,780,1250
T42100	垂直主轴:40,52,65,80,105,130,165,210,265,330,420,530,625,800,1000,1250,1600,2000
	水平主轴:40,52,65,80,105,130,165,210,265,330,420,530,625,800,1000
TA4280	40,52,65,80,105,130,160,205,250,320,410,500,625,800,1000,1250,1600,2000

坐标镗床主轴进给量，见表8-29。

表8-29　坐标镗床主轴进给量

型号	主轴进给量/(mm/r)
TS4132	0.02,0.05,0.12
T4240	0.02,0.04,0.06,0.09,0.12,0.18
T42100	0.025,0.045,0.06,0.10,0.15,0.20,0.25,0.30（垂直主轴和水平主轴相同）
TA4280	0.0425,0.069,0.10,0.153,0.247,0.356

8.4.3 金刚镗床

金刚镗床的主要技术参数，见表 8-30。

表 8-30　金刚镗床的主要技术参数

技术参数	型号									
	T740K					T740				
镗孔直径/mm	10～200					10～200				
主轴头型号及主要尺寸	（一般供应 2 号）					（一般供应 2 号）				
主轴头型号	0 号	1 号	2 号	3 号	4 号	0 号	1 号	2 号	3 号	4 号
每边安装主轴头数	4	4	3	3	2	4	4	3	3	2
主轴中心线至工作台面距离/mm	230	230	240	250	270	230	230	240	250	270
主轴头之间最小距离/mm	100	125	155	190	245	100	125	155	190	245
主轴头最大转速/(r/min)										
0 号	5000					5000				
2 号	1000					1000				
工作台尺寸/mm	400×600					400×600				
工作台最大纵向行程/mm	275					400				
工作台快速移动速度/(m/min)	1～2					1～2				
工作台进给量（无级）/(mm/min)	10～500					10～300				
工作台面至床身底面距离/mm	890					890				
工作台 T 形槽：槽数	—					3				
槽宽	—					12				
主电动机功率/kW	2.8					2 个各 2.8				

8.5　磨床的技术参数

8.5.1　内、外圆磨床

外圆磨床的主要技术参数，见表 8-31。

表 8-31　外圆磨床的主要技术参数

技术参数	型号			
	M120	M1331	MQ1350	MQM1350
磨削工件直径/mm	8～200	8～315	500	500
用中心架时磨削工件直径/mm	8～60	8～60	25～200	25～200
磨削工件最大长度/mm	710,1000	710,1000,1400	1400,2000,2800	1400,2000,2500

技术参数		型号			
		M120	M1331	MQ1350	MQM1350
磨削工件最大质量/kg		150	150	1000	1000
中心高/mm		115	170	270	240
头架顶尖孔莫氏锥度		4 号	5 号	6 号	6 号
头架主轴转速/(r/min)		37,64,115,212	37,64,115,212	18,36,50,70, 100,140	15,36,50, 70,100,140
砂轮架最大移动量/mm		210	235	250	250
砂轮架快速移动量/mm		50	50	100	100
手轮每转砂轮架移动量/mm	粗	2	2	4	4
	精	0.5	0.5	0.4	0.5
手轮盘分度值/mm	粗	0.01	0.01	0.02	0.02
	精	0.0025	0.0025	0.0025	0.0025
砂轮尺寸(外径×宽×内径)/mm		600×63×305	(450~600) ×63×305	(550~750) ×75×305	(550~750) ×75×305
砂轮转速/(r/min)		1110	1110	890~1000	890~1000
工作台最大移动量/mm		830,1110	830,1100,1540	1450,2100,2950	1450,2100,2950
工作台移动速度/(m/min)		0.1~6	0.1~6	0.1~2.5	0.1~5
工作台最大回转角度/(°)	顺时针	3	3	2	2
	逆时针	9,6	3,6,9	4,7,9	4,7,9
顶尖孔莫氏锥度		4 号	4 号	6 号	6 号
顶尖套移动量/mm		30	30	70	70
砂轮轴电动机功率/kW		7.5	4	13	14
头架电动机功率/kW		0.8	0.8	3	2

万能外圆磨床的主要技术参数，见表 8-32。

表 8-32 万能外圆磨床的主要技术参数

技术参数	型号				
	M114W	M115W	M120W	M131W	MBG1420
磨削工件直径/mm	4~140	150	7~200	8~315	200
用中心架时磨削工件直径/mm	—	8~40	—	8~60	—
可磨内圆直径/mm	10~25	80	18~50	13~125	14~80
磨削外圆最大长度/mm	180,350	650	500	710,1000,1400	500
磨削内圆最大长度/mm	50	75	75	125	—
磨削工件最大质量/kg	8,10	18	40	150	20
中心高/mm	80	100	110	170	105
头架顶尖孔莫氏锥度	4 号	3 号	3 号	4 号	5 号

技术参数	型号				
	M114W	M115W	M120W	M131W	MBG1420
头架主轴转速/(r/min)	200,300,400,510,600,1020	45,70,115,175,275,450	80,165,250,330,500	35,70,140,280	50~630(无级)
头架回转角度/(°)	90	90	90,-30	90,-30	90
砂轮架最大移动量/mm	125	165	215	270	纵向:110 横向:30
砂轮架快速移动量/mm	15	20	50	5	30
分度每格砂轮进给量/mm	0.0025	0.005	0.005	0.0025	0.001
砂轮架回转角度/(°)	±180	±180	±180	±30	在上滑鞍上: 5,-18 在下滑鞍上: 45,-5
砂轮尺寸(外径×宽度×内径)/mm	(160~250)×20×75	300×40×127	(220~300)×40×127	(280~400)×50×203	左端外圆用:300×(20~50)×127 右端外圆用: 200×(10~16)×60
砂轮主轴转速/(r/min)	2667,3340	2200	2200	1990,2670	1220,1775,1925,2200
内圆磨砂轮尺寸(外径×宽度×内径)/mm	—	(12~35)×(13~25)×(4~10)	(15~40)×(16~32)	(12~80)×(16~32)×(5~20)	—
内圆磨主轴转速/(r/min)	17000	10000	12500,21600	10000,20000	12600,18900,18650,22400,28000
工作台最大移动量/mm	300,400	740	590	780,1100,1540	500
工作台移动速度/(mm/min)	200~6000(无级)	500~5000(无级)	100~6000(无级)	100~6000	100~5000(无级)
工作台最大回转角度/(°):					
顺时针	7	5	7	3	—
逆时针	5	5	6	3,6,9	10
顶尖孔莫氏锥度	1号	3号	3号	4号	2号
顶尖套移动量/mm	15	20	20	30	25
砂轮轴电动机功率/kW	1.5	2.8	3	4	2.2
头架电动机功率/kW	0.6	0.52	0.6	0.8	0.55

内圆磨床的主要技术参数,见表8-33。

表8-33 内圆磨床的主要技术参数

技术参数		型号				
		M2110	M2120	M250A	M224	M228
磨孔直径/mm		12~100	50~200	150~500	10~40	20~80
装夹工件最大外径/mm	有罩	210	400	510	—	200
	无罩	500	650	725	—	400

技术参数	型号				
	M2110	M2120	M250A	M224	M228
磨孔最大长度/mm	130	200	450	80	125
头架最大回转角度/(°)	8	30	20	30	30
头架主轴转速/(r/min)	200,300,600	低速:(无级) 120~320 高速:(无级) 200~650	26,32,50, 150,190,300	20~1000 （无级）	200~785
砂轮主轴转速/(r/min)	11000,18000	4000,6000, 7500,10000, 12500	2450,4200	15000,28000, 42000	10500~20000
砂轮进给量/(mm/双行程)	0.002~0.006	0.001~0.002	0.002~0.01	—	—
分度盘每格分度值/mm	0.002	0.002	0.002	0.005	0.005
工作台最大行程/mm	320	600	725	290	400
工作台移动速度/(m/min)	1.5~6	1.5~6	1~4	0.1~7	0.5~6
砂轮轴电动机功率/kW	3	4.5	5.5	0.9~2.6	3
头架电动机功率/kW	0.8	1.5	2.1	0.6	0.42

8.5.2 平面磨床

卧轴矩台平面磨床的主要技术参数，见表8-34。

表 8-34 卧轴矩台平面磨床的主要技术参数

技术参数		型号				
		MM7112	M7120A	M7130	M7130K	M7140
磨削工件最大尺寸/mm	长	350	630	1000	1600	2000
	宽	125	200	300	300	400
	高	300	320	400	400	600
磨头中心线至工作台面距离/mm		70~400	100~445	135~575	135~575	—
磨头最大移动量/mm	横向	—	250	350	350	550
	垂直	330	345	400	440	600
磨头横向连续进给量/(m/min)			0.3~3	0.5~4.5	0.5~4.5	0.5~5
磨头横向间歇进给量/(mm/单行程)		—	1~12	3~30	3~30	3~50
磨头主轴转速/(r/min)		2810	3000,3600	1500	1500	1440
手轮每转一格磨头进给量/mm	垂直	0.005	0.005	0.01	0.01	0.005
	横向	—	0.01	0.01	0.01	0.002
磨头垂直进给量/mm		—	0.005,0.010, 0.015,0.020, 0.025,0.030, 0.035,0.040, 0.045,0.050	0.01,0.02, 0.03,0.04, 0.05,0.06, 0.07,0.08, 0.09	—	—

188

技术参数	型号				
	MM7112	M7120A	M7130	M7130K	M7140
工作台尺寸(长×宽)/mm	350×125	630×200	1000×300	1600×300	2000×400
工作台纵向移动量/mm	380	780	200~1100	200~1650	800~2100
工作台纵向移动速度/(m/min)	2.5~18	1~18	3~18	2~20	5~30
手轮每转一格工作台横向移动量/mm	0.02	—	—	—	—
工作台每一行程横向间歇进给量/mm	0~1.8	—	—	—	—
砂轮尺寸(外径×宽度×内径)/mm	(140~200)×20×75	(170~250)×25×75	(270~350)×40×127	(270~350)×40×127	(375~500)×(60~100)×305
主电动机功率/kW	1.5	3	4.5	4.5	28

卧轴圆台平面磨床的主要技术参数，见表 8-35。

表 8-35　卧轴圆台平面磨床的主要技术参数

技术参数		型号		
		M7331	M7350	M7350A
磨削工件最大直径/mm		315	500	500
磨削工件最大高度/mm	平面	140	200	200
	锥面	100	160	180
工作台直径/mm		315	500	500
工作台最大移动量/mm	纵向	—	330	310
	垂直	185	—	—
工作台往复运动速度(液压无级)/(m/min)		—	0.1~2.5	0.1~2.5
工作台最大倾斜度/(°)		±8	±8	±3
工作台转速/(r/min)		60~180	12~120(无级)	20~100(无级)
分度盘每转一格垂直进给量/mm	工作台	0.0025	—	—
	磨头	—	0.0025	0.0025
机动垂直进给量/mm	工作台	0~0.03	—	—
	磨头	—	0.0025~0.02	0.002~0.016
砂轮尺寸(外径×宽度×内径)/mm×mm×mm		(160~250)×25×75	(250~350)×40×12	400×40×127
砂轮转速/(r/min)		2660~3110	1900	1450
主电动机功率/kW		3	4	5.5

主轴平面磨床的主要技术参数，见表 8-36。

表 8-36　主轴平面磨床的主要技术参数

技术参数	型号	
	M7232	M7475
磨削工件最大尺寸/mm	800×320×380(长×宽×高)	750×350(直径×高)
磨头垂直升降最大移动量/mm	380	350

技术参数	型号	
	M7232	M7475
磨头垂直快速移动速度/(m/min)	0.92	0.568
分度盘每转一格磨头垂直进给量/mm	0.01	0.01
砂轮尺寸/mm	350（外径）	450×(35~125)×350（外径×宽度×内径）
砂轮转速/(r/min)	1460	975
工作台尺寸/mm×mm	800×320（长×宽）	750（直径）
工作台纵向移动量/mm	200~1200	530
工作台运动速度	移动/(m/min):3~20(无级)	转速/(r/min):5,7,10,14,20,29
砂轮下端面至工作台面距离/mm	0~380	0~350
主电动机功率/kW	13	16

8.6　刨床的技术参数

8.6.1　牛头刨床

牛头刨床的主要技术参数，见表8-37。

表 8-37　牛头刨床的主要技术参数

技术参数		型号			
		B635	B650	B6063	B665
最大切削长度/mm		350	500	630	650
滑枕底面至工作台面最大距离/mm		320	400	400	370
刨刀自床身前面伸出最大距离/mm		500	660	—	—
工作台尺寸（长×宽）/mm×mm	顶面	305×250	455×405	580×400	650×450
	侧面	305×270	455×355	—	450×415
工作台水平移动量/mm		380	500	630	600
工作台垂直移动量/mm		280	300		300
工作台最大回转角度/(°)		—	±90		
刀架前部最大回转角度/(°)		±20	±20	—	—
刀架转动角度/(°)		±60	±60		±60
刀架最大垂直移动距离/mm		100	110	170	175
刨刀杆最大尺寸（宽×高）/mm		20×25	20×32		20×30
滑枕往复次数/(次/min)		30,46,63,78	11,17,23,35,40,56,75,120	11.2,16,23,32,45,63,90,125	12.5,17.9,25,35.6,52.5,73

8.6.2 龙门刨床

龙门刨床的主要技术参数，见表8-38。

表 8-38 龙门刨床的主要技术参数

技术参数		型号			
		B2010A	B2012A	BX2012	B2016A
刨削最大长度/mm		3000	4000	4000	4000,6000
刨削最大宽度/mm		1000	1250	1250	1600
刨削最大高度/mm		800	1000	1000	1250
刨削工件最大质量/t		5	8	8	10,15
横梁下端至工作台面距离/mm		100~830	100~1050	100~1050	100~1300
两立柱间的空间距离/mm		1060	1350	1350	1700
工作台齿条上允许的最大拉力/N（当切削速度为10~25m/min时）		61803	61803	61803	78480
工作台尺寸(长×宽)/mm×mm		3000×900	4000×1120	4000×1120	4000×140 6000×1400
工作台行程/mm		530~3150	530~4150	530~4150	530~6150 530~4150
工作台T形槽	槽数	5	5	5	7
	方向	纵向	纵向	纵向	纵向
	尺寸(槽宽×槽距)/mm×mm	28×170	28×210	28×210	28×200
工作台工作行程速度/(m/min)	刨削:高速	9~90(无级)	9~90(无级)	6~90	8~80(无级)
	低速	4.5~45(无级)	1.5~45(无级)	3~45	4~40(无级)
	铣削:高速	—	—	0.2~3	—
	低速	—	—	0.1~1.5	—
工作台返回行程速度/(m/min)	刨削:高速	9~90(无级)	9~90(无级)	6~90	8~80(无级)
	低速	4.5~45(无级)	1.5~45(无级)	3~45	4~40(无级)
	铣削:高速	—	—	0.2~3	—
	低速	—	—	0.1~1.5	—
调整时工作台的最低速度/(m/min)		1	1	—	1
刀架数量	上刀架(在横梁上)	2	2	2	2
	侧刀架(在立柱上)	2	2	2	2
侧刀架及垂直刀架的最大伸出距离/mm		250	250	250	250
刀架最大回转角度/(°)	上刀架	±60	±60	±60	±60
	侧刀架	±60	±60	±60	±60

（续）

技术参数		型号			
		B2010A	B2012A	BX2012	B2016A
刀具最大截面尺寸(长×宽)/mm×mm		60×60	60×60	60×60	60×60
垂直刀架手动和机动的最大行程/mm	水平	1460	1700	1700	2150
	垂直	250	250	250	250
侧刀架手动和机动的最大行程/mm	水平	250	250	250	250
	垂直	560	750	750	1000
工作台往复一次侧刀架的垂直进给量/mm		0.2~11.5	0.2~11.5	0.2~11.5	0.2~11.5
垂直刀架的快速移动速度/(m/min)	水平	1.6	1.6	1.6	1.6
	垂直	0.6	0.6	0.6	0.6
侧刀架的快速垂直移动速度/(m/min)		0.85	0.85	0.85	0.85
横梁升降速度/(m/min)		0.57	0.57	0.57	0.57
铣刀最大直径/mm		—	—	200	—
铣头主轴孔径/mm		—	—	27	—

8.7 插床的技术参数

插床的主要技术参数，见表 8-39。

表 8-39 插床的主要技术参数

技术参数	型号			
	B5020	B5032	B5050	B50100
最大插削长度/mm	200	320	500	1000
工件最大尺寸(长×高)/mm×mm	485×200	600×320	900×750	2000(外径)
工件最大质量/kg	400	500	600	5000
刀具支承面至床身前壁间的距离/mm	485	600	1000	1120
工作台面至滑枕导轨下端的距离/mm	320	490	750	1140
滑枕行程/mm	25~220	50~340	125~580	300~1000
滑枕垂直调整量/mm	230	315	260	840
滑枕最大回转角度/(°)	8	8	10	—
滑枕工作行程速度/(m/min)	1.7~27.5	1.9~21.2	5~22	4~30
插刀最大尺寸(宽×高)/mm×mm	25×40	25×40	30×55	—
工作台直径/mm	500	630	800	1250
工作台最大移动量/mm				
纵向(沿床身方向)	500	630	950	1200
横向(沿滑座方向)	500	560	800	1000

技术参数		型号			
		B5020	B5032	B5050	B50100
工作台最大回转角度/(°)		360	360	360	360
滑枕每往复一次工作台进给量/mm	纵向	0.08 ~ 1.24	0.08 ~ 1.24	0 ~ 1.5	0.2 ~ 5
	横向	0.08 ~ 1.24	0.08 ~ 1.24	0 ~ 3	0.2 ~ 5
	回转(在φ700mm圆周上)	—	—	—	0.4 ~ 10
	回转角度/(°)	0.052 ~ 0.783	0.052 ~ 0.783	0 ~ 1.25	—
主电动机功率/kW		3	4	10	30

8.8 拉床的技术参数

拉床的主要技术参数，见表8-40。

表8-40　拉床的主要技术参数

技术参数	型号			
	L5120	L5310	L6110	L6120
	名称			
	立式内拉床	立式外拉床	卧式内拉床	卧式外拉床
额定拉力/kN	196.2	98.1	98.1	196.2
最大拉力/kN	255.06	137.34	137.34	255.06
工作台最大行程/mm	—	125	—	—
工作台尺寸(长×宽)/mm	600×520	450×450	—	—
工作台(或支承端板)孔径/mm	200		150	200
化盘孔径/mm	130		100	130
溜板最大行程/mm	1250	1000	1250	1600
溜板工作行程速度(无级)/(m/min)	3 ~ 11	2 ~ 13	2 ~ 11	1.5 ~ 11
溜板返回行程速度(无级)/(m/min)	10 ~ 20	7 ~ 20	14 ~ 25	7 ~ 20
溜板工作尺寸(长×宽)/mm×mm	—	1500×400	—	—
溜板工作面至工作台端距离/mm	—	153 ~ 167	—	—
辅助溜板最大行程/mm	500		570	620
辅助溜板工作行程速度/(m/min)	0 ~ 14		2 ~ 10	2 ~ 10
由机床底面至工作台面(或支承板孔中心)距离/mm	1912	1310	900	900
主电动机功率/kW	22	17	17	22

8.9 花键铣床的技术参数

花键铣床的主要技术参数，见表 8-41。

表 8-41 花键铣床的主要技术参数

技术参数	型号		
	Y631K	YB6012	Y6110
	名称		
	花键轴铣床	半自动花键轴铣床	螺旋花键铣床
最大加工直径/mm	80	125	100
最大加工长度/mm	600	900	600
加工键槽数	4~10	4~36	4~20
工件轴线至铣刀轴线的距离/mm	50~815	50~157	50~185
中心距/mm	650	1000	650
铣头主轴孔莫氏锥度	4 号	4 号	4 号
最大安装铣刀直径/mm	140	125	140
最大安装铣刀长度/mm	140	125	140
铣刀杆直径/mm	22,27,32	27,32,40	—
铣头转速/(r/min)	80,100,125,160,200,250	63,80,100,125,160,200	80,100,125,160,200,250
铣头轴向移动量/mm	30	30	
分度盘每转一格铣头移动量/mm	0.01	0.01	0.01
分度盘每转一转铣头移动量/mm	2	2	2
工件主轴孔莫氏锥度	4 号	4 号	4 号
工作台进给量/(mm/r)	—	0.33,0.5,0.75,0.83,1.0,1.25,1.5,1.88,2.5,3.75	0.5,1.0,1.25,1.5,2,2.5,3.75,5
工作台快速移动速度/(m/min)		2	1
尾架套筒孔莫氏锥度	4 号	4 号	4 号
尾架套筒最大移动量/mm	45	35	
主电动机功率/kW	4.5	4	4.5

8.10 滚齿机的技术参数

滚齿机的主要技术参数，见表 8-42。

表 8-42 滚齿机的主要技术参数

技术参数		型号				
		YM3608	Y32B	Y3150	Y38	Y31125
加工齿轮最大直径/mm	用外支架时	—	—	350	450	—
	不用外支架时	80	200	500	800	1250

技术参数		型号				
		YM3608	Y32B	Y3150	Y38	Y31125
加工斜齿轮最大直径/mm	当螺旋角为30°时	—	180	370	500	—
	当螺旋角为60°时	—	70	—	190	—
加工齿轮最大宽度/mm		50	180	240	240	550
加工齿轮最大模数/mm		1	4	6	8	12
加工齿轮的最大螺旋角度/(°)		±20	—	±45	—	—
滚刀最大直径/mm		32	80	120	120	200
滚刀心轴直径/mm		8,13	22,27	22,27,32	22,27,32	27,32,40
主轴孔莫氏锥度		—	4 号	—	5 号	6 号
主轴转速/(r/min)		130~1200	63~318	50~275	47.5~192	29~174（无级）
主轴中心线至工作台面距离/mm		—	100~310	最小170	最小205	325~865
主轴中心线至工作台中心线距离/mm		—	30~160	25~320	30~470	2~840
刀架最大垂直行程/mm		—	210	260	270	120
刀架最大回转角度/(°)		—	±60	—	360	—
工件每转滚刀进给量/(mm/r)	垂直	0.075~0.8	0.26~3	0.24~4.25	0.5~3	0.45~6.6（无级）
	径向	—	—	—	0.24~1.44	0.23~1.36
	切向	—	0.1~1.13	—	—	（无级）
工作台直径/mm		—	150	320	475	1075
工作台心轴直径/mm		—	25	30	35	200
主电动机功率/kW		0.8	1.7	3	2.8	4.4

滚齿机主轴转速，见表8-43。

表 8-43　滚齿机主轴转速

型号	主轴转速/(r/min)
YM3608	130,200,320,480,800,1200
Y32B	63,78,100,121,165,200,258,318
Y3150	50,65,84,103,135,165,204,275
Y38	47.5,64,79,87,155,192

滚齿机滚刀进给量，见表8-44。

表 8-44　滚齿机滚刀进给量

型号	滚刀进给量/(mm/r)
YM3608	0.075,0.1,0.125,0.15,0.2,0.3,0.4,0.5,0.6,0.8
Y32B	垂直:0.26, 0.5, 0.751, 1.25,1.5, 1.75, 2, 2,5,3
	切向:0.1,0.19,0.28,0.37,0.47,0.56,0.66,0.75,0.94,1.13
Y3150	0.24, 0.30, 0.38, 0.47, 0.57, 0.70, 0.83, 1.0, 1.2, 1.45, 1.75, 2.15, 2.65, 3.4,4.25
Y38	垂直:0.5,1.15, 1.5, 2,2.5,3
	径向:0.24,0.55,0.72,0.92,1.2,1.44

8.11 插齿机的技术参数

插齿机的主要技术参数，见表 8-45。

表 8-45　插齿机的主要技术参数

技术参数		型号			
		Y5108	Y5120A	Y54	Y58
加工齿轮的最大直径/mm	外齿轮	80	200	450	800
	内齿轮	80	200	400	1000
加工齿轮的最大宽度/mm	外齿轮	20	50	105	170
	内齿轮	20	30	75	—
加工齿轮模数/mm		0.2 ~ 1	1 ~ 4	2 ~ 6	12（最大）
加工齿轮齿数		—	10 ~ 200	—	—
加工斜齿轮最大螺旋角度/(°)		45	—	23	23
插齿刀最大行程/mm		25	63	125	200
插齿刀中心线至工作台中心线最大距离/mm		—	150	350	750
插齿刀主轴端面至工作台面距离/mm		60	70 ~ 140	35 ~ 160	300
刀架最大纵向移动量/mm		—	250	510	
插齿刀往复行程数/(次/min)		400,700,1200,2000	200,315,425,600	125,179,253,359	25,45,60,75,100,125,150
插齿刀往复行程一次的圆周进给量/(mm/双行程)		0.012 ~ 0.41	0.1,0.12,0.15,0.19,0.24,0.3,0.37,0.46	0.17,0.21,0.24,0.3,0.35,0.44	0.17 ~ 1.5
插齿刀往复行程一次的径向进给量/(mm/双行程)		—	—	0.024,0.048,0.096	
插齿刀往复行程一次工作台的径向进给量/(mm/双行程)		—	—	—	0.3 ~ 0.56
插齿刀回程时的让刀量/mm		—	—	—	0.65
插齿刀回程时工作台的让刀量/mm		0.07	0.5		
主电动机功率/kW		0.6	1.7	2.8	7

8.12 剃齿机的技术参数

剃齿机的主要技术参数，见表 8-46。

表 8-46　剃齿机的主要技术参数

技术参数		型号		
		Y4232B	Y4245	Y42125（Y42125A）
加工齿轮直径/mm	外啮合	30 ~ 320	50 ~ 45	20 ~ 1250
	内啮合	—	—	600

技术参数	型号		
	Y4232B	Y4245	Y42125（Y42125A）
加工齿轮模数/mm	1~6	1.75~8	2~8(12)
加工齿轮宽度/mm	125	100	200
剃齿刀直径/mm	180~240	200~250	300
剃齿刀宽度/mm	—	20~40	—
刀架最大回转角度/(°)	±30	±30	±20
工件与剃齿刀的中心距/mm	105~280	140~360	140~770
工作台最大行程/mm	135	150	—
工作台顶尖间的距离/mm	500	125~380	—
主轴转速/(r/min)	60~280（无级）	118,150,188,234,294	—
工作台转速/(r/min)	—	—	33,39,48,67,81,98,117,140,168,200(116~200)
工作台纵向进给量/(mm/min)	10~300（无级）	50,63,80,103,125,160,205,250	—
每次行程的径向进给量/(mm/单行程)	—	0.02,0.04,0.06,0.08	0.025,0.05,0.075
工件每转轴向进给量/(mm/r)	—	—	0.1,0.2,0.4,0.64
主电动机功率/kW	3	2.8	4.5(5.5)

注：（）内为 Y42125A 与 Y42125 的不同数据，其余相同。

第9章 常用金属切削刀具的规格

9.1 钻头

中心钻的规格，见表9-1。

表 9-1 中心钻的规格（摘自 GB/T 6078.1—1998） （单位：mm）

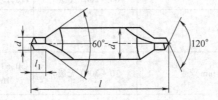

标记示例

直径 $d = 2.5\text{mm}$，$d_1 = 6.3\text{mm}$ 的直槽 A 型中心钻；中心钻 A2.5/6.3 GB/T 6078.1—1998。

d k12	d_1 h9	l 公称尺寸	l 极限偏差	l_1 公称尺寸	l_1 极限偏差
1.00	3.15	31.5		1.3	+0.6 \ 0
1.60	4.0	35.5	±2	2.0	+0.8 \ 0
2.00	5.0	40.0		2.5	
2.50	6.3	45.0		3.1	+1.0 \ 0
3.15	8.0	50.0		3.9	
4.00	10.0	56.0		5.0	+1.2 \ 0
6.30	16.0	71.0	±3	8.0	
10.00	25.0	100.0		12.8	+1.4

直柄麻花钻的规格，见表9-2。

表 9-2 直柄麻花钻的规格（摘自 GB/T 6135.2—2008） （单位：mm）

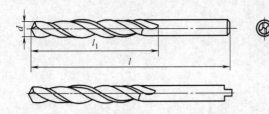

标记示例

1）钻头直径 $d = 10.00\text{mm}$ 的右旋直柄麻花钻：直柄麻花钻 10 GB/T 6135.2—2008。

2）钻头直径 $d = 10.00\text{mm}$ 的左旋直柄麻花钻：直柄麻花钻 10-L GB/T 6135.2—2008。

3）精密级的直柄短麻花钻或直柄麻花钻应在直径前加"H-"，如 H-10，其余标记方法与1）和2）相同。

d h8	l	l_1	d h8	l	l_1
0.20	19	2.5	7.00	109	69
0.50	22	6	8.00	117	75
0.60	24	7	9.00	125	81
0.70	28	9	10.00	133	87
0.80	30	10	11.00	142	94
0.90	32	11	12.00	151	101
1.00	34	12	13.00		
1.50	40	18	14.00	160	108
2.00	49	24	15.00	169	114
3.00	61	33	16.00	178	120
4.00	75	43	17.00	184	125
5.00	86	52	18.00	191	130
6.00	93	57	18.50	198	135

莫氏锥柄麻花钻的规格，见表9-3。

表9-3 莫氏锥柄麻花钻的规格（摘自 GB/T 1438.1—2008） （单位：mm）

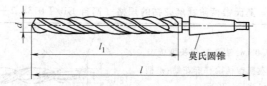

标记示例

1）直径 d =10mm，标准柄的右旋莫氏锥柄麻花钻：莫氏锥柄麻花钻 10 GB/T 1438.1—2008。

2）直径 d =10mm，标准柄的左旋莫氏锥柄麻花钻：莫氏锥柄麻花钻 10-L GB/T 1438.1—2008。

3）精密级莫氏锥柄麻花钻应在直径前加"H-"，如 H-10，其余标记方法与1）和2）相同。

d	l_1	标准柄		d	l_1	标准柄		d	l_1	标准柄	
		l	莫氏 圆锥号			l	莫氏 圆锥号			l	莫氏 圆锥号
4.00	43	124		12.00	101	182		20.00	140	238	
5.00	52	133		13.00			1	21.00	145	243	2
6.00	57	138		14.00	108	189		22.00	150	248	
7.00	69	150	1	15.00	114	212		23.00	155	253	
8.00	75	156		16.00	120	218		24.00	160	281	
9.00	81	162		17.00	125	223	2	25.00			3
10.00	87	168		18.00	130	228		26.00	165	286	
11.00	94	175		19.00	135	233		27.00	170	291	

d	l₁	标准柄 l	标准柄 莫氏圆锥号	d	l₁	标准柄 l	标准柄 莫氏圆锥号	d	l₁	标准柄 l	标准柄 莫氏圆锥号
28.00	170	291		42.00	205	354		56.00	230	417	
29.00	175	296	3	43.00				57.00	235	422	
30.00				44.00	210	359		58.00			
31.00	180	301		45.00				59.00	235	422	
32.00	185	334		46.00	215	364	4	60.00			
33.00				47.00				61.00			
34.00	190	339		48.00				62.00	240	427	
35.00				49.00	220	369		63.00			
36.00	195	334	4	50.00				64.00			5
37.00				51.00				65.00	245	432	
38.00	200	349		52.00	225	412		66.00			
39.00				53.00			5	67.00			
40.00				54.00	230	417		68.00	250	437	
41.00	205	354		55.00				69.00			

莫氏锥柄阶梯麻花钻的规格，见表 9-4。

表 9-4 莫氏锥柄阶梯麻花钻的规格（摘自 GB/T 6138.2—2007）　（单位：mm）

标记示例

1）钻孔部分直径 $d_1 = 14.0$mm，钻孔部分长度 $l_2 = 38.5$mm，右旋攻螺纹前钻孔用莫氏锥柄阶梯麻花钻：锥柄阶梯麻花钻 14×38.5　GB/T 6138.2—2007。

2）钻孔部分直径 $d_1 = 14.0$mm，钻孔部分长度 $l_2 = 38.5$mm，左旋攻螺纹前钻孔用莫氏锥柄阶梯麻花钻：锥柄阶梯麻花钻 14×38.5-L　GB/T 6138.2—2007。

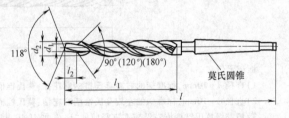

d_1	d_2	l	l_1	l_2	莫氏圆锥号	适用的螺纹孔
7.0	9.0	162	81	21.0		M8×1
8.8	11.0	175	94	25.5	1	M10×1.25
10.5	14.0	189	108	30.0		M12×1.5
12.5	16.0	218	120	34.5		M14×1.5
14.5	18.0	228	130	38.5	2	M16×1.5
16.0	20.0	238	140	43.5		M18×2
18.0	22.0	248	150	47.5		M20×2
20.0	24.0	281	160	51.5		M22×2
22.0	26.0	286	165	56.5	3	M24×2
25.0	30.0	296	175	62.5		M27×2
28.0	33.0	334	185	70.0	4	M30×2

注：d_1 公差为：普通级 h9，精密级 h8；d_2 公差为：普通级 h9，精密级 h8。

莫氏锥柄扩孔钻的规格，见表9-5。

表 9-5　莫氏锥柄扩孔钻的规格（摘自 GB/T 4256—2004）　　　（单位：mm）

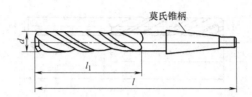

d		l	l_1	莫氏锥柄号	d		l	l_1	莫氏锥柄号
直径范围					直径范围				
大于	至				大于	至			
7.5	8.5	156	75	1	23.6	25.0	281	160	3
8.5	9.5	162	81		25.0	26.5	286	165	
9.5	10.6	168	87		26.5	28.0	291	170	
10.6	11.8	175	94		28.0	30.0	296	175	
11.8	13.2	182	101		28.0	30.0	296	175	
13.2	14.0	189	108		30.0	31.5	301	180	
14	15	212	114	2	31.5	31.75	306	185	
15	16	218	120		31.75	33.5	334		
16	17	223	125		33.5	35.5	339	190	4
17	18	228	130		35.5	37.5	344	195	
18	19	233	135		37.5	40.0	349	200	
19	20	238	140		40.0	42.5	354	205	
20	21.2	243	145		42.5	45.0	359	210	
21.2	22.4	248	150		45.0	47.5	364	215	
22.4	23.02	253	155	3	47.5	50.0	369	220	
23.02	23.6	276							
23.6	25	281	160						

直柄扩孔钻的规格，见表9-6。

表 9-6　直柄扩孔钻的规格（摘自 GB/T 4256—2004）　　　（单位：mm）

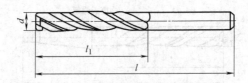

d		l	l_1	d		l	l_1
直径范围				直径范围			
大于	至			大于	至		
—	3.00	61	33				
3.00	3.35	65	36	10.60	11.80	142	94
3.35	3.75	70	39				
3.75	4.25	75	43				
4.25	4.75	80	47	11.80	13.20	151	101
4.75	5.30	86	52	13.20	14.00	160	108
5.30	6.00	93	57	14.00	15.00	169	114
6.00	6.70	101	63	15.00	16.00	178	120
6.70	7.50	109	69	16.00	17.00	184	125
7.50	8.50	117	75	17.00	18.00	191	130
8.50	9.50	125	81	18.00	19.00	198	135
9.50	10.60	133	87	19.00	20.00	205	140

60°、90°、120°莫氏锥柄锥面锪钻的规格，见表9-7。

表 9-7　60°、90°、120°莫氏锥柄锥面锪钻的规格（摘自 GB/T 1143—2004）

（单位：mm）

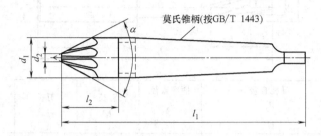
莫氏锥柄(按GB/T 1443)

d_1	d_2	l_1		l_2		莫氏锥柄号
		$\alpha = 60°$	$\alpha = 90°$或$120°$	$\alpha = 60°$	$\alpha = 90°$或$120°$	
16	3.2	97	93	24	20	1
20	4	120	116	28	24	2
25	7	125	121	33	29	
31.5	9	132	124	40	32	
40	12.5	160	150	45	35	3
50	16	165	153	50	38	
63	20	200	185	58	43	4
80	25	215	196	73	54	

60°、90°、120°直柄锥面锪钻的规格，见表9-8。

表 9-8　60°、90°、120°直柄锥面锪钻的规格（摘自 GB/T 4258—2004）（单位：mm）

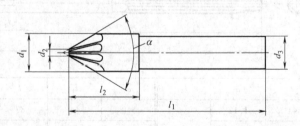

公称尺寸 d_1	小端直径 $d_2^{①}$	总长 l_1		钻体长 l_2		柄部直径 d_3 h9
		$\alpha = 60°$	$\alpha = 90°$或$120°$	$\alpha = 60°$	$\alpha = 90°$或$120°$	
8	1.6	48	44	16	12	8
10	2	50	46	18	14	8
12.5	2.5	52	48	20	16	8
16	3.2	60	56	24	20	10
20	4	64	60	28	24	10
25	7	69	65	33	29	10

① 前端部结构不进行规定。

203

带导柱直柄平底锪钻的规格，见表9-9。

表 9-9　带导柱直柄平底锪钻的规格（摘自 GB/T 4260—2004）　（单位：mm）

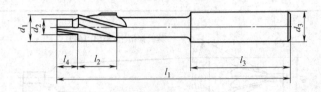

切削直径 d_1 z9	导柱直径 d_2 e8	柄部直径 d_3 h9	总长 l_1	刃长 l_2	柄长 l_3 ≈	导柱长 l_4
$2 \leqslant d_1 \leqslant 3.15$	按引导孔直径配套要求规定（最小直径为：$d_2 = 1/3 d_1$）	$= d_1$	45	7	—	≈ d_2
$3.15 < d_1 \leqslant 5$			56	10		
$5 < d_1 \leqslant 8$			71	14	31.5	
$8 < d_1 \leqslant 10$			80	18	35.5	
$10 < d_1 \leqslant 12.5$		10				
$12.5 < d_1 \leqslant 20$		12.5	100	22	40	

9.2　铰刀

手用铰刀的规格，见表9-10。

表 9-10　手用铰刀的规格（摘自 GB/T 1131.1—2004）　（单位：mm）

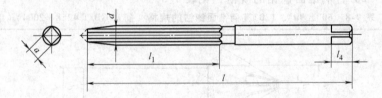

d	l_1	l	a	l_4	d	l_1	l	a	l_4
(1.5)	20	41	1.12	4	5.0	44	87	4.00	7
1.6	21	44	1.25		5.5	47	93	4.50	
1.8	23	47	1.40		6.0				
2.0	25	50	1.60		7.0	54	107	5.60	8
2.2	27	54	1.80		8.0	58	115	6.30	9
2.5	29	58	2.00		9.0	62	124	7.10	10
2.8	31	62	2.24	5	10.0	66	133	8.00	11
3.0					11.0	71	142	9.00	12
3.5	35	71	2.80		12.0	76	152	10.00	13
4.0	38	76	3.15	6	(13.0)				
4.5	41	81	3.55		14.0	81	163	11.20	14

204

d	l_1	l	a	l_4	d	l_1	l	a	l_4
(15.0)	81	163	11.20	14	36	142	284	28.00	31
16.0	87	175	12.50	16	(38)	152	305	31.5	34
(17.0)					40				
18.0	93	188	14.00	18	(42)	163	326	35.50	38
(19.0)					(44)				
20.0	100	201	16.00	20	45				
(21.0)					(46)				
22	107	215	18.00	22	(48)	174	347	40.00	42
(23)					50				
(24)					(52)				
25	115	231	20.00	24	(55)	184	367	45.00	46
(26)					56				
(27)					(58)				
28	124	247	22.40	26	(60)				
(30)					(62)				
32	133	265	25.00	28	63	194	387	50.00	51
(34)	142	284	28.00	31	67	203	406	56.00	56
(35)					71				

注：括号内的尺寸尽量不采用。

直柄机用铰刀的规格，见表9-11。

表 9-11　直柄机用铰刀的规格（摘自 GB/T 1132—2004）　　　　（单位：mm）

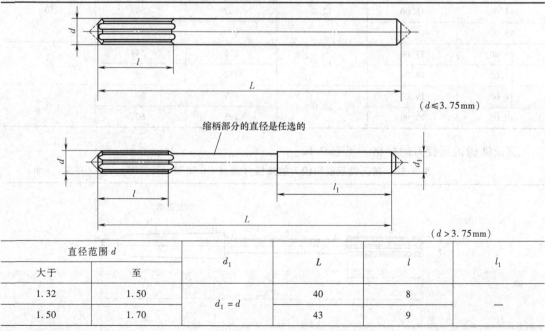

直径范围 d		d_1	L	l	l_1
大于	至				
1.32	1.50	$d_1 = d$	40	8	—
1.50	1.70		43	9	

直径范围 d		d_1	L	l	l_1
大于	至				
1.70	1.90		46	10	
1.90	2.12		49	11	
2.12	2.36		53	12	
2.36	2.65	$d_1 = d$	57	14	—
2.65	3.00		61	15	
3.00	3.35		65	16	
3.35	3.75		70	18	
3.75	4.25	4.0	75	19	32
4.25	4.75	4.5	80	21	33
4.75	5.30	5.0	86	23	34
5.30	6.00	5.6	93	26	36
6.00	6.70	6.3	101	28	38
6.70	7.50	7.1	109	31	40
7.50	8.50	8.0	117	33	42
8.50	9.50	9.0	125	36	44
9.50	10.60		133	38	
10.60	11.80	10.0	142	41	46
11.80	13.20		151	44	
13.20	14.00		160	47	
14.00	15.00	12.5	162	50	50
15.00	16.00		170	52	
16.00	17.00	14.0	175	54	52
17.00	18.00		182	56	
18.00	19.00	16.0	189	58	58
19.00	20.00		195	60	

莫氏锥柄机用铰刀的规格，见表9-12。

表 **9-12** 莫氏锥柄机用铰刀的规格（摘自 GB/T 1133—2004）　　（单位：mm）

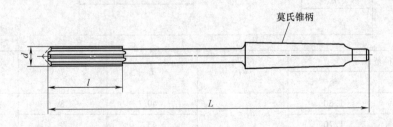

直径范围 d		L	l	莫氏锥柄号
大于	至			
5.30	6.00	138	26	1
6.00	6.70	144	28	
6.70	7.50	150	31	
7.50	8.50	156	33	
8.50	9.50	162	36	
9.50	10.60	168	38	
10.60	11.80	175	41	
11.80	13.20	182	44	
13.20	14.00	189	47	
14.00	15.00	204	50	2
15.00	16.00	210	52	
16.00	17.00	214	54	
17.00	18.00	219	56	
18.00	19.00	223	58	
19.00	20.00	228	60	
20.00	21.20	232	62	
21.20	22.40	237	64	
22.40	23.02	241	66	
23.02	23.60	264	66	3
23.60	25.00	268	68	
25.00	26.50	273	70	
26.50	28.00	277	71	
28.00	30.00	281	73	
30.00	31.50	285	75	
31.50	31.75	290	77	
31.75	33.50	317	77	4
33.50	35.50	321	78	
35.50	37.50	325	79	
37.50	40.00	329	81	
40.00	42.50	333	82	
42.50	45.00	336	83	
45.00	47.50	340	84	
47.50	50.00	344	86	

硬质合金直柄机用铰刀的规格，见表9-13。

表 9-13　硬质合金直柄机用铰刀的规格（摘自 GB/T 4251—2008）　（单位：mm）

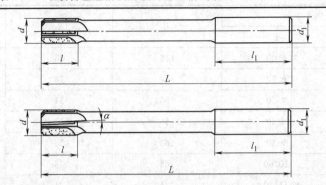

直径范围 d		d_1	L	l	l_1
大于	至				
5.3	6.0	5.6	93		36
6.0	6.7	6.3	101		38
6.7	7.5	7.1	109		40
7.5	8.5	8.0	117	17	42
8.5	9.5	9.0	125		44
9.5	10.6		133		
10.6	11.8	10.0	142		46
11.8	13.2		151		
13.2	14.0		160	20	
14.0	15.0	12.5	162		50
15.0	16.0		170		
16.0	17.0	14.0	175		52
17.0	18.0		182	25	
18.0	19.0	16.0	189		58
19.0	20.0		195		

硬质合金锥柄机用铰刀的规格，见表 9-14。

表 9-14　硬质合金锥柄机用铰刀的规格（摘自 GB/T 4251—2008）　（单位：mm）

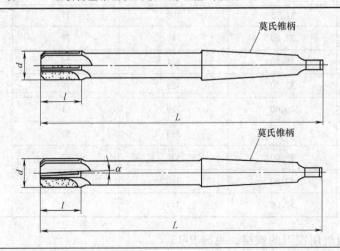

直径范围 d		L	l	莫氏锥柄号
大于	至			
7.5	8.5	156		
8.5	9.5	162		
9.5	10.0	168	17	1
10.0	10.6			
10.6	11.8	175		
11.8	13.2	182	20	
13.2	14.0	189		
14.0	15.0	204		
15.0	16.0	210		
16.0	17.0	214		
17.0	18.0	219	25	2
18.0	19.0	223		
19.0	20.0	228		
20.0	21.2	232		
21.2	22.4	237		
22.4	23.02	241	28	
23.02	23.6			
23.6	25.0	268		
25.0	26.5	273		
26.5	28.0	277		3
28.0	30.0	281		
30.0	31.5	285	34	
31.5	33.5	317		
33.5	35.5	321		
35.5	37.5	325		4
37.5	40.0	329		

9.3 机用和手用丝锥

细柄机用和手用丝锥的规格，见表 9-15。

表 9-15 细柄机用和手用丝锥的规格（摘自 GB/T 3464.1—2007）（单位：mm）

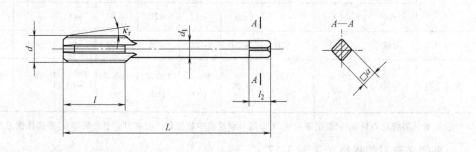

代号	公称直径 d	螺距 P	d_1	l	L	方头	
						a	l_2
M3	3	0.5	2.24	11	48	1.8	4
M3.5	3.5	(0.6)	2.5		50	2	
M4	4	0.7	3.15	13	53	2.5	5
M4.5	4.5	(0.75)	3.55			2.8	
M5	5	0.8	4	16	58	3.15	6
M6	6	1	4.5	19	66	3.55	
M7	(7)		5.6			4.5	7
M8	8	1.25	6.3	22	72	5	8
M9	(9)		7.1			5.6	
M10	10	1.5	8	24	80	6.3	9
M11	(11)			25	85		
M12	12	1.75	9	29	89	7.1	10
M14	14	2	11.2	30	95	9	12
M15	15		12.5	32	102	10	13
M18	18	2.5	14	37	112	11.2	14
M20	20						
M22	22		16	38	118	12.5	16
M24	24	3	18	45	130	14	18

9.4 铣刀

铣刀直径选择，见表9-16。

表 9-16 铣刀直径选择 （单位：mm）

铣刀名称	硬质合金面铣刀			圆盘铣刀				槽铣刀及切断刀			
a_p	≤4	~5	~6	≤8	~12	~20	~40	≤5	~10	~12	~25
a_e	≤60	~90	~120	~20	~25	~35	~50	≤4	≤4	~5	~10
铣刀直径	~80	100~125	160~200	~80	80~100	100~160	160~200	~63	63~80	80~100	100~125

注：如铣削背吃刀量 a_p 和铣削宽度 a_e 不能同时满足表中数值时，面铣刀应主要根据 a_e 来选择铣刀直径。

直柄立铣刀的规格，见表9-17。

210

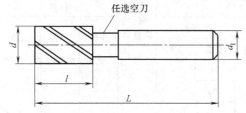

表 9-17 直柄立铣刀的规格（摘自 GB/T 6117.1—2010）　　（单位：mm）

任选空刀

标记示例
直径 $d = 8mm$，中齿，柄径 $d_1 = 8mm$ 的普通直柄标准系列立铣刀:中齿　直柄立铣刀 8　GB/T 6117.1—2010。

直径范围 d		推荐直径 d	d_1		标准系列			齿数		
					l	L				
>	≤		I组	II组		I组	II组	粗齿	中齿	细齿
3	3.75	—	3.5		10	42	54			
3.75	4	4	4	6	11	43	55			
4	4.75	5		—		45				
4.75	5	5	5	6	13	47	57	3	4	—
5	6	6		—	13	57				
6	7.5	—	7		16	60	66			
7.5	8	8	8	10	19	63	69			
8	9.5	—	9		19	69				
9.5	10	10		10	22	72				5
10	11.8	—	11			79				
11.8	15	12	14	12	26	83		3	4	
15	19	16	18	16	32	92				
19	23.6	20	22	20	38	104				6
23.6	30	24	28	25	45	121				
		25								
30	37.5	32	36	32	53	133				
37.5	47.5	40	45	40	63	155		4	6	8
47.5	60	50		50	75	177				
		56		—						
60	67	63	—	50	63	90	192	202	6	8	10
67	75	—	71	63		202				

注：总长尺寸 L 的 I 组和 II 组分别与柄部直径 d_1 的 I 组和 II 组相对应。

莫氏锥柄立铣刀的规格，见表9-18。

表 9-18　莫氏锥柄立铣刀的规格（摘自 GB/T 6117.2—2010）　　（单位：mm）

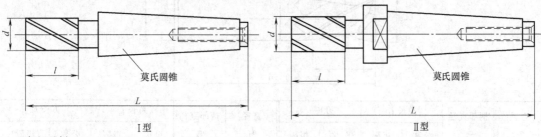

I 型　　　　　　　　　　　　　　　　　　　II 型

莫氏圆锥　　　　　　　　　　　莫氏圆锥

标记示例
直径 $d = 12mm$，总长 $L = 96mm$ 的标准系列 I 型中齿莫氏锥柄立铣刀:中齿　莫氏锥柄立铣刀 12×96　I　GB/T 6117.2—2010。
直径 $d = 50mm$，总长 $L = 298mm$ 的长系列 II 型中齿莫氏锥柄立铣刀:中齿　莫氏锥柄立铣刀 50×298　II　GB/T 6117.2—2010。

直径范围 d >	直径范围 d ≤	推荐直径 d	推荐直径 d	l 标准系列	l 长系列	L 标准系列 I型	L 标准系列 II型	L 长系列 I型	L 长系列 II型	莫氏圆锥号	粗齿	中齿	细齿
5	6	6	—	13	24	83		94					
6	7.5	—	7	16	30	86		100					—
7.5	9.5	8	9	19	38	89		108		1			
9.5	11.8	10	11	22	45	92		115					
11.8	15	12	14	26	53	96		123					5
11.8	15					111		138			3	4	
15	19	16	18	32	63	117		148		2			
19	23.6	20	22	38	75	123		160					
19	23.6					140		177					6
23.6	30	24 / 25	28	45	90	147		192		3			
30	37.5	32	36	53	106	155		208					
30	37.5					178	201	231	254	4			
37.5	47.5	40	45	63	125	188	211	250	273		4	6	8
37.5	47.5					221	249	283	311	5			
47.5	60	50	—	75	150	200	223	275	298	4			
47.5	60					233	261	308	336	5			
47.5	60	—	56			200	223	275	298	4	6	8	10
47.5	60					233	251	308	336	5			
50	75	63	71	90	180	248	276	338	366	5			

整体硬质合金直柄立铣刀的规格，见表 9-19。

表 9-19　整体硬质合金直柄立铣刀的规格（摘自 GB/T 16770.1—2008）　（单位：mm）

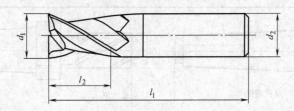

直径 d_1 h10	柄部直径 d_2 h6	总长 l_1 公称尺寸	总长 l_1 极限偏差	刃长 l_2 公称尺寸	刃长 l_2 极限偏差	直径 d_1 h10	柄部直径 d_2 h6	总长 l_1 公称尺寸	总长 l_1 极限偏差	刃长 l_2 公称尺寸	刃长 l_2 极限偏差
1.0	3	38	+2 / 0	3	+1 / 0	1.5	3	38	+2 / 0	4	+1 / 0
	4	43					4	43			

直径 d_1 h10	柄部直径 d_2 h6	总长 l_1 公称尺寸	总长 l_1 极限偏差	刃长 l_2 公称尺寸	刃长 l_2 极限偏差	直径 d_1 h10	柄部直径 d_2 h6	总长 l_1 公称尺寸	总长 l_1 极限偏差	刃长 l_2 公称尺寸	刃长 l_2 极限偏差
2.0	3	38		7		6.0	6	57		13	
2.0	4	43				7.0	8	63		16	
2.5	3	38		8		8.0	8	63		19	+1.5 0
2.5	4	43				9.0	10	72	+2 0	19	
3.0	3	38	+2 0	8	+1 0	10.0	10	72		22	
3.0	6	57				12.0	12	76		22	
3.5	4	43		10				83		26	
3.5	6	57				14.0	14	83		26	
4.0	4	43		11		16.0	16	89	+3 0	32	+2 0
4.0	6	57				18.0	18	92		32	
5.0	5	47		13	+1.5 0	20.0	20	101		38	
5.0	6	57									

圆柱形铣刀的规格，见表 9-20。

表 9-20　圆柱形铣刀的规格（摘自 GB/T 1115.1—2002） （单位：mm）

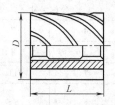

D js16	d H7	L js16
50	22	40,63,80
63	27	50,70
80	32	63,100
100	40	70,125

镶齿套式面铣刀的规格，见表 9-21。

表 9-21　镶齿套式面铣刀的规格（摘自 JB/T 7954—2013） （单位：mm）

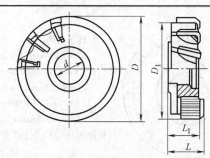

D js16	D_1	d H7	L js16	L_1	齿数
80	70	27	36	30	10
100	90	32	40	34	
125	115	40			14
160	150				16
200	186	50	45	37	20
250	236				26

直柄键槽铣刀的规格，见表9-22。

表9-22　直柄键槽铣刀的规格（摘自 GB/T 1112—2012）　　　　（单位：mm）

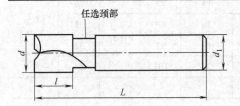

任选颈部

标记示例

1）直径 $d=10\text{mm}$，e8 极限偏差的标准系列普通直柄键槽铣刀：直柄键槽铣刀 10e8 GB/T 1112—2012。

2）直径 $d=10\text{mm}$，d8 极限偏差的短系列削平直柄键槽铣刀：直柄键槽铣刀 10d8 短削平柄 GB/T 1112—2012。

d 公称尺寸	极限偏差 e8	极限偏差 d8	d_1	l 短系列 公称尺寸	l 标准系列 公称尺寸	L 短系列 公称尺寸	L 标准系列 公称尺寸
2	−0.014 −0.028	−0.020 −0.034	3① / 4	4	7	36	39
3				5	8	37	40
4	−0.020 −0.038	−0.030 −0.048	4	7	11	39	43
5			5	8	13	42	47
6			6			52	57
7	−0.025 −0.047	−0.040 −0.062	8	10	16	54	60
8				11	19	55	63
10			10	13	22	63	72

① 该尺寸不推荐采用；如采用，应与相同规格的键槽铣刀相区别。

锯片铣刀的规格，见表9-23。

表9-23　锯片铣刀的规格（摘自 GB/T 6120—2012）　　　　（单位：mm）

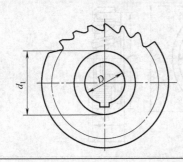

标记示例

1）$d=125\text{mm}$，$L=6\text{mm}$ 的粗齿锯片铣刀：粗齿锯片铣刀 125×6　GB/T 6120—2012。

2）$d=125\text{mm}$，$L=6\text{mm}$ 的中齿锯片铣刀：中齿锯片铣刀 125×6　GB/T 6120—2012。

3）$d=125\text{mm}$，$L=6\text{mm}$，$D=27\text{mm}$ 的中齿锯片铣刀：中齿锯片铣刀 125×6×27 GB/T 6120—2012。

粗齿锯片铣刀

d js16	50	63	80	100	125	160	200	250
D H7	13	16	22	22(27)		32		
d1min			34	34(40)		47	63	
L js11	齿数(参考)							
1.60	20	24	32		40	48		—
2.00				32			48	64
2.50		24	24		40	40		
3.00		20			32			48
4.00	16		24	24		32	40	
5.00		16	20					40
6.00	—			20		24	32	

中齿锯片铣刀

d js16	32	40	50	63	80	100	125	160	200	250
D H7	8	10(13)	13	16	22	22(27)		32		
d1min					34	34(40)		47	63	
L js11	齿数(参考)									
1.60	24	32		40	48			80		—
2.00			32			48	64		80	100
2.50	20	24			40			64		
3.00				32			48			80
4.00		20	24			40		64		
5.00	—			32			40	48		64
6.00		—			24	32			48	

镶齿三面刃铣刀的规格，见表9-24。

表 9-24　镶齿三面刃铣刀的规格（摘自 JB/T 7953—2010）　　　（单位：mm）

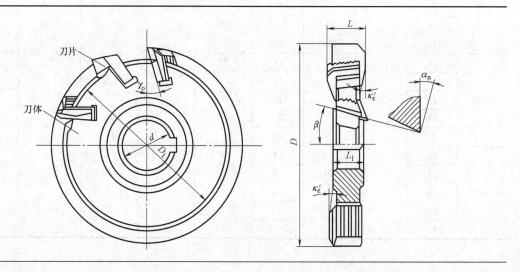

D js16	L H12	d H7	D_1	L_1	参考尺寸				齿数
					β	γ_o	α_n	κ'_ε	
80	12	22	71	8.5					10
	14			11	8°				
	16			13					
	18			14.5					
	20			15	15°				
100	12	27	91	8.5					
	14			11	8°				12
	16			13					
	18			14.5					
	20			15					
	22		86	17	15°				10
	25			19.5					
125	12	32		9					
	14		114	11	8°				14
	16			13					
	18			14.5					
	20			15	15°				
	22		111	17					12
	25			19.5					
160	14	40		11	8°	15°	10°	0~30′	
	16		146	13					18
	20			15					
	25		144	19.5	15°				16
	28			22.5					
200	14			10	8°				22
	18		186	13					20
	22			15.5					
	28			22.5	15°				
	32		184	24					18
250	16	50		11	8°				24
	20			14					
	25		236	19.5					
	28			22.5					22
	32			24					
315	20			14	15°				26
	25		301	19					
	32			24					24
	36			27					
	40		297	28.5					

第10章 各种加工方法的常用切削用量

10.1 车削用量选择

硬质合金及高速钢车刀粗车外圆和端面的进给量,见表10-1。

表 10-1 硬质合金及高速钢车刀粗车外圆和端面的进给量

工件材料	车刀刀杆尺寸 $B \times H$ /mm	工件直径 /mm	背吃刀量 a_p/mm				
			≤3	>3~5	>5~8	>8~12	12 以上
			进给量 f/(mm/r)				
碳素结构钢、合金结构钢、耐热钢	16×25	20	0.3~0.4	—	—	—	—
		40	0.4~0.5	0.3~0.4	—	—	—
		60	0.5~0.7	0.4~0.6	0.3~0.5	—	—
		100	0.6~0.9	0.5~0.7	0.5~0.6	0.4~0.5	—
		400	0.8~1.2	0.7~1.0	0.6~0.8	0.5~0.6	—
	20×30 25×25	20	0.3~0.4	—	—	—	—
		40	0.4~0.5	0.3~0.4	—	—	—
		60	0.6~0.7	0.5~0.7	0.4~0.6	—	—
		100	0.8~1.0	0.7~0.9	0.5~0.7	0.4~0.7	—
		600	1.2~1.4	1.0~1.2	0.8~1.0	0.6~0.9	0.4~0.6
	25×40	60	0.6~0.9	0.5~0.8	0.4~0.7	—	—
		100	0.8~1.2	0.7~1.1	0.6~0.9	0.5~0.8	—
		1000	1.2~1.5	1.1~1.5	0.9~1.2	0.8~1.0	0.7~0.8
	30×45 40×60	500	1.1~1.4	1.1~1.4	1.0~1.2	0.8~1.2	0.7~1.1
		2500	1.3~2.0	1.3~1.8	1.2~1.6	1.1~1.5	1.0~1.5
铸铁、铜合金	16×25	10	0.4~0.5	—	—	—	
		60	0.6~0.8	0.5~0.8	0.4~0.6	—	
		100	0.8~1.2	0.7~1.0	0.6~0.8	0.5~0.7	
		400	1.0~1.4	1.0~1.2	0.8~1.0	0.6~0.8	—
	20×30 25×25	40	0.4~0.5	—	—	—	
		60	0.6~0.9	0.5~0.8	0.4~0.7	—	
		100	0.9~1.3	0.8~1.2	0.7~1.0	0.5~0.8	
		600	1.2~1.8	1.2~1.6	1.0~1.3	0.9~1.1	0.7~0.9
	25×40	60	0.6~0.8	0.5~0.8	0.4~0.7	—	
		100	1.0~1.4	0.9~1.2	0.8~1.0	0.6~0.9	
		1000	1.5~2.0	1.2~1.8	1.0~1.4	1.0~1.2	0.8~1.0
	30×45 40×60	500	1.4~1.8	1.2~1.6	1.0~1.4	1.0~1.3	0.9~1.2
		2500	1.6~2.4	1.6~2.0	1.4~1.8	1.3~1.7	1.2~1.7

注:1. 加工断续表面及有冲击加工时,表内的进给量应乘系数 $k = 0.75 \sim 0.85$。

2. 加工耐热钢及其合金时,不采用大于 1.0mm/r 的进给量。

3. 可转位刀片的允许最大进给量不应超过其刀尖圆弧半径数值的80%。

硬质合金外圆车刀半精车的进给量，见表10-2。

表10-2　硬质合金外圆车刀半精车的进给量

工件材料	表面粗糙度 Ra 值/μm	切削速度范围 /（m/min）	刀尖圆弧半径 r_ε/mm		
			0.5	1.0	2.0
			进给量 f/（mm/r）		
铸铁、青铜、铝合金	6.3	不限	0.25 ~ 0.40	0.40 ~ 0.50	0.50 ~ 0.60
	3.2		0.15 ~ 0.25	0.25 ~ 0.40	0.40 ~ 0.60
	1.6		0.10 ~ 0.15	0.15 ~ 0.20	0.20 ~ 0.35
碳素钢、合金钢	6.3	<50	0.30 ~ 0.50	0.45 ~ 0.60	0.55 ~ 0.70
		>50	0.40 ~ 0.55	0.55 ~ 0.65	0.65 ~ 0.70
	3.2	<50	0.18 ~ 0.25	0.25 ~ 0.30	0.30 ~ 0.40
		>50	0.25 ~ 0.30	0.30 ~ 0.35	0.35 ~ 0.50
	1.6	<50	0.10	0.11 ~ 0.15	0.15 ~ 0.22
		50 ~ 100	0.11 ~ 0.16	0.16 ~ 0.25	0.25 ~ 0.35
		>100	0.16 ~ 0.20	0.20 ~ 0.25	0.25 ~ 0.35

注：1. $r_\varepsilon = 0.5$mm 用于 12mm × 20mm 以下刀杆，$r_\varepsilon = 1$mm 用于 30mm × 30mm 以下刀杆，$r_\varepsilon = 2$mm 用于 30mm × 45mm 及以上刀杆。

2. 带修光刃的大进给切削法在进给量 1.0 ~ 1.5mm/r 时可获表面粗糙度 Ra 值为 3.2 ~ 1.6μm；宽刃精车刀的进给量还可更大些。

切断及车槽的进给量，见表10-3。

表10-3　切断及车槽的进给量

切断刀				车槽刀				
切断刀宽度/mm	刀头长度/mm	工件材料		车槽刀宽度/mm	刀头长度/mm	刀杆截面/mm	工件材料	
		钢	灰铸铁				钢	灰铸铁
		进给量 f/（mm/r）					进给量 f/（mm/r）	
2	15	0.07 ~ 0.09	0.10 ~ 0.13	6	16	10 × 16	0.17 ~ 0.22	0.24 ~ 0.32
3	20	0.10 ~ 0.14	0.15 ~ 0.20	10	20		0.10 ~ 0.14	0.15 ~ 0.21
5	35	0.19 ~ 0.25	0.27 ~ 0.37	6	20	12 × 20	0.19 ~ 0.25	0.27 ~ 0.36
	65	0.10 ~ 0.13	0.12 ~ 0.16	8	25		0.16 ~ 0.21	0.22 ~ 0.30
6	45	0.20 ~ 0.26	0.28 ~ 0.37	12	30		0.14 ~ 0.18	0.20 ~ 0.26

注：加工 $R_m \leqslant 0.588$GPa 钢及硬度 ≤180HBW 的灰铸铁，用大进给量；反之，用小进给量。

切断及车槽的切削速度，见表10-4。

表10-4　切断及车槽的切削速度　　　　　　　　（单位：m/min）

进给量 f/（mm/r）	高速钢车刀 W18Cr4V		YT5（P 类）	YG6（K 类）
	工件材料			
	碳素钢 $R_m = 0.735$GPa	可锻铸铁 150HBW	钢 $R_m = 0.735$GPa	灰铸铁 190HBW
	加切削液		不加切削液	
0.08	35	59	179	83
0.10	30	53	150	76
0.15	23	44	107	65
0.20	19	38	87	58
0.25	17	34	73	53
0.30	15	30	62	49
0.40	12	26	50	44
0.50	11	24	41	40

10.2 铣削用量选择

高速钢面铣刀、圆柱铣刀和盘铣刀加工时的进给量，见表10-5。

表 10-5 高速钢面铣刀、圆柱铣刀和盘铣刀加工时的进给量

铣床(铣头)功率 /kW	工业系统刚性	粗齿和镶齿铣刀				细齿铣刀			
		面铣刀和盘铣刀		圆柱铣刀		面铣刀和盘铣刀		圆柱铣刀	
		每齿进给量 f_z/(mm/z)							
		钢	铸铁及铜合金	钢	铸铁及铜合金	钢	铸铁及铜合金	钢	铸铁及铜合金
>10	上等	0.2~0.3	0.3~0.45	0.25~0.35	0.35~0.50	—	—	—	—
	中等	0.15~0.25	0.25~0.40	0.20~0.30	0.30~0.40				
	下等	0.10~0.15	0.20~0.25	0.15~0.20	0.25~0.30				
5~10	上等	0.12~0.20	0.25~0.40	0.15~0.25	0.25~0.35	0.08~0.12	0.20~0.35	0.10~0.15	0.12~0.20
	中等	0.08~0.15	0.20~0.30	0.10~0.20	0.20~0.30	0.06~0.10	0.15~0.30	0.06~0.10	0.10~0.15
	下等	0.06~0.10	0.15~0.25	0.08~0.15	0.12~0.20	0.04~0.08	0.10~0.20	0.06~0.08	0.08~0.12
<5	中等	0.04~0.06	0.15~0.30	0.10~0.15	0.12~0.20	0.04~0.06	0.12~0.20	0.05~0.08	0.06~0.12
	下等	0.04~0.06	0.10~0.20	0.06~0.10	0.10~0.15	0.04~0.06	0.08~0.15	0.03~0.06	0.05~0.10

1）表中大进给量用于小的铣削深度和铣削宽度；小进给量用于大的铣削深度和铣削宽度。

2）铣削耐热钢时，进给量与铣削钢时相同，但不大于 0.3mm/z。

3）上述进给量用于粗铣，半精铣按下面选取。

半精铣时每转进给量

要求表面粗糙度 Ra 值/μm	镶齿面铣刀和盘铣刀	圆柱铣刀					
		铣刀直径 d_0/mm					
		40~80	100~125	160~250	40~80	100~125	160~250
		钢及铸铁			铸铁、铜及铝合金		
		每转进给量 f/(mm/r)					
6.3	1.2~2.7						
3.2	0.5~1.2	1.0~2.7	1.7~3.8	2.3~5.0	1.0~2.3	1.4~3.0	1.9~3.7
1.6	0.23~0.5	0.6~1.5	1.0~2.1	1.3~2.8	0.6~1.3	0.8~1.7	1.1~2.1

高速钢立铣刀、角铣刀、半圆铣刀、切槽铣刀和切断铣刀加工钢时的进给量，见表10-6。

表 10-6 高速钢立铣刀、角铣刀、半圆铣刀、切槽铣刀和切断铣刀加工钢时的进给量

铣刀直径 d_0/mm	铣刀类型	铣削宽度 a_e/mm								
		3	5	6	8	10	12	15	20	30
		每齿进给量 f_z/(mm/z)								
16	立铣刀	0.08~0.05	0.06~0.05	—						
20		0.10~0.06	0.07~0.04	—						
25		0.12~0.07	0.09~0.05	0.08~0.04						

铣刀直径 d_0/m	铣刀类型	铣削宽度 a_e/mm								
		3	5	6	8	10	12	15	20	30
		每齿进给量 f_z/(mm/z)								
32	立铣刀	0.16 ~ 0.10	0.12 ~ 0.07	0.10 ~ 0.05	—	—	—	—	—	—
	半圆铣刀和角铣刀	0.08 ~ 0.04	0.07 ~ 0.05	0.06 ~ 0.04						
40	立铣刀	0.20 ~ 0.12	0.14 ~ 0.08	0.12 ~ 0.07	0.08 ~ 0.05					
	半圆铣刀和角铣刀	0.09 ~ 0.05	0.07 ~ 0.05	0.06 ~ 0.03	0.06 ~ 0.03					
	切槽铣刀	0.009 ~ 0.005	0.007 ~ 0.003	0.01 ~ 0.007	—					
50	立铣刀	0.25 ~ 0.15	0.15 ~ 0.10	0.13 ~ 0.08	0.10 ~ 0.07					
	半圆铣刀和角铣刀	0.1 ~ 0.06	0.08 ~ 0.05	0.07 ~ 0.04	0.06 ~ 0.03	—	—	—	—	—
	切槽铣刀	0.01 ~ 0.006	0.008 ~ 0.004	0.012 ~ 0.008	0.012 ~ 0.008					
63	半圆铣刀和角铣刀	0.10 ~ 0.06	0.008 ~ 0.05	0.07 ~ 0.04	0.06 ~ 0.04	0.05 ~ 0.03				
	切槽铣刀	0.013 ~ 0.008	0.01 ~ 0.005	0.015 ~ 0.01	0.015 ~ 0.01	0.015 ~ 0.01	—	—	—	—
	切断铣刀	—	—	0.025 ~ 0.015	0.022 ~ 0.012	0.02 ~ 0.01				
80	半圆铣刀和角铣刀	0.12 ~ 0.08	0.10 ~ 0.06	0.09 ~ 0.05	0.07 ~ 0.05	0.06 ~ 0.04	0.06 ~ 0.03			
	切槽铣刀	—	0.015 ~ 0.005	0.025 ~ 0.01	0.022 ~ 0.01	0.02 ~ 0.01	0.017 ~ 0.008	0.015 ~ 0.007	—	—
	切断铣刀	—	—	0.03 ~ 0.15	0.027 ~ 0.012	0.025 ~ 0.01	0.022 ~ 0.01	0.02 ~ 0.01		
100	半圆铣刀和角铣刀	0.12 ~ 0.07	0.12 ~ 0.05	0.11 ~ 0.05	0.10 ~ 0.05	0.09 ~ 0.04	0.08 ~ 0.04	0.07 ~ 0.03	0.05 ~ 0.03	
	切断铣刀	—	—	0.03 ~ 0.02	0.028 ~ 0.016	0.027 ~ 0.015	0.023 ~ 0.015	0.022 ~ 0.012	0.023 ~ 0.013	—
125	切断铣刀	—	0.03 ~ 0.025	0.03 ~ 0.02	0.03 ~ 0.02	0.025 ~ 0.02	0.025 ~ 0.02	0.025 ~ 0.015	0.02 ~ 0.01	
160							0.03 ~ 0.02	0.025 ~ 0.015	0.02 ~ 0.01

注：1. 铣削铸铁、铜及铝合金时，进给量可增加 30% ~ 40%。

2. 表中半圆铣刀的进给量适用于凸半圆铣刀；对于凹半圆铣刀，进给量应减少 40%。

3. 在铣削宽度小于 5mm 时，切槽铣刀和切断铣刀采用细齿；铣削宽度大于 5mm 时，采用粗齿。

高速钢镶齿圆柱铣刀铣削钢料时的切削用量（用切削液），见表 10-7。

表 10-7　高速钢镶齿圆柱铣刀铣削钢料时的切削用量（用切削液）

刀具寿命 T /min	d_0/z	a_p /mm	a_e /mm	0.05 v_c	0.05 n	0.05 v_f	0.1 v_c	0.1 n	0.1 v_f	0.13 v_c	0.13 n	0.13 v_f	0.18 v_c	0.18 n	0.18 v_f	0.24 v_c	0.24 n	0.24 v_f	0.33 v_c	0.33 n	0.33 v_f	0.44 v_c	0.44 n	0.44 v_f
180	80/6	12~40	3	33	130	32	29	116	52	26	103	71	23	92	85	20	81	102	—	—	—	—	—	—
			5	28	117	28	25	99	44	22	89	61	20	79	73	17	70	88	—	—	—	—	—	—
			8	25	97	24	22	86	39	19	77	53	17	68	64	15	61	76	—	—	—	—	—	—
		41~130	3	29	115	28	26	102	46	23	91	63	20	81	76	18	72	91	—	—	—	—	—	—
			5	25	99	25	22	88	40	20	79	54	17	70	65	16	62	77	—	—	—	—	—	—
			8	22	86	21	19	76	34	17	68	47	15	61	56	13	53	67	—	—	—	—	—	—
180	100/8	12~40	3	35	112	37	31	100	59	28	89	82	25	79	98	22	70	117	—	—	—	—	—	—
			5	30	96	30	27	85	51	24	76	70	21	68	84	19	60	101	—	—	—	—	—	—
			8	26	83	26	23	74	44	21	66	61	19	59	73	16	52	88	—	—	—	—	—	—
		41~130	3	31	99	32	28	88	53	25	79	72	22	70	86	19	62	104	—	—	—	—	—	—
			5	27	85	28	23	76	45	21	67	64	19	60	74	17	53	89	—	—	—	—	—	—
			8	23	74	24	20	65	39	19	58	54	16	52	64	14	46	77	—	—	—	—	—	—
180	125/8	12~40	3	39	99	32	35	88	53	31	79	72	28	70	86	24	62	104	22	55	123	—	—	—
			5	34	85	29	29	76	45	26	67	62	23	60	74	21	53	89	19	47	106	—	—	—
			8	29	74	24	25	65	39	23	58	54	20	52	64	18	46	77	16	41	92	—	—	—
			10	27	69	23	24	57	37	21	52	50	19	49	60	17	43	72	15	38	86	—	—	—
		41~130	3	34	88	29	31	77	47	27	70	64	24	65	76	22	55	92	19	49	109	—	—	—
			5	29	75	25	26	67	40	23	59	54	21	53	65	19	47	79	16	42	94	—	—	—
			8	26	65	22	23	58	35	20	52	47	18	46	57	16	41	68	14	36	81	—	—	—
			10	24	61	20	21	54	32	19	49	44	17	43	53	15	38	64	13	34	76	—	—	—
180	160/10	12~40	3	43	85	35	38	75	56	34	67	77	30	59	92	26	53	110	23	47	131	21	41	159
			5	37	73	30	32	64	48	29	58	66	26	51	79	23	45	95	20	40	113	18	35	137
			8	31	63	26	28	56	42	25	50	58	22	44	69	20	39	82	17	35	98	16	31	119
			13	28	55	23	24	49	36	22	43	50	19	38	59	17	34	71	15	30	85	13	26	103
		41~130	3	38	75	31	34	67	50	30	59	68	26	53	82	23	47	98	21	41	116	19	37	141
			5	32	64	26	29	57	43	26	51	58	23	45	70	20	40	84	18	35	97	16	31	121
			8	28	56	23	25	49	37	22	44	51	20	39	61	17	35	73	16	31	86	14	27	105
			13	24	48	20	22	42	32	19	38	44	17	34	53	15	30	63	13	27	75	12	23	91

注：表中 v_c 为切削速度，单位为 m/min，n 为主轴转速，单位为 r/min，v_f 为每分钟进给量，单位为 mm/min。

高速钢细齿圆柱铣刀铣削钢料时的切削用量（用切削液），见表 10-8。

表 10-8　高速钢细齿圆柱铣刀铣削钢料时的切削用量（用切削液）

刀具寿命 T /min	d_0/z	a_p /mm	a_e /mm	0.03 v_c	0.03 n	0.03 v_f	0.05 v_c	0.05 n	0.05 v_f	0.1 v_c	0.1 n	0.1 v_f	0.13 v_c	0.13 n	0.13 v_f	0.18 v_c	0.18 n	0.18 v_f
120	50/8	12~40	1.8	38	245	45	34	218	72	31	194	115	27	173	160	24	154	191
			3.0	33	211	39	29	188	62	26	167	98	23	148	137	21	132	163
			5.0	28	181	33	25	161	53	22	143	85	20	127	118	18	113	140
		41~75	1.8	34	217	40	31	193	64	27	172	102	24	152	142	22	136	169
			3.0	29	186	34	26	166	55	23	148	87	20	131	122	19	116	145
			5.0	25	160	29	22	142	47	20	127	75	17	112	104	16	100	124

刀具寿命 T /min	$\dfrac{d_0}{z}$	a_p /mm	a_e /mm	铣刀每齿进给量 f_z/(mm/z)														
				0.03			0.05			0.1			0.13			0.18		
				切削用量														
				v_c	n	v_f	v_c	n	v_f	v_c	n	v_f	v_c	n	v_f	v_c	n	v_f
120	$\dfrac{63}{10}$	12 ~ 40	1.8	42	211	49	37	188	77	33	167	124	29	149	172	26	133	205
			3.0	36	181	42	32	161	66	28	143	106	25	128	148	22	113	176
			5.0	31	155	36	28	139	57	25	123	91	22	109	127	19	97	151
			8.0	27	135	31	24	121	49	21	107	79	19	95	110	17	85	131
		41 ~ 90	1.8	37	187	43	33	167	68	29	148	110	26	131	152	23	117	181
			3.0	32	160	37	28	143	59	25	127	94	22	113	131	20	100	155
			5.0	27	137	32	24	122	50	22	109	80	19	97	112	17	86	134
			8.0	23	119	28	21	106	44	19	95	70	17	84	97	15	75	116
180	$\dfrac{80}{12}$	12 ~ 40	1.8	40	159	44	35	142	70	30	126	112	28	112	156	25	100	185
			3.0	34	137	38	31	122	60	27	108	96	24	96	134	22	86	159
			5.0	29	117	32	26	104	52	23	93	82	21	82	115	19	73	136
			8.0	26	102	28	23	91	44	20	80	71	18	71	100	16	64	119
		41 ~ 110	1.8	35	141	39	32	120	62	28	112	99	25	99	138	22	88	164
			3.0	31	121	34	27	107	53	24	95	85	22	85	107	19	76	140
			5.0	26	104	29	23	92	46	20	82	73	19	73	101	16	65	121
			8.0	23	90	25	20	80	40	18	71	63	16	63	88	14	56	105
180	$\dfrac{100}{14}$	12 ~ 40	1.8	44	139	44	39	124	71	34	110	114	31	97	158	27	87	188
			3.0	37	119	38	33	106	61	29	94	98	26	83	136	23	74	161
			5.0	32	102	33	29	91	52	25	81	84	23	72	116	20	64	139
			8.0	28	88	29	25	79	46	22	70	73	20	62	101	17	55	121
		41 ~ 130	1.8	38	122	40	34	109	63	31	97	101	27	86	140	24	77	167
			3.0	33	105	34	29	94	54	26	83	86	23	74	120	20	66	143
			5.0	28	90	29	25	80	46	22	71	71	20	64	103	18	55	122
			8.0	25	79	25	22	70	40	19	62	64	17	55	89	16	49	107

注：表中 v_c 为切削速度，单位为 m/min，n 为主轴转速，单位为 r/min，v_f 为每分钟进给量，单位为 mm/min。

第11章　常用夹具标准元件

11.1　定位元件

支承钉的规格，见表11-1。

表 11-1　支承钉的规格（摘自 JB/T 8029.2—1999）　　　　　（单位：mm）

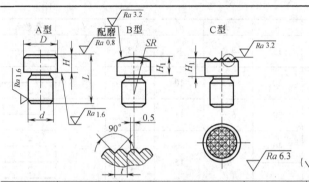

1）材料:T8 按 GB/T 1298 的规定。
2）热处理:55~60HRC。
3）其他技术条件按 JB/T 8044 的规定。
标记示例
$D=16$mm，$H=8$mm 的 A 型支承钉；
支承钉 A16×8mm　JB/T 8029.2—1999。

D	H	H₁		L	d		SR	t
		公称尺寸	极限偏差 h11		公称尺寸	极限偏差 r6		
5	2	2	0 −0.060	6	3	+0.016 +0.010	5	1
	5	5		9				
6	3	3	0 −0.075	8	4	+0.023 +0.015	6	
	6	6		11				
8	4	4	0 −0.090	12	6		8	
	8	8		16				1.2
12	6	6	0 −0.075				12	
	12	12	0 −0.110	22	8	+0.028 +0.019		
16	8	8	0 −0.090	20			16	
	16	16	0 −0.110	28	10			1.5
20	10	10	0 −0.090	25	12		20	
	20	20	0 −0.130	35		+0.034 +0.023		
25	12	12	0 −0.110	32	16		25	2
	25	25	0 −0.130	45				
30	16	16	0 −0.110	42	20	+0.041 +0.028	32	
	30	30	0 −0.130	55				2
40	20	20		50	24		40	
	40	40	0 −0.160	70				

支承板的规格，见表 11-2。

表 11-2　支承板的规格（摘自 JB/T 8029.1—1999）　　　　（单位：mm）

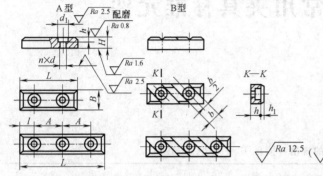

1）材料：T8 按 GB/T 1298 的规定。
2）热处理：55 ~ 60HRC。
3）其他技术条件按 JB/T 8044 的规定。
标记示例
$H = 16$mm、$L = 100$mm 的 A 型支承板：
支承板 A16 × 100JB/T 8029.1—1999。

H	L	B	b	l	A	d	d_1	h	h_1	孔数 n
6	30	12	—	7.5	15	4.5	8	3	—	2
	45									3
8	40	14		10	20	5.5	10	3.5		2
	60									3
10	60	16	14	15	30	6.6	11	4.5		2
	90									3
12	80	20	17	20	40	9	15	6	1.5	2
	120									3
16	100	25			60					2
	160									3
20	120	32	20	30		11	18	7	2.5	2
	180									3
25	140	40			80					2
	220									3

固定式定位销的规格，见表 11-3。

表 11-3　固定式定位销的规格（摘自 JB/T 8014.2—1999）　　　（单位：mm）

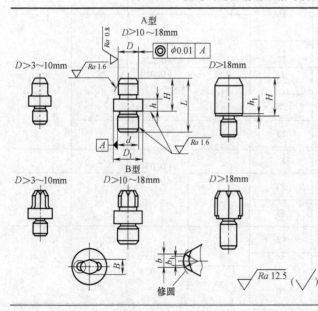

1）材料：$D \leqslant 18$mm，T8 按 GB/T 1298 的规定；$D > 18$mm，20 钢按 GB/T 699 的规定。
2）热处理：T8 为 55 ~ 60HRC；20 钢渗碳深度 0.8 ~ 1.2mm，55 ~ 60HRC。
3）其他技术条件按 JB/T 8044 的规定。
标记示例
$D = 11.5$mm、公差带为 f7、$H = 14$mm 的 A 型固定式定位销：定位销 A12.5f7 × 14　JB/T 8014.2—1999。

D	H	d		D₁	L	h	h₁	B	b	b₁
		公称尺寸	极限偏差 r6							
>6~8	10	8	+0.028 +0.019	14	20	3		D−1	3	2
	18				28	7				
>8~10	12	10		16	24	4				
	22				34	8				
>10~14	14	12		18	26	4	—	D−2	4	
	24				36	9				
>14~18	16	15		22	30	5				
	26				40	10				
>18~20	12	12	+0.034 +0.023		26		1			3
	18				32					
	28				42					
>20~24	14			—	30	—		D−3		
	22	15			38					
	32				48				5	
>24~30	16	15			36		2	D−4		
	25				45					
	34				54					

注：D 的公差带按设计要求决定。

可换定位销的规格，见表 11-4。

表 11-4　可换定位销的规格（摘自 JB/T 8014.3—1999）　（单位：mm）

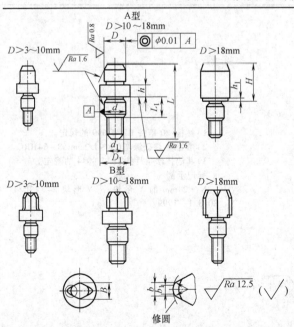

1）材料：D≤18mm，T8 按 GB/T 1298 的规定；D＞18mm，20 钢按 GB/T 699 的规定。

2）热处理：T8 为 55~60HRC；20 钢渗碳深度 0.8~1.2mm，55~60HRC。

3）其他技术条件按 JB/T 8044 的规定。

标记示例

D = 12.5mm，公差带为 f7，H = 14mm 的 A 型可换定位销： 定位销 A12.5f7×14JB/T 8014.3—1999。

（续）

D	H	d 公称尺寸	d 极限偏差h6	d_1	D_1	L	L_1	h	h_1	B	b	b_1
>6~8	10	8	0 -0.009	M6	14	28	8	3	—	D-1	3	2
	18					36		7				
>8~10	12	10		M8	16	35	10	4				
	22					45		8				
>10~14	14	12		M10	18	40	12	4		D-2	4	
	24					50		9				
>14~18	16	15		M12	22	46	14	5				
	26					56		10				
>18~20	12	12	0 -0.011	M10		40	12		1			3
	18					46						
	28					55						
>20~24	14	15		M12	—	45	14	—		D-3		
	22					53			2		5	
	32					63						
>24~30	16					50	16			D-4		
	25					60						
	34					68						

注：D 的公差带按设计要求决定。

V 形块的规格，见表 11-5。

表 11-5　V 形块的规格（摘自 JB/T 8018.1—1999）　　　　（单位：mm）

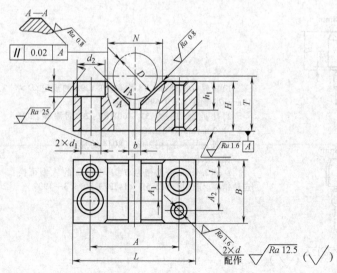

1）材料：20 钢按 GB/T 699 的规定。
2）热处理：渗碳深度 0.8~1.2mm,58~64HRC。
3）其他技术条件按 JB/T 8044 的规定。
标记示例
N = 24mm 的 V 形块；　V 形块 24　JB/T 8018.1—1999。

N	D	L	B	H	A	A1	A2	b	l	d 公称尺寸	d 极限偏差 H7	d1	d2	h	h1
9	5~10	32	16	10	20	5	7	2	5.5	4		4.5	8	4	5
14	>10~15	38	20	12	26	6	9	4	7			5.5	10	5	7
18	>15~20	46	25	16	32	9	12	6	8	5	+0.012 / 0	6.6	11	6	9
24	>20~25	55		20	40			8							11
32	>25~35	70	32	25	50	12	15	12	10	6		9	15	8	14
42	>35~45	85	40	32	64	16	19	16	12	8		11	18	10	18
55	>45~60	100		35	76			20			+0.015 / 0				22
70	>60~80	125	50	42	96	20	25	30	15	10		13.5	20	12	25
85	>80~100	140		50	110			40							30

注：尺寸 T 按公式计算：$T = H + 0.707D - 0.5N$。

固定 V 形块的规格，见表 11-6。

表 11-6　固定 V 形块的规格（摘自 JB/T 8018.2—1999）　（单位：mm）

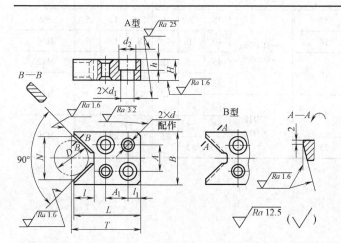

1）材料：20 钢按 GB/T 699 的规定。
2）热处理：渗碳深度 0.8~1.2mm，58~64HRC。
3）其他技术条件按 JB/T 8044 的规定。
标记示例
$N = 18$mm 的 A 型固定 V 形块：　V 形块 A18 JB/T 8018.2—1999。

N	D	B	H	L	l	h	A	A1	d 公称尺寸	d 极限偏差 H7	d1	d2	h
9	5~10	22	10	32	5	6	10	13	4		4.5	8	4
14	>10~15	24	12	35	7	7		14	5	+0.0120 / 0	5.5	10	5
18	>15~20	28	14	40	10	8	12		6		6.6	11	6
24	>20~25	34	16	45	12	10	15	15					
32	>25~35	42		55	16	12	20	18	8		9	15	8
42	>35~45	52	20	68	20	14	26	22	10	+0.0150 / 0	11	18	10
55	>45~60	65		80	25	15	35	28					
70	>60~80	80	25	90	32	18	45	35	12	+0.0180 / 0	13.5	20	12

注：尺寸 T 按公式计算：$T = L + 0.707D - 0.5N$。

活动 V 形块的规格，见表 11-7。

表 11-7　活动 V 形块的规格（摘自 JB/T 8018.4—1999）　　　　（单位：mm）

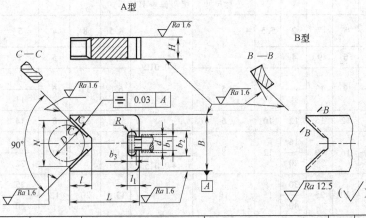

1）材料：20 钢按 GB/T 699 的规定。

2）热处理：渗碳深度 0.8～1.2mm，58～64HRC。

3）其他技术条件按 JB/T 8044 的规定。

标记示例

N = 18mm 的 A 型活动 V 形块：V 形块 A18　JB/T 8018.4—1999。

N	D	B		H		L	l	l_1	b_1	b_2	b_3	相配件 d
		公称尺寸	极限偏差 f7	公称尺寸	极限偏差 f9							
9	5～10	18	−0.016 −0.034	10	−0.013 −0.049	32	5	6	5	10	4	M6
14	>10～15	20	−0.020 −0.041	12		35	7	8	6.5	12	5	M8
18	>15～20	25		14	−0.016 −0.059	40	10	10	8	15	6	M10
24	>20～25	34	−0.025 −0.050	16		45	12	12	10	18	8	M12
32	>25～35	42				55	16	13	13	24	10	M16
42	>35～45	52		20	−0.020 −0.072	70	20					
55	>45～60	65	−0.030 −0.060			85	25	15	17	28	11	M20
70	>60～80	80		25		105	32					

11.2　对刀元件

圆形对刀块的规格，见表 11-8。

表 11-8　圆形对刀块的规格（摘自 JB/T 8031.1—1999）　　　　（单位：mm）

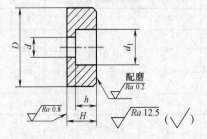

1）材料：20 钢按 GB/T 699 的规定。

2）热处理：渗碳深度 0.8～1.2mm，58～64HRC。

3）其他技术条件按 JB/T 8044 的规定。

标记示例

D = 25mm 的圆形对刀块：对刀块 25　JB/T 8031.1—1999。

D	H	h	d	d_1
16	10	6	5.5	10
25		7	6.6	12

方形对刀块的规格，见表 11-9。

表 11-9　方形对刀块的规格（摘自 JB/T 8031.2—1999）

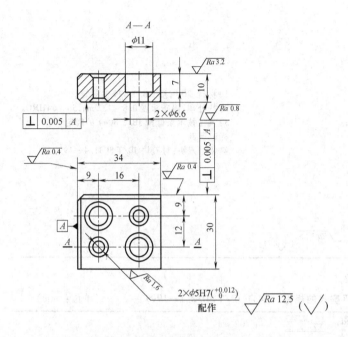

1）材料：20 钢按 GB/T 699 的规定。
2）热处理：渗碳深度 0.8～1.2mm，58～64HRC。
3）其他技术条件按 JB/T 8044 的规定。
标记示例
方形对刀块：　对刀块 JB/T 8031.2—1999。

直角对刀块的规格，见表 11-10。

表 11-10　直角对刀块的规格（摘自 JB/T 8031.3—1999）

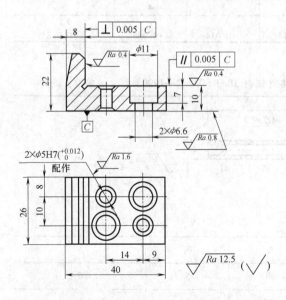

1）材料：20 钢按 GB/T 699 的规定。
2）热处理：渗碳深度 0.8～1.2mm，58～64HRC。
3）其他技术条件按 JB/T 8044 的规定。
标记示例
直角对刀块：对刀块 JB/T 8031.3—1999。

侧装对刀块的规格，见表 11-11。

表 11-11　侧装对刀块的规格（摘自 JB/T 8031.4—1999）

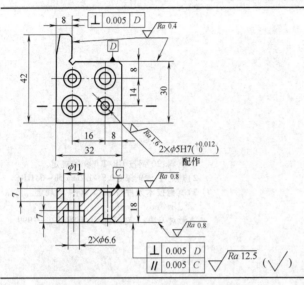

1) 材料:20 钢按 GB/T 699 的规定。
2) 热处理:渗碳深度 0.8 ~ 1.2mm,58 ~ 64HRC。
3) 其他技术条件按 JB/T 8044 的规定。
标记示例
侧装对刀块:对刀块 JB/T 8031.4—1999。

对刀平塞尺的规格，见表 11-12。

表 11-12　对刀平塞尺的规格（摘自 JB/T 8032.1—1999）　　　（单位：mm）

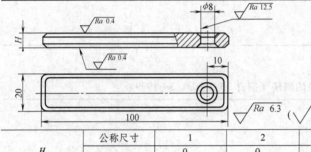

1) 材料:T8 按 GB/T 1298 的规定。
2) 热处理:55 ~ 60HRC。
3) 其他技术条件按 JB/T 8044 的规定
标记示例
$H = 5mm$ 的对刀平塞尺:塞尺 5　JB/T 8032.1—1999。

	公称尺寸	1	2	3	4	5
H	极限偏差 h8	0 -0.014	0 -0.014	0 -0.014	0 -0.018	0 -0.018

对刀圆柱塞尺的规格，见表 11-13。

表 11-13　对刀圆柱塞尺的规格（摘自 JB/T 8032.2—1999）　　　（单位：mm）

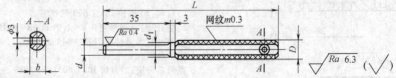

1) 材料:T8 按 GB/T 1298 的规定。
2) 热处理:55 ~ 60HRC。
3) 其他技术条件按 JB/T 8044 的规定。
标记示例
$d = 5mm$ 的对刀圆柱塞尺:塞尺 5　JB/T 8032.2—1999。

公称尺寸	极限偏差 h8	D(滚花前)	L	d_1	b
3	0 -0.014	7	90	5	6
5	0 -0.018	10	100	8	9

11.3　引导元件

固定钻套的规格，见表 11-14。

表 11-14　固定钻套的规格（摘自 JB/T 8045.1—1999）　　（单位：mm）

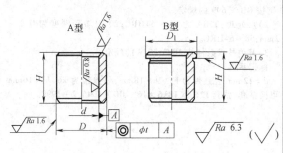

1）材料：$d \leqslant 26$mm，T10A 按 GB/T 1298 的规定，$d >$ 26mm，20 钢按 GB/T 699 的规定。

2）热处理：T10A 为 58 ~ 64HRC，20 钢渗碳深度为 0.8 ~ 1.2mm，58 ~ 64HRC。

3）其他技术条件按 JB/T 8044 的规定。

标记示例

$d = 18$mm，$H = 16$mm 的 A 型固定钻套：钻套 A18 × 16 JB/T 8045.1—1999。

d		D		D_1	H			t
公称尺寸	极限偏差 F7	公称尺寸	极限偏差 n6					
>0 ~ 1	+0.016 +0.006	3	+0.010 +0.004	6	6	9	—	0.008
>1 ~ 1.8		4		7				
>1.8 ~ 2.6		5	+0.016 +0.008	8				
>2.6 ~ 3		6		9				
>3 ~ 3.3	+0.022 +0.010				8	12	16	
>3.3 ~ 4		7	+0.019 +0.010	10				
>4 ~ 5		8		11				
>5 ~ 6		10		13	10	16	20	
>6 ~ 8	+0.028 +0.013	12		15				
>8 ~ 10		15	+0.023 +0.012	18	12	20	25	
>10 ~ 12		18		22				
>12 ~ 15	+0.034 +0.016	22		26	16	28	36	
>15 ~ 18		26	+0.028 +0.015	30				
>18 ~ 22	+0.041 +0.020	30		34	20	36	45	0.012
>22 ~ 26		35		39				
>26 ~ 30		42	+0.033 +0.017	46	25	45	56	
>30 ~ 35		48		52				
>35 ~ 42	+0.050 +0.025	55		59	30	56	67	
>42 ~ 48		62		66				
>48 ~ 50		70	+0.039 +0.020	74				
>50 ~ 55								
>55 ~ 62	+0.060 +0.030	78		82	35	67	78	0.040
>62 ~ 70		85		90				
>70 ~ 78		95	+0.045 +0.023	100	40	78	105	
>78 ~ 80								
>80 ~ 85	+0.071 +0.036	105		110				

231

可换钻套的规格，见表 11-15。

表 11-15　可换钻套的规格（摘自 JB/T 8045.2—1999）　　　　　　（单位：mm）

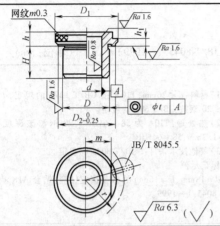

1) 材料：$d \geqslant 26$mm，T10A 按 GB/T 1298 的规定；$d > 26$mm，20 钢按 GB/T 699 的规定。

2) 热处理：T10A 为 58～64HRC；20 钢渗碳深度为 0.8～1.2mm，58～64HRC。

3) 其他技术条件按 JB/T 8044 的规定。

标记示例

$d = 12$mm，公差带为 F7、$D = 18$mm，公差带为 k6、$H = 16$mm 的可换钻套：钻套 12F7×18k6×16　JB/T 8045.2—1999。

d 公称尺寸	d 极限偏差 F7	D 公称尺寸	D 极限偏差 m6	D 极限偏差 k6	D_1 滚花前	D_2	H	h	h_1	r	m	t	配用螺钉 JB/T 8045.5
>0～3	+0.016 +0.006	8	+0.015 +0.006	+0.010 +0.001	15	12	10 16 —	8	3	11.5	4.2	0.008	M5
>3～4	+0.022 +0.010												
>4～6		10	+0.018 +0.007	+0.012 +0.001	18	15	12 20 25			13	5.5		
>6～8	+0.028 +0.013	12			22	18		10		16	7		M6
>8～10		15			26	22	16 28 36			18	9		
>10～12	+0.034 +0.016	18			30	26				20	11		
>12～15		22	+0.021 +0.008	+0.015 +0.002	34	30	20 36 45			23.5	12		
>15～18		26			39	35				26	14.5		
>18～22	+0.041 +0.020	30	+0.025 +0.009	+0.018 +0.002	46	42	25 45 56	12	5.5	29.5	18		M8
>22～26		35			52	46				32.5	21	0.012	
>26～30		42			59	53				36	24.5		
>30～35	+0.050 +0.025	48	+0.030 +0.011	+0.021 +0.002	66	60	30 56 67			41	27		
>35～42		55			74	68				45	31		
>42～48		62			82	76				49	35		
>48～50		70			90	84	35 67 78	16	7	53	39		M10
>50～55	+0.060 +0.030	70	+0.035 +0.013	+0.025 +0.003									
>55～62		78			100	94	40 78 105			58	44	0.040	
>62～70		85			110	104				63	49		
>70～78		95			120	114	45 89 112			68	54		
>78～80		105			130	124				73	59		

注：1. 当作铰（扩）套使用时，d 的公差带推荐如下：采用 GB/T 1132—2004《直柄和莫氏锥柄机用铰刀》规定的铰刀，铰 H7 孔时，取 F7；铰 H9 孔时，取 E7；铰（扩）其他精度孔时，公差带由设计选定。

2. 铰（扩）套的标记示例。$d = 12$mm，公差带为 E7、$D = 18$mm、公差带为 m6、$H = 16$mm 的可换铰（扩）套：铰（扩）套 12E7×18m6×16　JB/T 8045.2—1999。

快换钻套的规格，见表11-16。

表 11-16　快换钻套的规格（摘自 JB/T 8045.3—1999）　　　　（单位：mm）

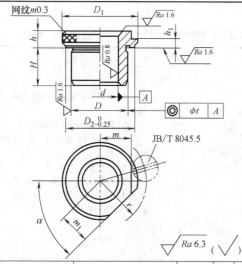

1）材料：$d \leqslant 26$mm，T10A 按 GB/T 1298 的规定；$d > 26$mm，20 钢按 GB/T 699 的规定。

2）热处理：T10A 为 58~64HRC；20 钢渗碳深度 0.8~1.2mm，58~64HRC。

3）其他技术条件按 JB/T 8044—1999 的规定。

标记示例

$d = 12$mm、公差带为 F7、$D = 18$mm，公差带为 k6，$H = 16$mm 的快换钻套：钻套 12F7×18k6×16JB/T 8045.3—1999。

$\sqrt{Ra\ 6.3}$ （ $\sqrt{}$ ）

d 公称尺寸	d 极限偏差 F7	D 公称尺寸	D 极限偏差 m6	D 极限偏差 k6	D_1 滚花前	D_2	H			h	h_1	r	m	m_1	α	t	配用螺钉 JB/T 8045.5
>0~3	+0.016 +0.006	8	+0.015 +0.006	+0.010 +0.001	15	12	10	16	—	8	3	11.5	4.2	4.2	50°	0.008	M5
>3~4	+0.022 +0.010																
>4~6		10			18	15	12	20	25			13	5.5	5.5			
>6~8	+0.028 +0.013	12	+0.018 +0.007	+0.012 +0.001	22	18				10	4	16	7	7			M6
>8~10		15			26	22	16	28	36			18	9	9			
>10~12		18			30	26						20	11	11			
>12~15	+0.034 +0.016	22	+0.021 +0.008	+0.015 +0.002	34	30	20	36	45			23.5	12	12	55°		
>15~18		26			39	35						26	14.5	14.5			
>18~22	+0.041 +0.020	30	+0.025 +0.009	+0.018 +0.002	46	42	25	45	56	12	5.5	29.5	18	18			M8
>22~26		35			52	46						32.5	21	21			
>26~30		42			59	53						36	24.5	25		0.012	
>30~35	+0.050 +0.025	48	+0.030 +0.011	+0.021 +0.002	66	60	30	56	67			41	27	28			
>35~42		55			74	68						45	31	32	65°		
>42~48		62			82	76						49	35	36			
>48~50		70			90	84	35	67	78			53	39	40			
>50~55	+0.060 +0.030																
>55~62		78	+0.035 +0.013	+0.025 +0.003	100	94	40	78	105	16	7	58	44	45	70°		M10
>62~70		85			110	104						63	49	50		0.040	
>70~78	+0.071 +0.036	95			120	114						68	54	55			
>78~80		105	+0.035 +0.013	+0.025 +0.003	130	124	45	89	112			73	59				
>80~85															75°		

注：1. 当作铰（扩）套使用时，d 的公差带推荐如下：采用 GB/T 1132—2004《直柄和莫氏锥柄机用铰刀》规定的铰刀，铰 H7 孔时，取 F7；铰 H9 孔时，取 E7；铰（扩）其他精度孔时，公差带由设计选定。

2. 铰（扩）套的标记示例。$d = 12$mm、公差带为 E7、$D = 18$mm、公差带为 m6、$H = 16$mm 的快换铰（扩）套；铰（扩）套 12E7×18m6×16 JB/T 8045.3—1999。

11.4 连接元件（表 11-17）

表 11-17 定位键的规格（摘自 JB/T 8016—1999） （单位：mm）

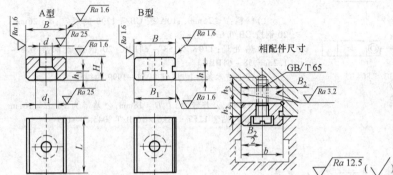

1）材料：45 钢按 GB/T 699 的规定。

2）热处理：40~45HRC。

3）其他技术条件按 JB/T 8044 的规定。

标记示例

$B = 18$mm，公差带为 h6 的 A 型定位键：定位键　A18h6　JB/T 8016—1999。

B			B_1	L	H	h	h_1	d	d_1	相配件						螺钉 GB/T 65
公称尺寸	极限偏差 h6	极限偏差 h8								T形槽宽度 b	B_2 公称尺寸	极限偏差 H7	极限偏差 JS6	h_2	h_3	
8	0 −0.009	0 −0.022	8	14	8	3	3.4	3.4	6	8	8	+0.015 0	±0.0045	4	8	M3×10
10			10	16			4.6	4.5		10	10					M4×10
12	0 −0.011	0 −0.027	12	20			5.7	5.5	10	12	12	+0.018 0	±0.0055		10	M5×12
14			14							14	14					
16			16	25	10	4	6.8	6.6	11	(16)	16			5	13	M6×16
18			18							18	18					
20	0 −0.013	0 −0.033	20	32	12	5				(20)	20	+0.021 0	±0.0065	6		
22			22							22	22					

注：1. 尺寸 B_1 留磨量 0.5mm，按机床 T 形槽宽度配作，公差带为 h6 或 h8。

2. 括号内尺寸尽量不采用。

部分通用铣床工作台 T 形槽尺寸与定位键的选择，见表 11-18。

表 11-18 部分通用铣床工作台 T 形槽尺寸与定位键选择 （单位：mm）

机床		T 型槽宽度	T 型槽中心距	T 形槽数	与 T 形槽相配的定位键尺寸（长×宽×高）
立式铣床	X51	14	50	3	20×14×8
	X52K	18	70	3	25×18×12
	X53K	18	90	3	25×18×12
卧式铣床	X60/X60W	14	45	3	20×14×8
	X61/X61W	14	50	3	20×14×8
	X62/X62W	18	70	3	25×18×12

第12章 机械制造技术基础课程设计题目图例

本章列举了机械制造技术基础课程设计的零件图例（图12-1～图12-10），供老师和同学们进行课程设计时选用。

假设零件的生产纲领为10000件，生产类型为中批生产，每日单班生产，请完成相关零件的机械加工工艺规程设计及其典型专用夹具设计的课程设计任务。任务内容包括绘制被加工零件的毛坯图、编制机械加工工艺规程、设计并绘制典型夹具装配图、编写课程设计说明书等。

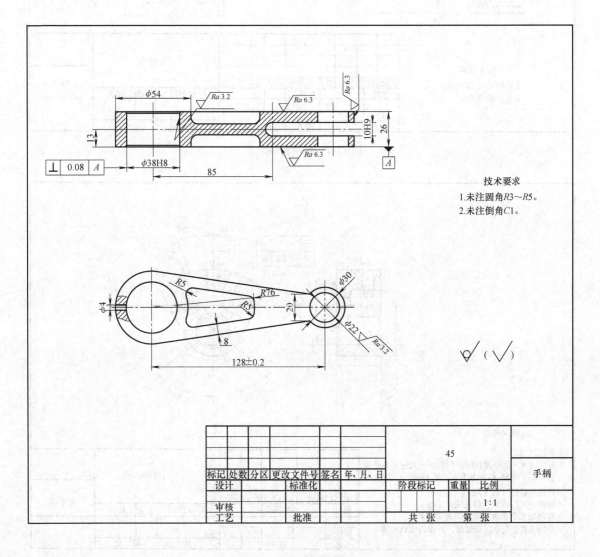

图 12-1　手柄零件图

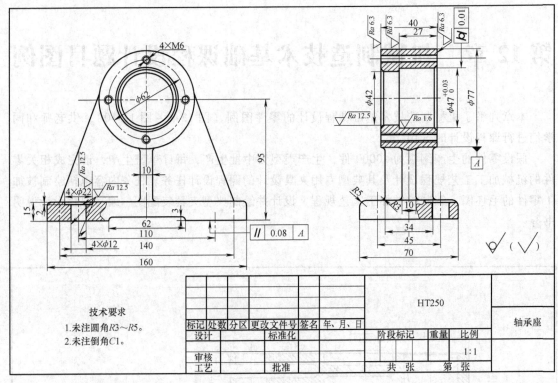

技术要求
1. 未注圆角R3～R5。
2. 未注倒角C1。

标记	处数	分区	更改文件号	签名	年、月、日		HT250			轴承座
设计			标准化			阶段标记		重量	比例	
									1:1	
审核										
工艺			批准			共 张		第 张		

图 12-2　轴承座零件图

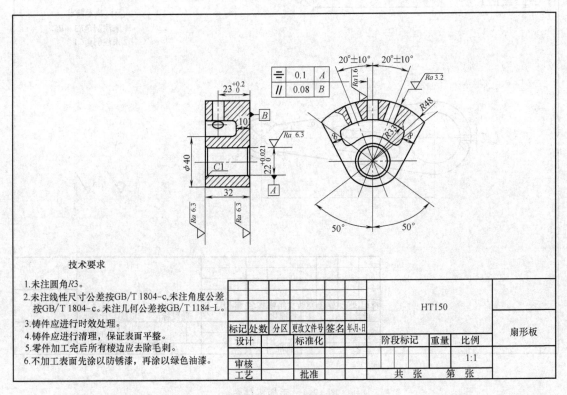

技术要求
1. 未注圆角R3。
2. 未注线性尺寸公差按GB/T 1804-c,未注角度公差
　按GB/T 1804-c。未注几何公差按GB/T 1184-L。
3. 铸件应进行时效处理。
4. 铸件应进行清理,保证表面平整。
5. 零件加工完后所有棱边应去除毛刺。
6. 不加工表面先涂以防锈漆,再涂以绿色油漆。

标记	处数	分区	更改文件号	签名	年月日		HT150			扇形板
设计			标准化			阶段标记		重量	比例	
									1:1	
审核										
工艺			批准			共 张		第 张		

图 12-3　扇形板零件图

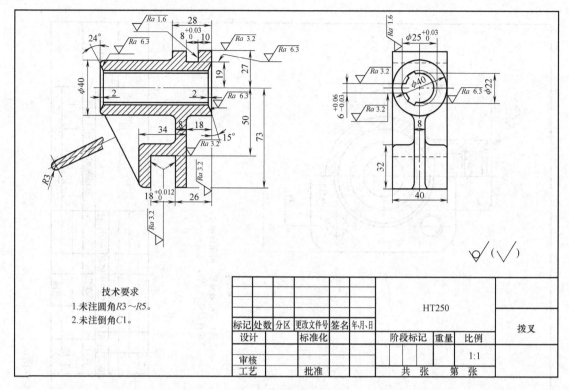

标记	处数	分区	更改文件号	签名	年、月、日					HT250	
设计			标准化				阶段标记	重量	比例		拨叉
审核									1:1		
工艺			批准				共 张		第 张		

技术要求
1.未注圆角R3～R5。
2.未注倒角C1。

图 12-4　拨叉零件图

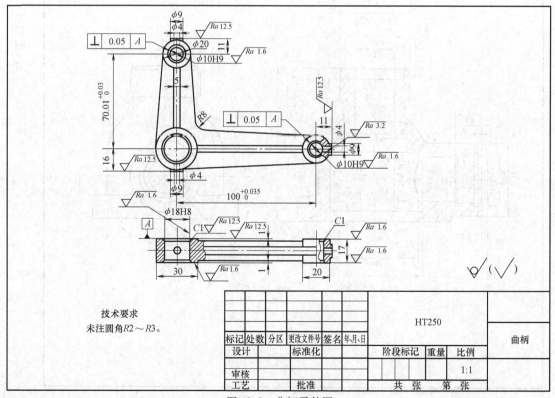

标记	处数	分区	更改文件号	签名	年、月、日					HT250	
设计			标准化				阶段标记	重量	比例		曲柄
审核									1:1		
工艺			批准				共 张		第 张		

技术要求
未注圆角R2～R3。

图 12-5　曲柄零件图

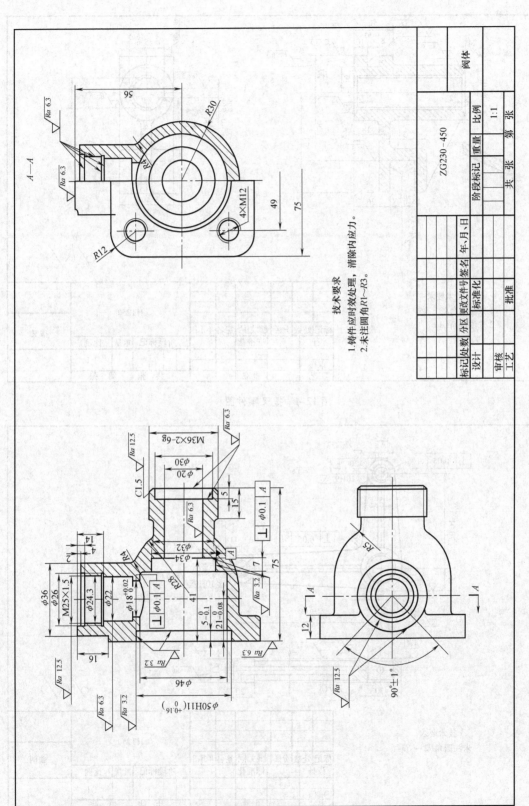

技术要求
1.铸件应时效处理，清除内应力。
2.未注圆角R1~R3。

图 12-6　阀体零件图

			阀体	
阶段标记	重量	比例		
		1:1		
共　张	第　张		ZG230-450	

标记	处数	分区	更改文件号	签名	年、月、日
设计			标准化		
审核					
工艺		批准			

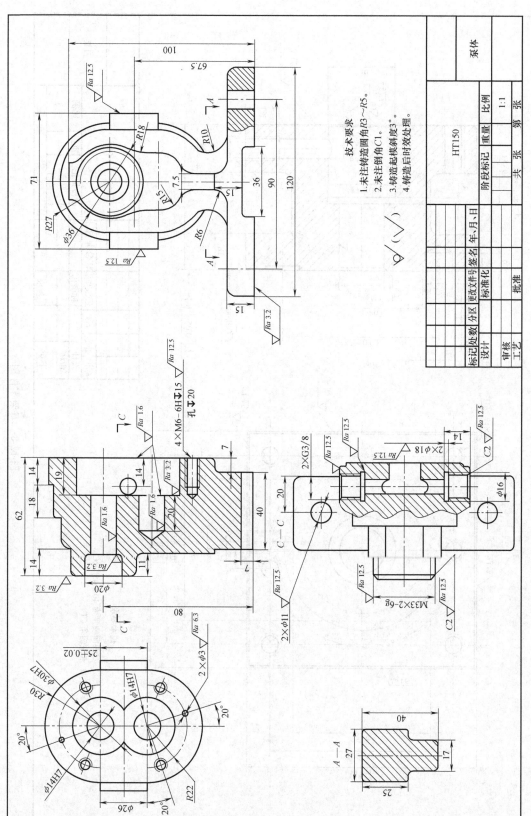

技术要求

1. 未注铸造圆角R3～R5。
2. 未注倒角C1。
3. 铸造起模斜度3°。
4. 铸造后时效处理。

						泵体		
					HT150	阶段标记 重量 比例		
							1:1	
						共 张	第 张	
标记 处数 分区	更改文件号	签名	年、月、日					
设计								
审核								
工艺	标准化			批准				

图 12-7 泵体零件图

239

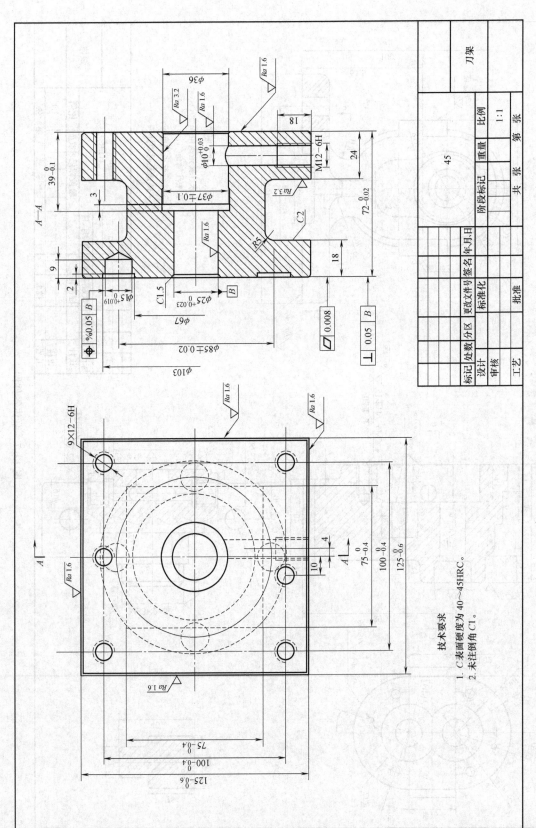

图 12-8　刀架零件图

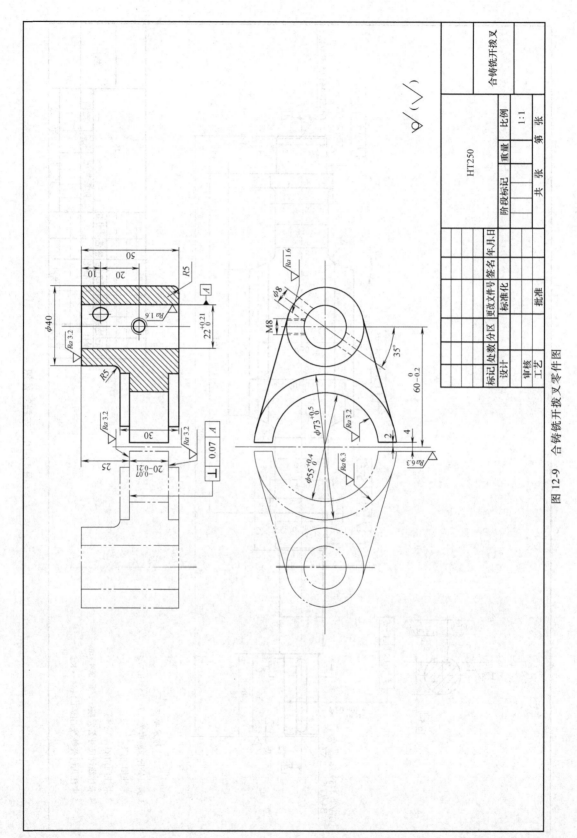

图 12-9　合铸铣开拨叉零件图

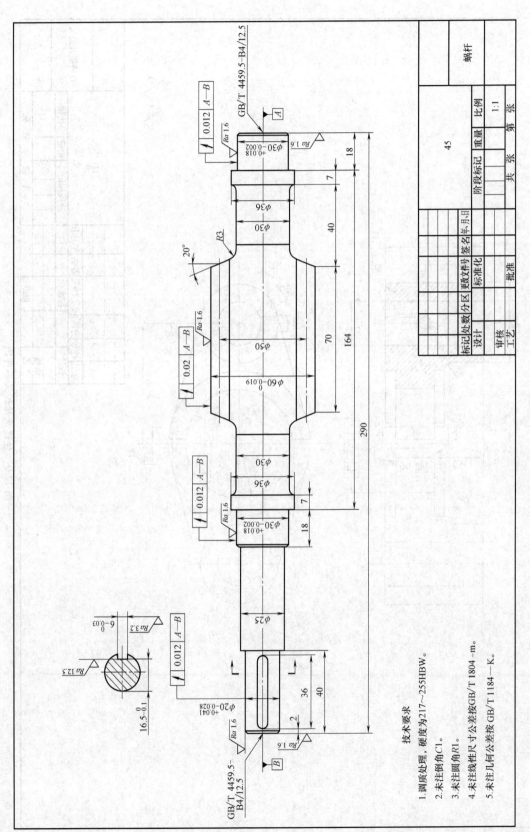

图 12-10 连杆零件图

技术要求

1. 调质处理，硬度为217～255HBW。
2. 未注倒角C1。
3. 未注圆角R1。
4. 未注线性尺寸公差按GB/T 1804－m。
5. 未注几何公差按GB/T 1184－K。

蜗杆

45

比例 1:1

参 考 文 献

[1]　韩秋实，王红军. 机械制造技术基础［M］. 3 版. 北京：机械工业出版社，2010.

[2]　闻邦椿. 机械设计手册［M］. 北京：机械工业出版社，2010.

[3]　李大磊，王栋. 机械制造工艺学课程设计指导书［M］. 2 版. 北京：机械工业出版社，2014.

[4]　李益民. 机械制造工艺设计简明手册［M］. 北京：机械工业出版社，2011.

[5]　艾兴，肖诗纲. 切削用量简明手册［M］. 北京：机械工业出版社，1994.

[6]　王光斗. 机床夹具设计手册［M］. 上海：上海科学技术出版社，2000.

[7]　吴拓. 机床夹具设计［M］. 北京：机械工业出版社，2009.

[8]　王启平. 机床夹具设计［M］. 哈尔滨：哈尔滨工业大学出版社，1996.

[9]　孙丽媛. 机械制造工艺及专用夹具设计指导［M］. 北京：冶金工业出版社，2002.

[10]　孟少农. 机械加工工艺手册［M］. 北京：机械工业出版社，1991.

[11]　杨叔子. 机械加工工艺师手册［M］. 2 版. 北京：机械工业出版社，2011.

[12]　柯建宏. 机械制造技术基础课程设计［M］. 武汉：华中科技大学出版社，2008.

[13]　于骏一，邹青. 机械制造技术基础［M］. 2 版. 北京：机械工业出版社，2010.

[14]　卢秉恒. 机械制造技术基础［M］. 3 版. 北京：机械工业出版社，2010.

[15]　崇凯，李楠，郭娟. 机械制造技术基础课程设计指南［M］. 北京：化学工业出版社，2006.

[16]　赵家齐. 机械制造工艺学课程设计指导书［M］. 北京：机械工业出版社，2000.

[17]　邹青. 机械制造技术基础课程设计指导教程［M］. 北京：机械工业出版社，2010.

[18]　王红军. 机械制造技术基础学习指导与习题［M］. 北京：机械工业出版社，2012.

[19]　任小中，任乃飞，王红军. 机械制造技术基础（双语）［M］. 北京：机械工业出版社，2014.

[20]　薛源顺. 机床夹具设计［M］. 北京：机械工业出版社，2000.

[21]　王小华. 机床夹具图册［M］. 北京：机械工业出版社，1992.

[22]　王先逵. 机械制造工艺学［M］. 北京：机械工业出版社，1998.

[23]　王明红. 数控技术［M］. 北京：清华大学出版社，2009.

[24]　王道宏. 数控技术［M］. 杭州：浙江工业大学出版社，2008.

[25]　廖效果. 数控技术［M］. 武汉：湖北科学技术出版社，2000.

[26]　杜君文，邓广敏. 数控技术［M］. 天津：天津大学出版社，2002.

[27]　董玉红. 数控技术［M］. 北京：高等教育出版社，2004.

[28]　徐元昌. 数控技术［M］. 北京：中国轻工业出版社，2004.

[29]　倪祥明. 数控机床及数控加工技术［M］. 北京：人民邮电出版社，2011.

[30]　孙志孔，张义民. 数控机床性能分析及可靠性设计技术［M］. 北京：机械工业出版社，2011.

[31]　张亚力. 数控铣床/加工中心编程与零件加工［M］. 北京：化学工业出版社，2011.

[32]　周晓红. 数控铣削工艺与技能训练（含加工中心）［M］. 北京：机械工业出版社，2011.

[33]　唐利平. 数控车削加工技术［M］. 北京：机械工业出版社，2011.

[34]　朱勇. 数控机床编程与加工［M］. 北京：中国人事出版社，2011.

[35]　关雄飞. 数控加工工艺与编程［M］. 北京：机械工业出版社，2011.

[36]　周虹. 使用数控车床的零件加工［M］. 北京：清华大学出版社，2011.

[37]　刘虹. 数控加工编程及操作［M］. 北京：机械工业出版社，2011.

[38]　张士印，孔建. 数控车床加工应用教程［M］. 北京：清华大学出版社，2011.

[39]　叶俊. 数控切削加工［M］. 北京：机械工业出版社，2011.

[40]　顾德仁. CAD/CAM 与数控机床加工实训教程. 北京：中国人事出版社，2011.

[41]　卢万强. 数控加工技术［M］. 2 版. 北京：北京理工大学出版社，2011.

[42] 刘昭琴. 机械零件数控车削加工 [M]. 北京：北京理工大学出版社，2011.

[43] 周芸. 数控机床编程与加工实训教程 [M]. 北京：中国人事出版社，2011.

[44] 裴炳文. 数控加工工艺与编程 [M]. 北京：机械工业出版社，2011.

[45] 田春霞. 数控加工工艺 [M]. 北京：机械工业出版社，2011.

[46] 顾京. 数控机床加工程序编制 [M]. 北京：机械工业出版社，2011.

[47] 李益民. 机械制造工艺设计简明手册 [M]. 北京：机械工业出版社，2011.

[48] 张益芳. 金属切削手册 [M]. 上海：上海科学技术出版社，2011.

[49] 马贤智. 实用机械加工手册. 沈阳：辽宁科学技术出版社，2002.

[50] 于爱武. 机械加工工艺编制 [M]. 北京：北京大学出版社，2010.

[51] 陈宏钧. 实用机械加工工艺手册 [M]. 3 版. 北京：机械工业出版社，2009.

[52] 赵如福. 金属机械加工工艺人员手册 [M]. 4 版. 上海：上海科学技术出版社，2011.

[53] 陈文亮. 机械加工工艺师手册 [M]. 北京：机械工业出版社，2005.

[54] 朱耀祥，浦林祥. 现代夹具设计手册 [M]. 北京：机械工业出版社，2010.

[55] 林艳华. 机械制造技术基础 [M]. 北京：化学工业出版社，2010.

[56] 刘传绍，郑建新. 机械制造技术基础 [M]. 北京：中国电力出版社，2009.

[57] 翁世修，吴振华. 机械制造技术基础 [M]. 上海：上海交通大学出版社，1999.

[58] 王茂元. 机械制造技术基础 [M]. 北京：机械工业出版社，2010.

[59] 袁绩乾，李文贵. 机械制造技术基础 [M]. 2 版. 北京：机械工业出版社，2010.

[60] 曾志新，刘旺玉. 机械制造技术基础 [M]. 北京：高等教育出版社，2011.

[61] 陈宏钧. 简明机械加工工艺手册 [M]. 北京：机械工业出版社，2005.

[62] 吴拓. 简明机床夹具设计手册 [M]. 北京：化学工业出版社，2010.

[63] 刘向阳. UG 建模、装配与制图 [M]. 北京：国防工业出版社，2008.

[64] 翔宇工作室. UG NX 7.5 数控编程基础与典型范例 [M]. 北京：电子工业出版社，2011.